AI时代高等学校通识教育系列教材

Python程序设计与人工智能基础

千锋教育 组编

杨玉军 主编

杨夷梅 李伟 陈海滨 李立云 副主编

清華大學出版社

北京

内 容 简 介

本书主要介绍 Python 的基础知识、程序设计方法和人工智能的基本概念，从 Python 的基础知识到程序设计方法、网络爬虫、数据处理、文本情感分析与可视化，再到人工智能的基本概念与实践，由浅入深，由部分到整体，由面向过程到面向对象，对读者来说易学易用。本书通过案例教学，用 Python 编程解决生活中常见的问题，包括求一个三位数各数字之和、包裹邮寄费用计算、设计简易计算器、模拟评委评分、人机猜拳游戏等基础实验案例和两个综合项目：数字化学生信息管理系统和弹幕情感分析与可视化。除此之外，本书的内容紧跟新技术发展，使读者学到的知识系统、全面且不易过时。

本书提供配套微课视频、教学大纲、教学课件、程序源码等资源，以帮助读者更好地学习本书中的内容。此外，还提供在线答疑服务，以期得到更多读者的支持。本书既可作为高校计算机相关专业的教材，也可作为相关技术爱好者的入门参考书。

图书在版编目（CIP）数据

Python 程序设计与人工智能基础 / 千锋教育组编；杨玉军主编. -- 北京：清华大学出版社，2025. 7.
（AI 时代高等学校通识教育系列教材）. -- ISBN 978-7-302-69778-7

Ⅰ. TP312.8；TP18

中国国家版本馆 CIP 数据核字第 2025TG8157 号

责任编辑：黄　芝　李　燕
封面设计：刘　键
责任校对：郝美丽
责任印制：刘　菲

出版发行：清华大学出版社

网　　址：https://www.tup.com.cn，https://www.wqxuetang.com
地　　址：北京清华大学学研大厦 A 座　　**邮　　编**：100084
社 总 机：010-83470000　　**邮　　购**：010-62786544
投稿与读者服务：010-62776969，c-service@tup.tsinghua.edu.cn
质量反馈：010-62772015，zhiliang@tup.tsinghua.edu.cn
课件下载：https://www.tup.com.cn，010-83470236

印 装 者：大厂回族自治县彩虹印刷有限公司
经　　销：全国新华书店
开　　本：185mm×260mm　　**印　　张**：20.5　　**字　　数**：502 千字
版　　次：2025 年 9 月第 1 版　　**印　　次**：2025 年 9 月第1 次印刷
印　　数：1～1500
定　　价：69.80 元

产品编号：108242-01

序

北京千锋互联科技有限公司(简称“千锋教育”),成立于2011年1月,立足于职业教育培训领域,公司现有教育培训、高校服务、企业服务三大业务板块。教育培训业务分为大学生技能培训和职后技能培训;高校服务业务主要提供校企合作全解决方案与定制服务;企业服务业务主要为企业提供专业化综合服务。公司总部位于北京,目前已在20个城市成立分公司,现有教研讲师团队300余人。公司目前已与国内20000余家IT相关企业建立人才输送合作关系,每年培养泛IT人才近2万人,十年间累计培养超10余万泛IT人才,累计向互联网输出免费学科视频950余套,累计播放量超9800万余次。每年有数百万名学员接受千锋组织的技术研讨会、技术培训课、网络公开课及免费学科视频等服务。

千锋教育自成立以来一直秉承初心至善、匠心育人的工匠精神,打造学科课程体系和课程内容,高教产品部认真研读国家教育大政方针,在“三教改革”和公司的战略指导下,集公司优质资源编写高校教材,目前已经出版新一代IT技术教材50余种,积极参与高校的专业共建、课程改革项目,将优质资源输送到高校。

高校服务

锋云智慧教辅平台(www.fengyunedu.cn)是千锋教育专为中国高校打造的智慧学习云平台,依托千锋先进的教学资源与服务团队,可为高校师生提供全方位教辅服务,助力学科和专业建设。平台包括视频教程、原创教材、教辅平台、精品课、锋云录等专题栏目,为高校输送教材配套的课程视频、教学素材、教学案例、考试系统等教学辅助资源和工具,并为**教师提供样书快递及增值服务**。

锋云智慧服务QQ群

读者服务

学IT有疑问,就找“千问千知”,这是一个有问必答的IT社区,平台上的专业答疑辅导老师承诺在工作时间3小时内答复您学习IT时遇到的专业问题。读者也可以通过扫描下方的二维码,关注“千问千知”微信公众号,浏览其他学习者在学习中分享的问题和收获。

千问千知公众号

资源获取

本书配套资源可添加小千 QQ 号 2133320438 或扫下方二维码索取。

小千 QQ 号

前　　言

教育、科技、人才是全面建设社会主义现代化国家的基础性和战略性支撑。在此前提下，社会生产力的变革对IT行业从业者提出了新要求，以适应中国式现代化的高速发展。从业者不仅要具备专业技术能力和业务实践能力，更需要培养健全的职业素质，复合型技术技能人才更受企业青睐。为深入实施科教兴国战略、人才强国战略、创新驱动发展战略，教科书也应紧随新一代信息技术和新职业要求的变化及时更新。

本书倡导理论与实践相结合，实战就业，在语言描述上力求专业、准确、通俗易懂。引入企业项目案例，针对重要知识点精心挑选，将理论与技能深度融合，促进隐性知识与显性知识的转化。从动手实践的角度，帮助读者逐步掌握前沿技术，为高质量就业赋能。

本书在章节编排上采用循序渐进的方式，内容精练且全面。在语法阐述中尽量避免使用生硬的术语和枯燥的公式，从业务对环境的实际需求入手，将理论知识与实际应用相结合，促进学习和成长，快速积累SSM框架的开发经验，从而在职场中拥有较高起点。

本书特点

本书以理论与实践相结合的理念，讲解Python的基础知识、程序设计方法、网络爬虫、数据处理、文本情感分析与可视化，以及人工智能的基本概念与实践，从Python的环境配置、基础语法、常用的数据类型，到函数的封装，再到面向对象程序设计和文本情感分析与可视化。本书详细分析和讲解了Python程序设计相关的技术难点，使用热点技术与新开发的工具，案例和综合项目的设计贴合实际企业项目需求。

本书内容

第1章主要讲解Python开发入门，包括Python简介、运行环境搭建、集成开发环境PyCharm的安装和人工智能入门：计算机科学与数据科学的交叉学科。

第2章主要讲解Python编程基础，包括代码编写规范、基本输入与输出、运算符的基本使用和数据科学入门：基础的描述性统计。

第3章主要讲解流程控制，包括程序表示方法、分支结构、循环结构的常用操作方法和人工智能入门：关注全民健康。

第4章主要讲解数据结构，包括序列、字符串、列表、元组、字典、集合的操作方法和数据科学入门：大数定律与中心极限定律。

第5章主要讲解Python函数，包括函数的基本使用方法、参数传递、变量的作用域、Python函数的调用和数据科学入门：集中趋势度量。

第6章主要讲解模块与包，包括模块的定义与导入、常见的内置标准模块、自定义模块、包的操作方法和数据科学入门：离中趋势度量。

第 7 章主要讲解面向对象与类，包括对象与类的基本概念、静态方法与类方法、魔法方法，面向对象的封装、继承和多态三大特征，设计模式以及数据科学入门：时间序列和简单线性回归。

第 8 章主要讲解函数的高级特性，包括迭代器与生成器、匿名函数、内置高阶函数、装饰器和人工智能入门：使用函数分析文本情感。

第 9 章主要讲解异常，包括异常的基本概念、异常的捕获与处理、触发异常、自定义异常和数据科学入门：解决八皇后问题。

第 10 章主要讲解文件，包括文件操作的基本概念、常见的操作方法和数据科学入门：关注数据安全 pickle 模块。

第 11 章综合本书 Python 程序设计基础知识、数据库基本操作知识和 Tkinter 窗口可视化知识进行数字化学生信息管理系统项目实战。

第 12 章综合本书 Python 程序设计基础知识、网络爬虫基本操作、文本文件情感分析与可视化基础知识进行弹幕情感分析与可视化项目实战。

其中第 11 章和第 12 章请读者扫描相应的二维码查看。

通过对本书系统的学习，读者能够快速掌握 Python 基本与进阶知识、人工智能基础入门实践方法和操作技巧，为解决实际问题、提高程序的性能和维护性，以及提高开发效率奠定基础。

致谢

本书的编写和整理工作由北京千锋互联科技有限公司高教产品部完成，主要参与人员包括杨玉军、杨夷梅、李伟、陈海滨、李立云等。除此之外，千锋教育的 500 多名学员参与了教材试读，他们从初学者的角度对教材提出了许多宝贵的修改意见。在此表示衷心的感谢。

意见反馈

在编写本书的过程中，虽然力求完美，但难免有一些不足之处，欢迎各界专家和读者朋友提出宝贵的意见，联系方式：textbook@1000phone.com。

编　者

2025 年 5 月于北京

目　录

第1章 Python 开发入门

观看视频

在线答题

学习目标

- 了解 Python 的发展历史，能够描述 Python 发展历史中的 3 个阶段
- 了解 Python 语言的特点，能够描述 Python 语言的特征和优势
- 了解 Python 语言的应用领域，能够归纳 Python 语言的 8 个主要应用领域
- 掌握 Python 开发环境的配置方式，能够配置 Python 开发环境
- 掌握集成开发环境 PyCharm 的配置方式，能够下载、安装与配置 PyCharm
- 掌握 Python 程序的创建方式，能够使用 Python IDLE 开发简单的项目

伴随互联网、大数据、人工智能等信息技术的快速发展，智能化服务得到广泛应用，深刻改变了人们的生活方式。在开发智能化服务时，Python 应用比较广泛。Python 是一种编程语言，可以开发各种类型的应用程序，包括 Web 应用程序、科学计算、数据分析以及人工智能等领域的程序。

为了帮助读者学习 Python 的基础知识与人工智能的入门知识，本章将带领读者学习 Python 的基础知识、配置 Python 环境、集成开发环境 PyCharm、创建第一个 Python 程序和人工智能入门：计算机科学与数据科学的交叉学科的内容。

1.1 初识 Python

和人类语言一样，计算机编程语言也有很多种，比如 C 语言、Java 语言等，任何语言都有自己的发展历史、特点和应用领域，Python 语言也不例外，本节将针对 Python 语言的发展历史、特点和应用领域进行讲解。

1.1.1 Python 的发展历史

Python 语言最初于 1989 年由荷兰国家数学与计算机科学研究中心的吉多·范罗苏姆开发。2001 年，随着 Python 2.0 的发布，Python 成为一门成熟的编程语言。在发展初期，Python 主要被用于开发运行在 UNIX 和 Linux 操作系统上的系统管理工具，后来得到广泛应用，主要应用领域包括 Web 开发、人工智能、机器学习、数据科学和自动化测试等。在过去的几年中，Python 语言的受欢迎程度迅速增长，已经成为最受欢迎的编程语言之一。

Python 语言从诞生到现在经历了以下 3 个阶段。

1. Python 第一个版本

1994 年 1 月，Python 1.0 正式发布，该版本是用 C 语言实现的，可以调用 C 语言的库函数。

2. Python 2 时代

2000 年 10 月，Python 2.0 正式发布，Python 2.0 的发布标志着 Python 进入了 Python 2 时代。Python 2.0 引入了许多变化和改进，包括将整数和长整数类型合并、增加新的运算符和关键字、增加垃圾回收机制等。Python 2.0 使 Python 的整个开发过程更加透明，应用更加广泛。

3. Python 3 时代

2008 年 12 月，Python 3.0 稳定版正式发布，Python 3.0 的发布标志着 Python 进入了 Python 3 时代。Python 3.0 引入了许多编程语言的新特性，其在性能、稳定性、扩展性和安全性方面都得到了显著提升，使得 Python 3.0 越来越受到开发人员的欢迎。目前 Python 3.x 版本已经成为 Python 的主流版本，Python 2.x 版本已于 2020 年 1 月 1 日停止维护，并不再更新功能和修复错误。

Python 语言从诞生到本书截稿时，经历了多个版本，Python 各版本与发布时间如表 1-1 所示。

表 1-1　Python 各版本与发布时间

版　　本	发 布 时 间	版　　本	发 布 时 间
Python 1.0	1994/01	Python 3.3	2012/09/29
Python 2.0	2000/10/16	Python 3.4	2014/03/16
Python 2.4	2004/11/30	Python 3.5	2015/09/13
Python 2.5	2006/09/19	Python 3.6	2016/12/23
Python 2.6	2008/10/01	Python 3.7	2018/06/27
Python 2.7	2010/07/03	Python 3.8	2019/10/14
Python 3.0	2008/12/03	Python 3.9	2020/10/05
Python 3.1	2009/06/27	Python 3.10	2021/10/04
Python 3.2	2011/02/20	Python 3.11	2022/10/24

由表 1-1 可知，Python 2.7 是 Python 2.x 系列的最后一个主版本，2008 年 12 月 3 日发布 Python 3.0，此后 Python 社区开始转向支持 Python 3.x 系列，所有新标准库的更新与改进只体现在 Python 3.x 系列中。Python 3.x 系列的最大改变就是使用 UTF-8 作为程序的默认编码，使用此默认编码后，Python 3.x 系列中就可以直接编写中文信息。

拓展阅读：常见的软件版本号组成

常见的软件版本号一般由三部分组成，这三部分分别是主版本号、子版本号和修订号，各部分之间由 . 连接起来，形式如：主版本号.子版本号.修订号。主版本号、子版本号和修订号的具体介绍如下。

• 主版本号：表示软件整体架构升级或出现不向后兼容的改变情况，出现此情况时，需要增加主版本号,例如增加新功能或重写核心代码时,会增加主版本号。

- 子版本号:表示软件功能方面的升级情况,出现此情况时,需要增加子版本号,例如修复漏洞或改善用户体验时,会增加子版本号。
- 修订号:表示软件的小修改,只要软件有修改,就会增加修订号,例如修改文档或优化性能时,会增加修订号。

软件版本号也可能包括一些特殊的字符,例如 alpha 版、beta 版、RC 版等。

1.1.2 Python 的特点

Python 是一种跨平台的计算机程序设计语言,是 ABC 语言的替代品,属于面向对象的动态类型语言。Python 语言能够在众多语言中脱颖而出,成为受欢迎的编程语言之一,是因为其具有简单易学、免费开源、可移植性、解释性、面向对象、可扩展性和类库丰富等特点。接下来对 Python 的特点进行具体介绍。

1. 简单易学

Python 的语法简洁,易于理解和掌握,代码可读性强,即使没有编程经验,也可以很快上手,适合初学者入门。

2. 免费开源

Python 是一款开源的编程语言,可以免费使用和分发,不需要支付任何费用。这种开放性和自由性使得 Python 成为一款全球广泛使用的编程语言。Python 的开发者社区非常活跃,提供了大量的开源库和工具,使得 Python 在各个领域都具有广泛的应用。

3. 可移植性

由于 Python 的开源本质,Python 自带的标准库和第三方库可以在不同平台上使用,并提供了多种工具和框架来实现代码的跨平台移植性。Python 已经可以被移植在许多平台上,这些平台包括 Linux、Windows、AROS、VMS、VxWorks、Symbian 及 Google 基于 Linux 开发的 Android 平台等。

4. 模式多样

Python 既支持面向过程的编程,也支持面向对象的编程。在“面向过程”的语言中,程序是由过程或仅仅是可重用代码的函数构建起来的。在“面向对象”的语言中,程序是由数据和功能组合而成的对象构建起来的。

5. 可扩展性与可嵌入性

Python 的可扩展性和可嵌入性指的是 Python 的能力可以拓展和嵌入其他系统或工具中。可扩展性指的是它拥有一整套 API 可用于扩展应用程序,增加新功能或自定义实现模块。而可嵌入性指的是可以把 Python 部分程序嵌入 C/C++ 等程序中,从而为用户提供脚本功能,很多嵌入式设备和操作系统都已经支持 Python 解释器和库的嵌入。

6. 解释性

解释性指的是代码在执行之前不需要编译成机器语言,可以直接从源代码运行程序,这使 Python 代码非常灵活,同时也方便了代码的调试和修改,另外,Python 解释器还支持交互式编程,这意味着用户可以在控制台上输入和执行代码行。Python 语言的解释性特点使得它成为一种广泛应用于数据科学、机器学习和 Web 开发等领域的流行语言。

7. 丰富的库

Python 的标准库很庞大，它可以帮助开发者处理各种工作，包括正则表达式、文档生成、单元测试、多线程处理、数据库操作、网页浏览、CGI(Common Gateway Interface)脚本编写、FTP(File Transfer Protocol)操作、电子邮件处理、XML 和 HTML 内容生成与解析、WAV 文件处理、密码学系统、GUI(Graphical User Interface，图形用户界面)开发、Tk 等与系统有关的操作。除标准库外，还有许多其他高质量的库，例如 wxPython、Twisted 和 Python 图像库等。

8. 代码的规范

Python 的编码规范是一种标准化的代码编写方法，旨在保持代码的清晰性、可读性和可维护性。这些规范涵盖编码风格、代码结构、注释使用、命名规则等多方面，例如 Python 采用强制缩进的方式使得代码具有较好的可读性。

1.1.3 Python 语言的应用领域

Python 语言可以应用到大数据开发，例如教育大数据、交通大数据等；人工智能开发，例如机器学习的神经网络建设、自然语言处理、计算机视觉等；嵌入式开发和各种后端服务开发，例如 App 后端及各种小型应用的后端服务开发。Python 还可以做日常任务，例如下载视频和 MP3 文件、自动化操作 Excel 表格、自动发送电子邮件等。Python 语言具备强大的语言整合能力，因此，能够在更多的应用场景得到实施。Python 的应用领域主要可以分为 7 类，具体介绍如下。

1. 人工智能

人工智能(Artificial Intelligence，AI)是研究、开发用于模拟、延伸和扩展人的智能的理论、方法、技术及应用系统的一门新的技术科学。人工智能虽然不是人的智慧，但能模拟人类思考，也可能超过人的智慧。例如，谷歌无人驾驶汽车，如图 1-1 所示。

图 1-1　谷歌无人驾驶汽车

Python 是人工智能时代的首选语言，不管是机器学习还是深度学习，最常用的工具和框架都需要用 Python 调用，如 NumPy、SciPy、Pandas、Matplotlib、PyTorch、TensorFlow 等，因此掌握 Python 编程是人工智能工程师的必备技能之一。

2. 数据分析

数据分析指的是对大量有序或无序的数据进行信息的集中整合、运算提取、展示等操作，通过这些操作找出研究对象的内在规律，旨在揭示事物运动、变化、发展的规律，能够提高系统运行效率、优化系统作业流程、预测未来发展趋势。著名数据公司如今日头条、抖音、快手等，其产品都建立在对用户数据的分析之上，更不用说淘宝、京东、拼多多这些“定制化推荐”的老手。例如，电器制造业用户画像分析，如图 1-2 所示；又如，智慧农业物联网管理平台，如图 1-3 所示。

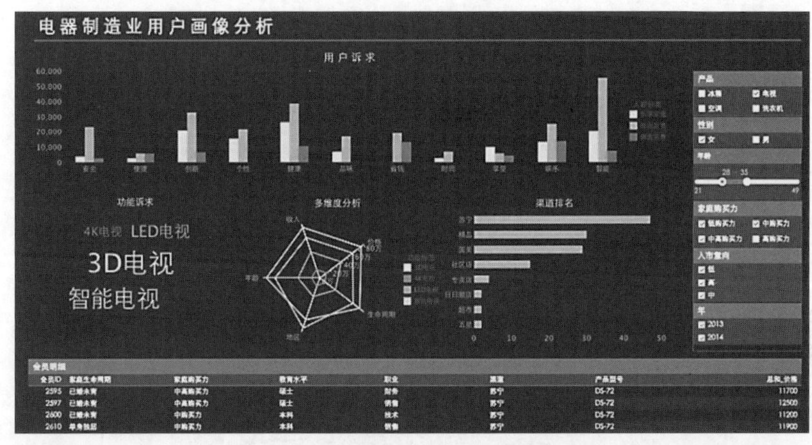

图 1-2　电器制造业用户画像分析

图 1-3　智慧农业物联网管理平台

3. 网站开发

基于 Python 的优秀开发框架有很多，例如 Flask、Django、Tornado 等，能够实现网站的快速搭建，对于实现新功能非常方便，只需要利用 Python 添加几行代码即可。例如，集电影、读书、音乐于一体的豆瓣官网，如图 1-4 所示。

4. 网络爬虫

利用 Python 获取和爬取互联网的信息，是很多人学习 Python 的第一驱动力。人力通常要一周才能完成的项目，爬虫只需要 10 分钟即可。因此，爬虫对于获取信息非常高效。

图 1-4　豆瓣官网

例如，爬取百度的动态网页，如图 1-5 所示。

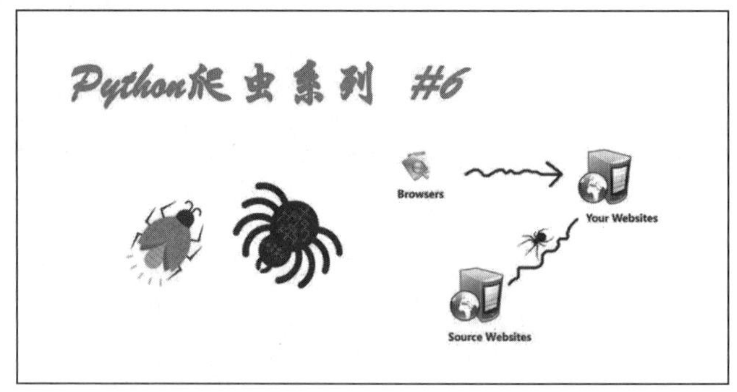

图 1-5　爬取百度的动态网页

5. 自动化运维

自动化运维一般是指 IT 运维自动化，在运维工作中，有大量重复性工作，需要管理系统、监控系统、发布系统等，使用 Python 可以自动化批量管理服务器，使工作自动化，提高工作效率。自动化运维在系统管理、文档管理方面具有很强大的功能。例如，IT 运维监控平台 PIGOSS BSM 如图 1-6 所示。

PIGOSS BSM 可通过带外、带内方式对 PC 服务器、小机及刀箱底层硬件状态进行全面的监控，包括处理器、内存、硬盘、电源、风扇、温度、插槽等硬件状态和配置信息，代替管理员的日常机房巡检工作，使管理员实时了解服务器底层硬件的运行情况。

6. 自动化测试

自动化测试是一种测试方法，指的是使用特定的软件来控制测试流程，并比较实际结果与预期结果之间的差异。测试的工作是枯燥和重复的，在过去，每次产品更新，都要重复测试一遍，效率低且容易出错。Python 提供了很多自动化测试的框架，如 Selenium、Pytest 等，避免了大量的重复工作，Python 自动化测试也变得越来越流行。例如，基于 Selenium 的 Python 自动化测试组件，如图 1-7 所示。

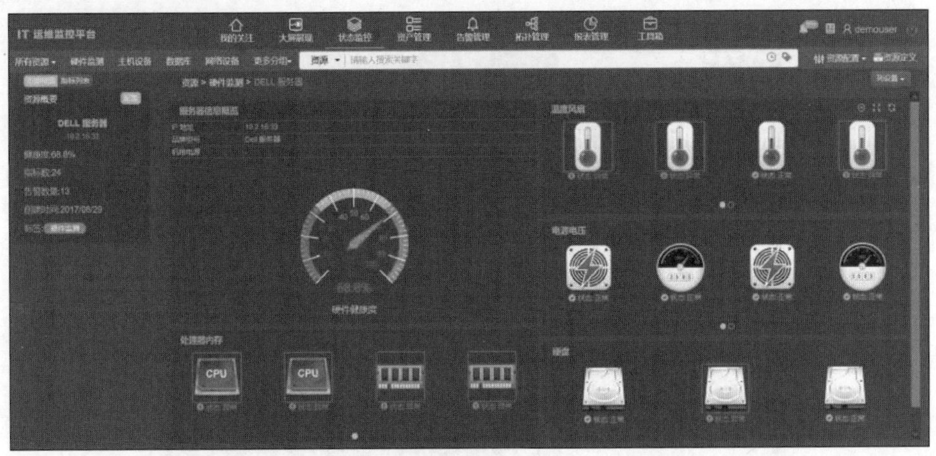

图 1-6　IT 运维监控平台 PIGOSS BSM

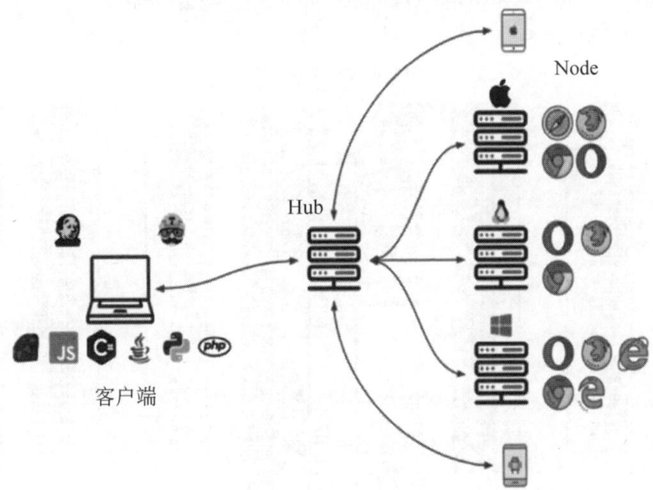

图 1-7　基于 Selenium 的 Python 自动化测试组件

7. 游戏开发

Python 游戏开发领域的招聘集中在游戏服务器领域，主要负责网络游戏的服务器功能开发、性能优化等工作。Python 有很好的 3D 渲染库和游戏开发框架，常用的有 PyGame、Pykyra 和 PyWeek 等。例如，使用 Pygame 制作的 FlappyBird 小游戏，如图 1-8 所示。

得益于 Python 强大的高性能游戏引擎技术，如 PyGame、Pyglet、Cocos2d 等开发框架，为 Python 进行游戏开发提供了坚实的基础。

8. 科学计算

Python 提供了各种强大的包和库，如 SciPy、Pandas、NumPy 和 Matplotlib，这些包和库使数据科学家能够对大量的数据进行快速处理和分析，并通过图表和可视化工具有效地传达分析结果。例如，SciPy 库提供了丰富的科学计算功能，包括线性代数、数值积分、最优化、信号处理等。这些功能在物理学、工程学、计算生物学以及生物信息学等领域有着广泛的应用，能够进行模拟、优化和建模。例如，使用 Biopython 可视化染色体和基因元件，如图 1-9 所示。

图 1-8　使用 PyGame 制作的 FlappyBird 小游戏

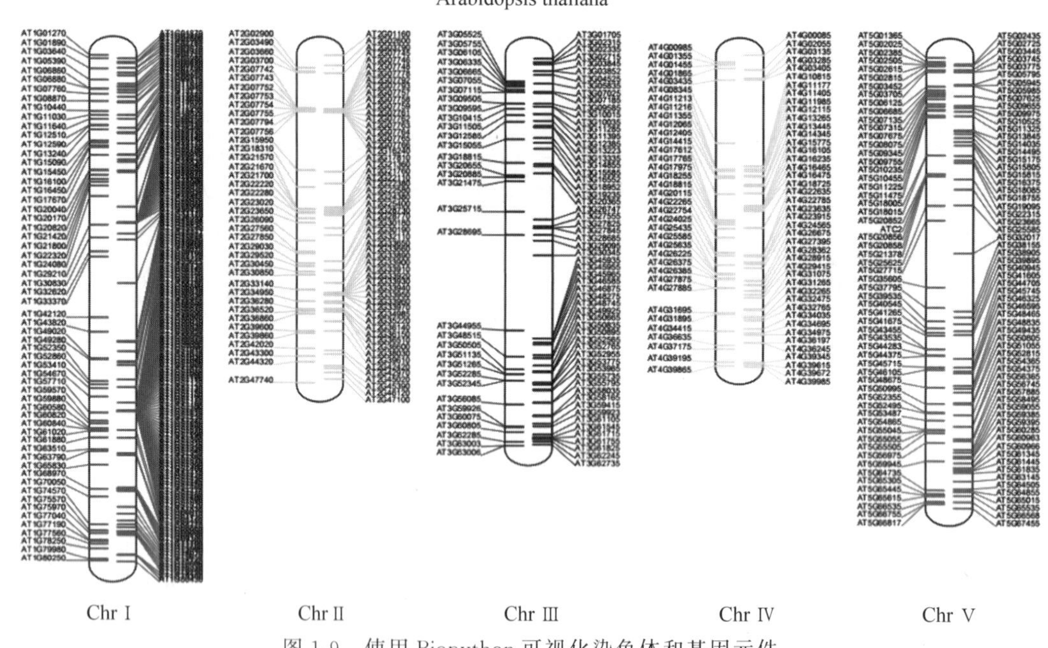

图 1-9　使用 Biopython 可视化染色体和基因元件

由图 1-9 可知，在细胞器基因组的组装中，基因元件常用圈图的形式展示。图中的标题 Arabidopsis thaliana 是一种植物，名叫拟南芥，是进行遗传学研究的好材料，被科学家誉为“植物界的果蝇”；Chr Ⅰ、Chr Ⅱ、Chr Ⅲ、Chr Ⅳ和 Chr Ⅴ是染色体的名称，在这些染色体上添加注释。

拓展阅读：Python 表达式

Python 表达式是由字面量、运算符和函数调用组成的代码片段，用于计算并产生一个值。如 result = 5 + (4 * 2)是一个算术表达式，用于计算混合运算，将计算出结果为 13

的值。表达式可以嵌套使用，并可以根据需要使用括号来控制运算顺序。表达式的值可以被赋予变量，用于后续的计算或其他操作。此外，Python 还提供了丰富的内置函数和标准库模块，可以在表达式中调用以实现更复杂的计算。

1.2 配置 Python 环境

在开发 Python 程序之前，需要先配置 Python 程序的运行环境，配置 Python 环境的内容包括下载与安装 Python、配置环境变量等步骤。本节将针对 Python 环境的配置步骤进行讲解。

1.2.1 下载与安装 Python

Python 的下载与安装过程如下。

(1) 打开浏览器，在地址栏输入 Python 官网的地址，在键盘上按 Enter 键，进入 Python 官网首页，如图 1-10 所示。

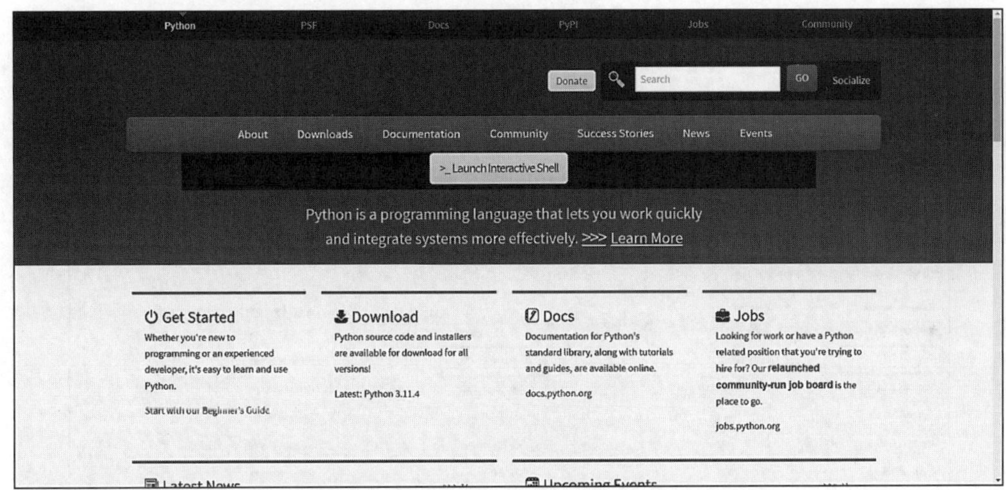

图 1-10 Python 官网首页

在图 1-10 中，包含 About、Downloads、Documentation、Community、Success Stories、News、Events 共 7 个选项卡。

(2) 单击图 1-10 中的 Downloads 选项卡，进入下载页面，如图 1-11 示。

在图 1-11 中，单击 Download Python 3.11.4 按钮就可以下载最新的 Python 版本并根据需要选择 Windows 系统或者 Linux、macOS 系统等。

(3) 想要下载指定的 Python 版本，需要鼠标在图 1-11 中向下滑动页面，滑动到如图 1-12 所示的地方。

在图 1-12 中，找到 Looking for a specific release? 下方的表格，在表格中显示了不同的 Python 版本，读者可根据自己的需求下载对应的版本。本书选择使用较新的 Python 3.10.10 版本，单击 Python 3.10.10 右侧的 Download 按钮即可下载 Python 3.10.10 版本。

(4) 找到 Windows 的 64 位操作系统对应的 Python 安装包，如图 1-13 所示。

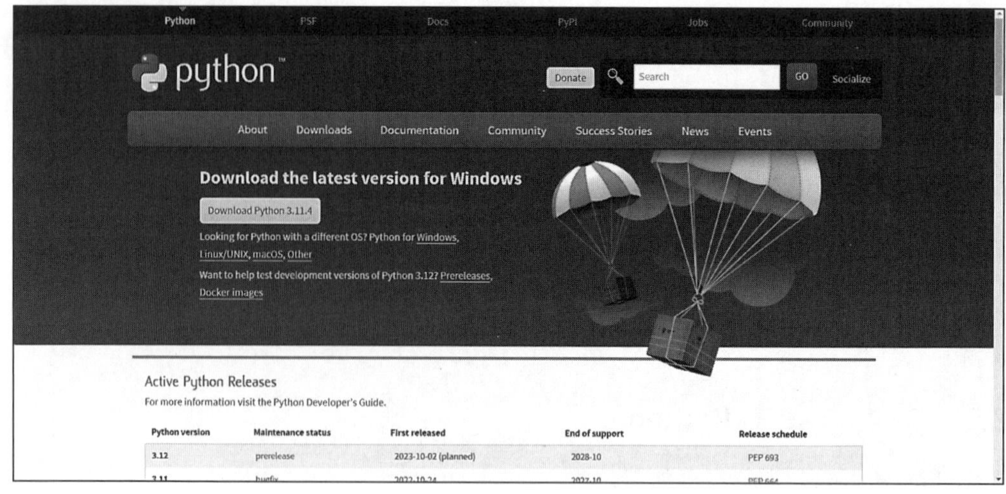

图 1-11　Python 下载页面

Active Python Releases

For more information visit the Python Developer's Guide.

Python version	Maintenance status	First released	End of support	Release schedule
3.12	prerelease	2023-10-02 (planned)	2028-10	PEP 693
3.11	bugfix	2022-10-24	2027-10	PEP 664
3.10	security	2021-10-04	2026-10	PEP 619
3.9	security	2020-10-05	2025-10	PEP 596
3.8	security	2019-10-14	2024-10	PEP 569

Looking for a specific release?

Python releases by version number:

Release version	Release date		Click for more
Python 3.11.3	April 5, 2023	Download	Release Notes
Python 3.10.10	Feb. 8, 2023	Download	Release Notes
Python 3.11.2	Feb. 8, 2023	Download	Release Notes
Python 3.11.1	Dec. 6, 2022	Download	Release Notes
Python 3.10.9	Dec. 6, 2022	Download	Release Notes
Python 3.9.16	Dec. 6, 2022	Download	Release Notes
Python 3.8.16	Dec. 6, 2022	Download	Release Notes
Python 3.7.16	Dec. 6, 2022	Download	Release Notes

View older releases

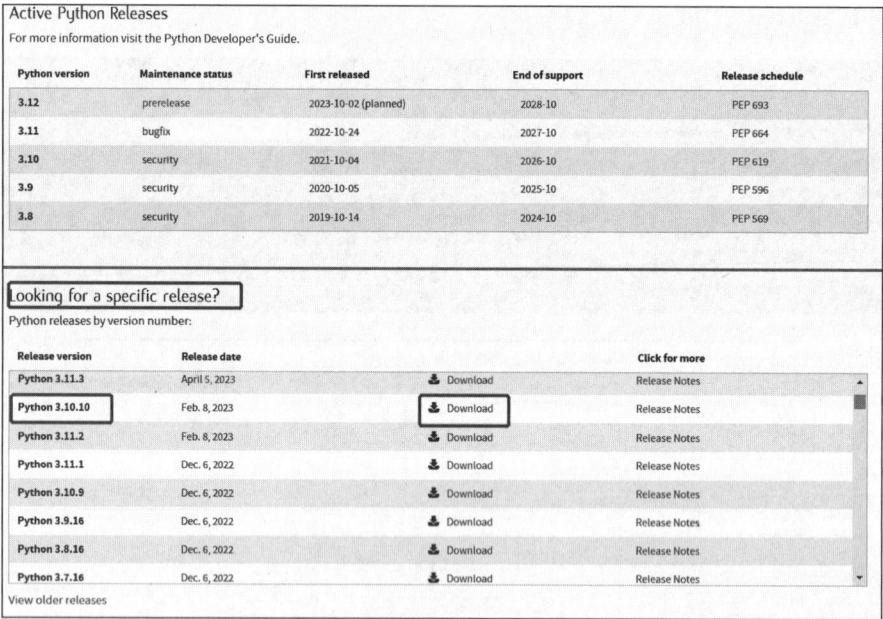

图 1-12　找到合适的 Python 版本

Files

Version	Operating System	Description	MD5 Sum	File Size	GPG	Sigstore	
Gzipped source tarball	Source release		6dbe644dd1a520d9853cf6648084c346	26071329	SIG	CRT	SIG
XZ compressed source tarball	Source release		7bf85df71bbe7f95e5370b983e6ae684	19627028	SIG	CRT	SIG
macOS 64-bit universal2 installer	macOS	for macOS 10.9 and later	892634724ab799569b512082c8f48c83	41005648	SIG	CRT	SIG
Windows embeddable package (32-bit)	Windows		a681a7f9b242fe35b4d96d79e15e57d6	7663448	SIG	CRT	SIG
Windows embeddable package (64-bit)	Windows		f38a9e7e02a992daa62569b758d0a388	8625602	SIG	CRT	SIG
Windows help file	Windows		448f8401ade49a7e2156d02512f2f9bf	9391521	SIG	CRT	SIG
Windows installer (32-bit)	Windows		a81b81687bc2575c05a30f4b31d6ea00	27859200	SIG	CRT	SIG
Windows installer (64-bit)	Windows	Recommended	9735797853cba809b13c8396c91354a0	29010904	SIG	CRT	SIG

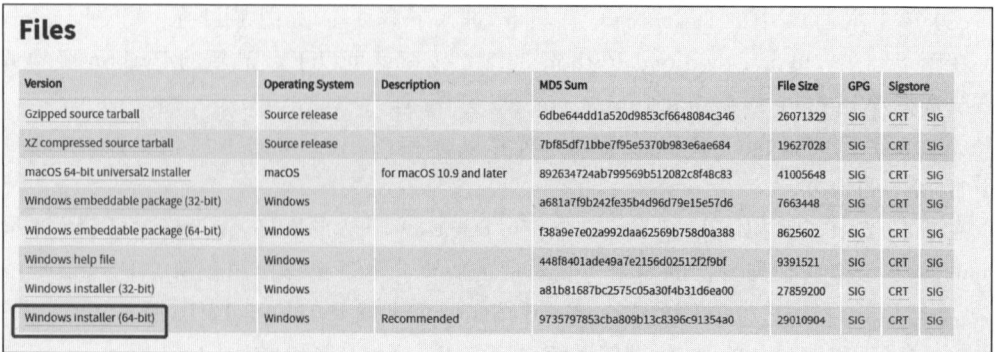

图 1-13　找到合适的 Python 安装包软件

在图 1-13 所示的 Files 下的 Version 栏，找到 Windows Installer(64-bit)进行下载。可能会弹出选择安装位置的对话框，读者根据需要选择即可。

(5) 在浏览器右上角可查看下载的进度，如图 1-14 所示。

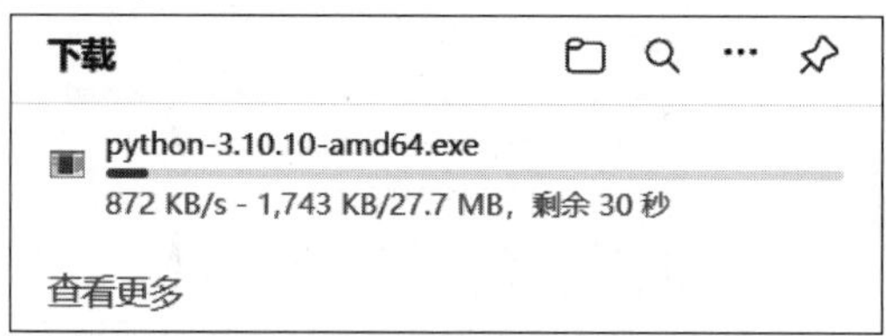

图 1-14　查看安装包下载进度

下载完成后的安装包名称为 python-3.10.10-amd64.exe。

(6) 双击下载完成的安装包，进入 Python 安装界面，如图 1-15 所示。

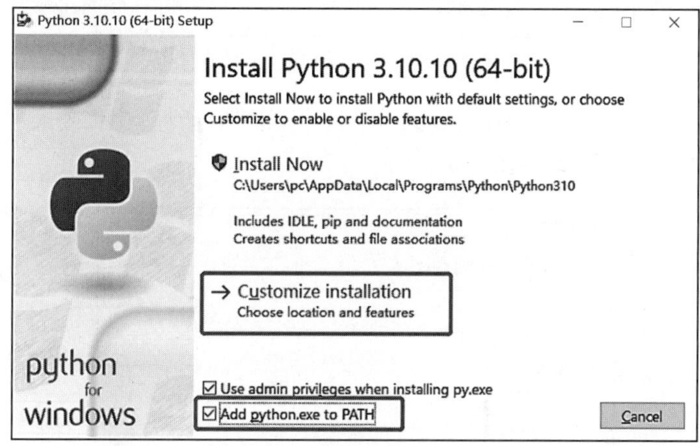

图 1-15　自定义安装 Python

在图 1-15 中，单击选择 Customize installation 选项，可以自定义安装路径，勾选界面下方的 Add python.exe to PATH 复选框，安装完成后 Python 将被自动添加到环境变量。

(7) 进入 Optional Features 窗口，用户可以根据需要自行选择需要的特性组件，选择完毕后单击 Next 按钮，如图 1-16 所示。

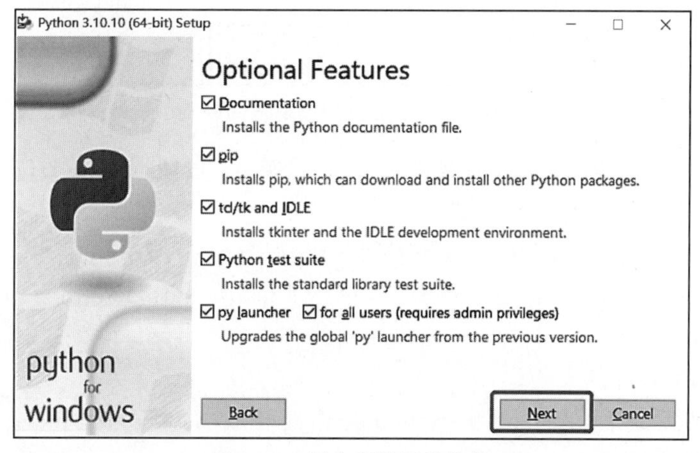

图 1-16　用户安装可选特性

（8）进入 Advanced Options 窗口，选择需要的功能，如图 1-17 所示。

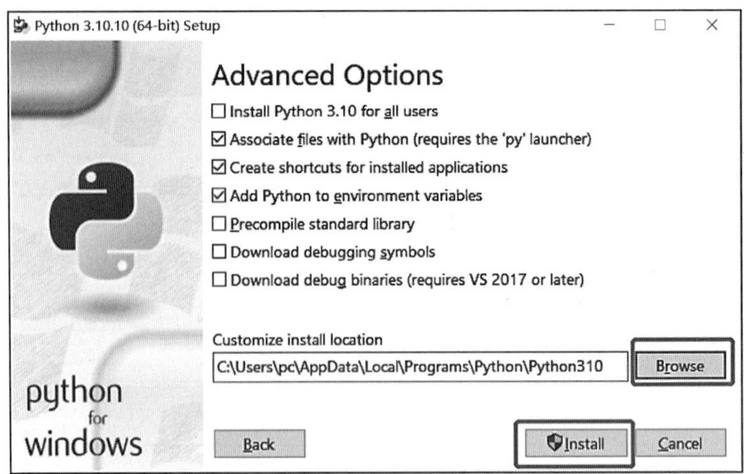

图 1-17　用户高级选项

在图 1-17 中，单击 Browse 按钮，进入“浏览文件夹”对话框，选择安装包的安装位置，选择好后单击“确定”按钮，如图 1-18 所示。

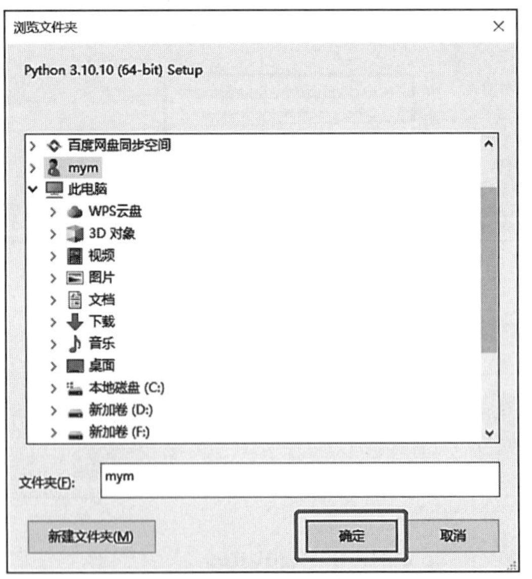

图 1-18　自定义选择安装路径

由图 1-18 可知，选择的是 mym 文件夹。单击“确定”按钮回到图 1-17 所示的界面，单击 Install 按钮，可能会出现对话框，选择“是”按钮。

（9）进入 Setup Progress 窗口，等待安装完成，如图 1-19 所示。

（10）进入 Setup was successful 窗口，单击 Disable path length limit 选项后，单击 Close 按钮，如图 1-20 所示。

至此，完成 Python 的安装。

Python 安装完成后，为了检测 Python 是否安装成功，可以在 cmd 命令窗口中输入

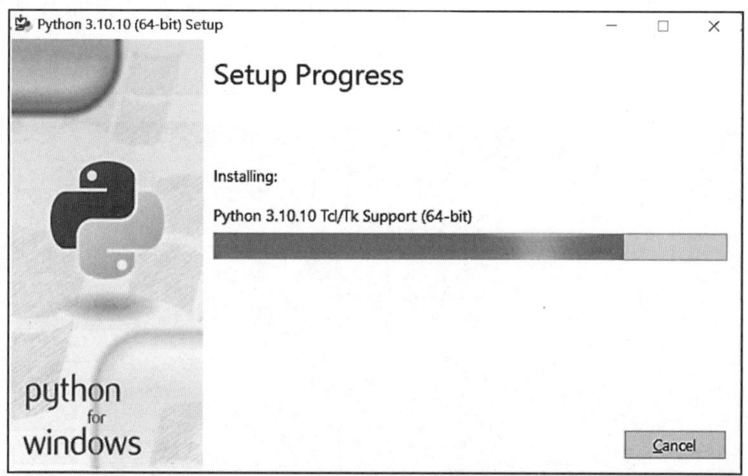

图 1-19　安装进程

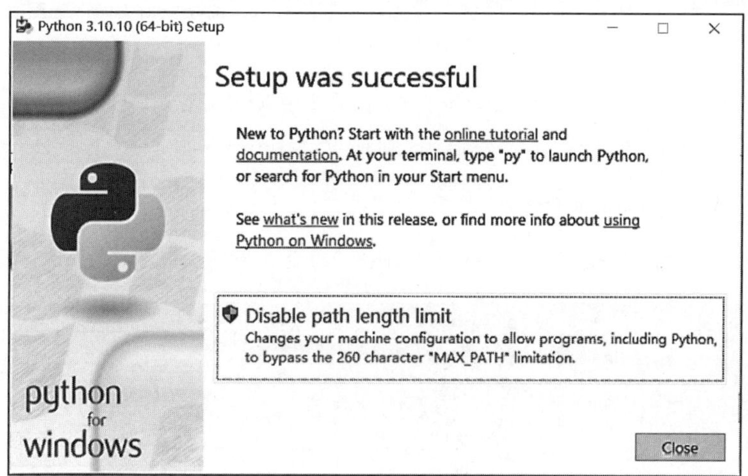

图 1-20　软件安装完成

Python 命令,按 Enter 键,查看 cmd 命令窗口中是否输出 Python 版本信息,如果输出了 Python 版本信息,则 Python 安装成功。检测 Python 是否安装成功的步骤如下:

(1) 在键盘上按 WIN+R 键调出“运行”对话框,在“打开”栏中输入 cmd,单击“确定”按钮,如图 1-21 所示。

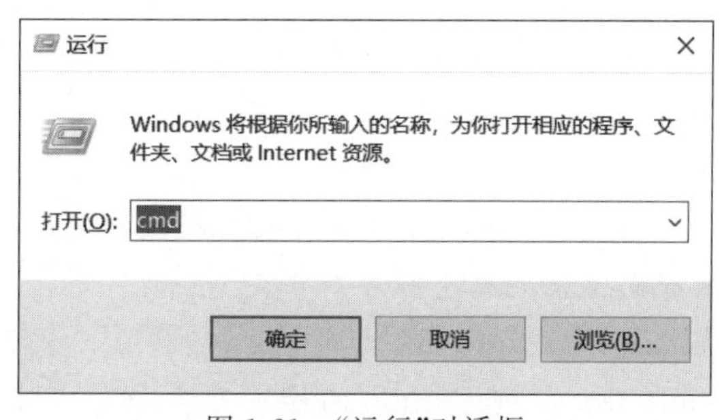

图 1-21　“运行”对话框

(2) 打开系统的命令行,在命令行中输入 Python 命令查看是否安装成功,如图 1-22 所示。

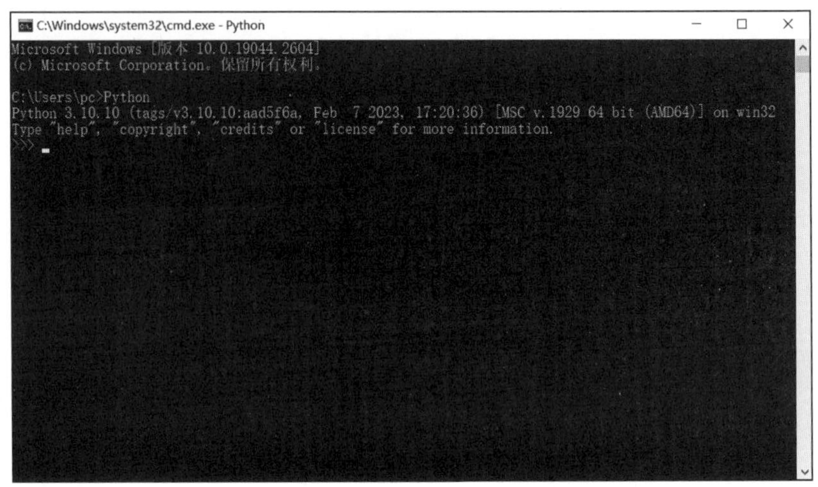

图 1-22　查看安装的 Python 版本

由图 1-22 可知,能正常输出 Python 的版本,说明 Python 安装成功。显示安装的 Python 版本是 Python 3.10.10。若要退出,则在 Python 提示符>>>后输入 exit()。

拓展阅读:Python 快捷方式

安装完成后,单击"开始"菜单会出现 Python 的菜单列表,如图 1-23 所示。

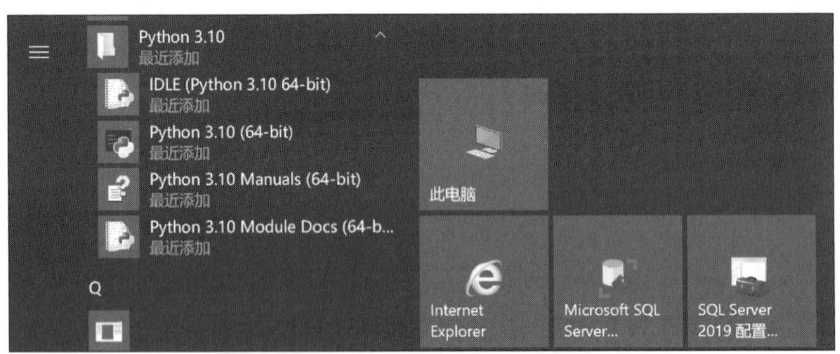

图 1-23　Python 3.10 的菜单列表

由图 1-23 可知,Python 安装成功后,出现 4 个快捷方式,分别是 IDLE(Python 3.10 64-bit)、Python 3.10(64-bit)、Python 3.10 Manuals(64-bit)、Python 3.10 Module Docs(64-bit)。

- IDLE:由 Python 之父开发的一个小型的 Python 开发环境,可以用来解释执行 Python 代码,也可以用来写 Python 脚本。
- Python 3.10:即 Python 的解释器,可以用来解释执行 Python 代码,使用命令行调用 Python 命令时就是运行的这个程序。
- Python 3.10 Manuals:即 Python 的使用手册,可以用来学习 Python 的基础使用。
- Python 3.10 Module Docs:即 Python 的模块文档,可以用来学习模块的使用。

1.2.2 配置环境变量

当 Python 无法正确启动时，即打开 IDLE 或 Python 解释器时无法正常启动，在命令行中输入 Python 命令查看 Python 是否安装成功，若测试成功，则不需要再次配置环境变量；若测试没有正常启动，可能是由于系统没有找到 Python 的安装路径，此时可以通过配置环境变量来解决。具体方法如下：

（1）以 Windows 为例，右击“此电脑”，在弹出的下拉菜单中单击“属性”选项，在弹出的系统窗口中单击“高级系统设置”按钮，弹出的“设置”窗口如图 1-24 所示。

图 1-24　弹出的“设置”窗口

在弹出的“设置”窗口中向下滑动，找到“相关设置”栏，单击“高级系统设置”选项。

（2）进入“系统属性”对话框，默认弹出“高级”选项卡，单击“环境变量”按钮，如图 1-25 所示。

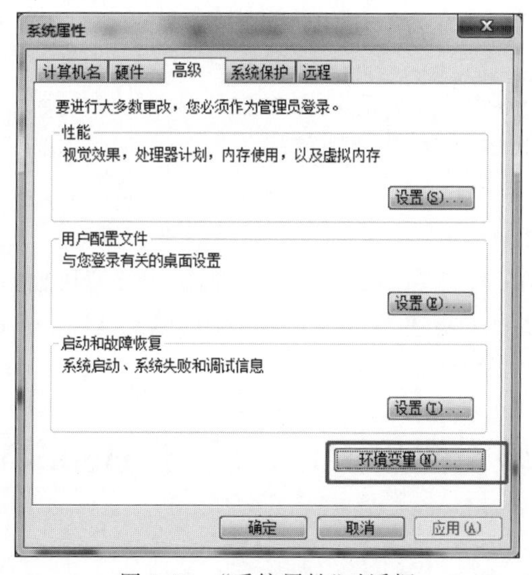

图 1-25　“系统属性”对话框

(3) 打开“环境变量”对话框，在“系统变量”选择区域中选择 Path 选项，并单击“新建”按钮，如图 1-26 所示。

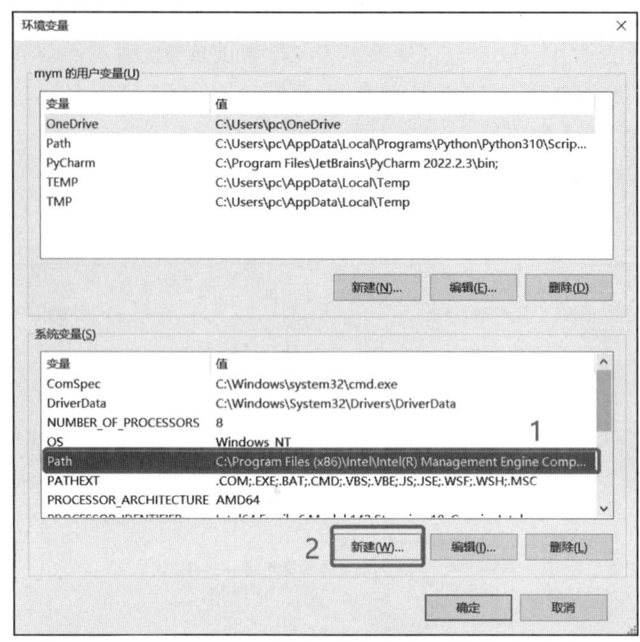

图 1-26 系统变量设置

(4) 打开“新建系统变量”对话框，编辑变量名和变量值，如图 1-27 所示。

新建系统变量

变量名(N): Path

变量值(V): C:\Users\pc\AppData\Local\Programs\Python\Python310\

浏览目录(D)... 浏览文件(F)... 确定 取消

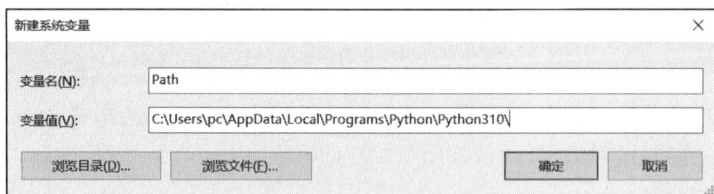

图 1-27 “新建系统变量”对话框

在图 1-27 中，在“变量名”文本输入框中输入 Path，在“变量值”文本输入框中输入 Python 的安装路径，单击“确定”按钮完成编辑。

注意，此次安装的路径是 C:\Users\pc\AppData\Local\Programs\Python\Python310\Scripts，变量值要根据读者 Python 安装的实际路径进行修改。

完成编辑后，回到如图 1-26 所示的对话框，单击“确定”按钮，就完成了环境变量的配置。读者还可以根据 1.2.1 节所述的方法，在命令行输入 Python 命令验证软件是否安装成功。

1.3 实验：使用 IDLE 输出“Hello，World！”

【实验目的】

1. 掌握 Python 基础语法的使用。

2. 掌握使用 Python IDLE 编写第一个 Python 程序。
3. 掌握保存文件的方法。
4. 掌握文件式与交互式运行文件。

【实验要求与内容】

1. 在代码区编写一个程序文件。
2. 将编写好的程序在 IDLE 运行。
3. 将文件保存为 hello.py。
4. 使用文件式运行 hello.py 文件。

【实验步骤】

1. 启动 IDLE

单击“开始”菜单，选择 IDLE(Python 3.10 64-bit)快捷方式，即可启动 IDLE，如图 1-28 所示。

2. 编写并运行程序

Python 程序的运行方式包括交互式和文件式两种。交互式指的是 Python 解释器对 Python 代码进行逐行接收并即时响应，文件式则是将 Python 代码保存在文件中，再运用 Python 解释器批量解释代码。

启动 IDLE 之后，默认为交互模式，直接在 Python 的提示符“>>>”后面输入相应的语句，在键盘上按 Enter 键即可执行。还可以依次选择 Run→Run Module 菜单命令或者按 F5 快捷键运行程序，运行程序后，将打开 IDLE Shell 窗口显示运行结果。如果语句正确，立刻就可以看到执行结果，否则提示错误。程序的编写与运行如图 1-29 所示。

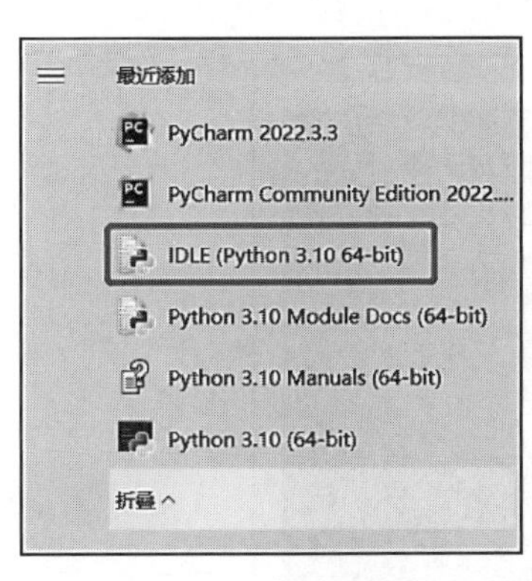

图 1-28　启动 IDLE

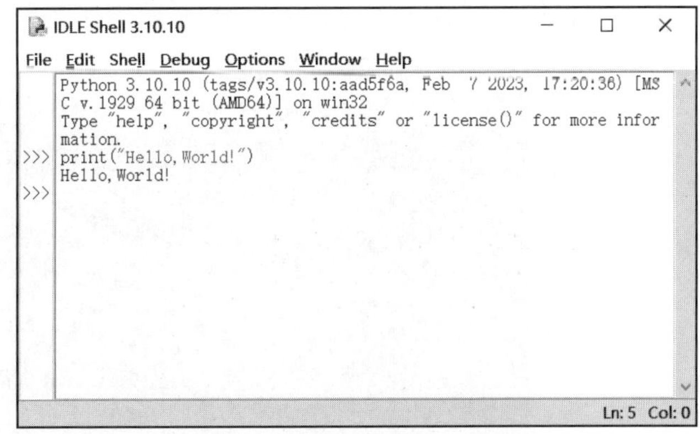

图 1-29　程序的编写与运行

由图 1-29 可知，写入 print("Hello，World!")这段代码，运行结果为“Hello，World!”。

3. 保存文件

依次选择 File→Save As 菜单命令或者 File→Save 菜单命令保存文件，还可以按 Ctrl+S 快捷键保存文件，如图 1-30 所示。

保存的文件名称为 hello，扩展名为 .py，保存在 Chapter01 文件夹中。

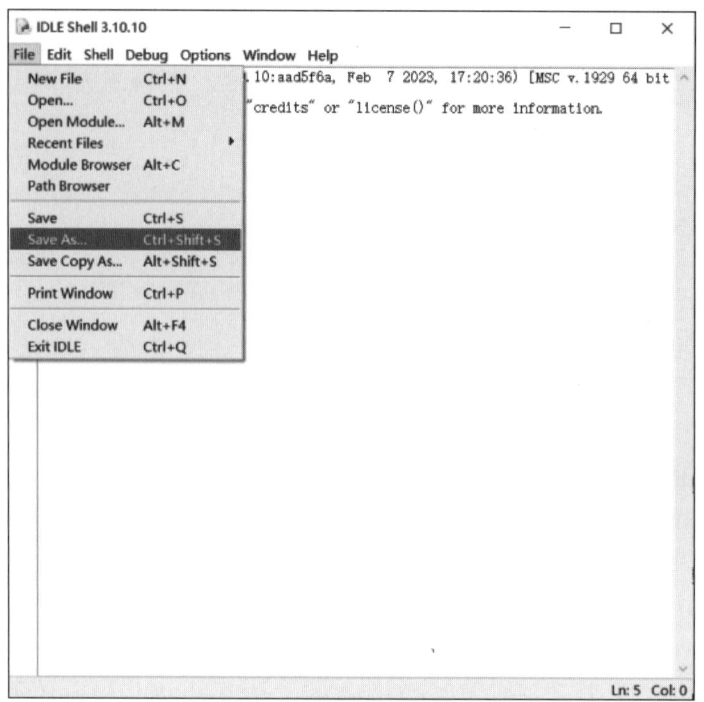

图 1-30 保存为 hello.py 文件

4. 文件式运行程序文件

打开一个文本编辑器，写入 print("Hello，World!")这段代码，保存在 Chapter01 文件夹中，在键盘上按 WIN+R 键调出“运行”对话框，在“打开”栏中输入 cmd，单击“确定”按钮，打开命令行，在光标处输入相应的“python+文件路径”，格式示例为 python C:\Users\pc\Desktop\Chapter01\hello.py，文件运行效果如图 1-31 所示。

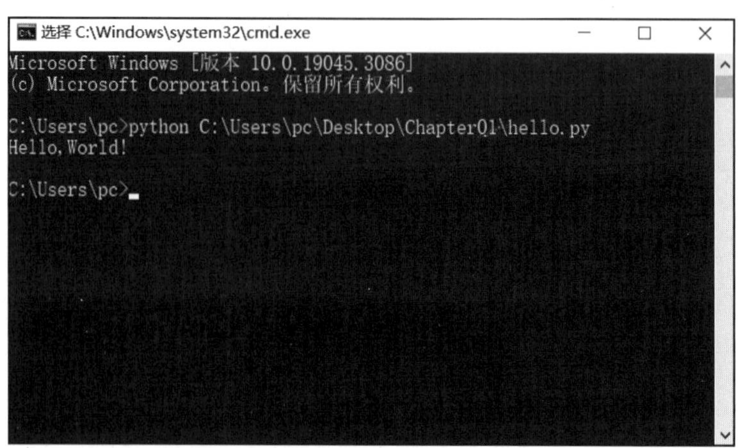

图 1-31 文件式运行 hello.py 文件的效果

右击该文件，单击“属性”按钮，可以获得该文件的路径，打开 IDLE 或者打开 Python 解释器都可以文件式运行扩展名为.py 的文件。代码可以永久保存，以便后续的开发程序使用，偶尔可以使用交互式模式调试其中某一段的代码验证结果。

【实验小结】

Python 程序的运行方式包括交互式和文件式两种。交互式指的是 Python 解释器对 Python 代码进行逐行接收并即时响应，文件式则是将 Python 代码保存在文件中，再运用 Python 解释器批量解释代码。

对于一些简单的 Python 程序，可以使用 Python 自带的 IDLE，它是一个 Python Shell，其一次只能执行一条完整的语句。当需要编写多行代码时，可以单独创建一个文件保存这些代码，在全部编写完成后一起执行。

IDLE 是 Python 自带的集成开发环境，其基本功能包括语法高亮、段落缩进、基本文本编辑、使用 Tab 键进行代码补全以及调试程序等。

1.4 集成开发环境 PyCharm

在掌握了 Python 的环境配置方法后，为了能更高效地进行代码开发，最好选择集成开发环境，PyCharm 是一款功能强大的用于 Python 程序开发的集成开发环境，具备调试、语法高亮、Project 管理、代码跳转、智能提示、自动完成、单元测试及版本控制等功能，因此本书使用的是 PyCharm。本节从下载与安装 PyCharm、配置 PyCharm 以及新建项目与文件 3 个方面进行讲解。

1.4.1 下载与安装 PyCharm

PyCharm 的下载与安装过程如下。

1.下载 PyCharm

(1) 打开浏览器，在地址栏输入 PyCharm 官网的地址，按 Enter 键，进入 PyCharm 官网首页，如图 1-32 所示。

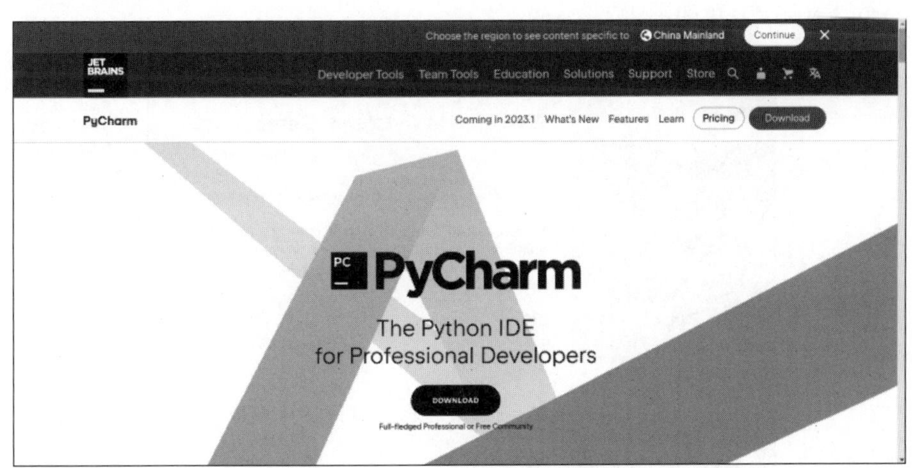

图 1-32 PyCharm 官网首页

(2) 单击图 1-32 中的 DOWNLOAD 按钮，进入 Download PyCharm 页面，如图 1-33 所示。

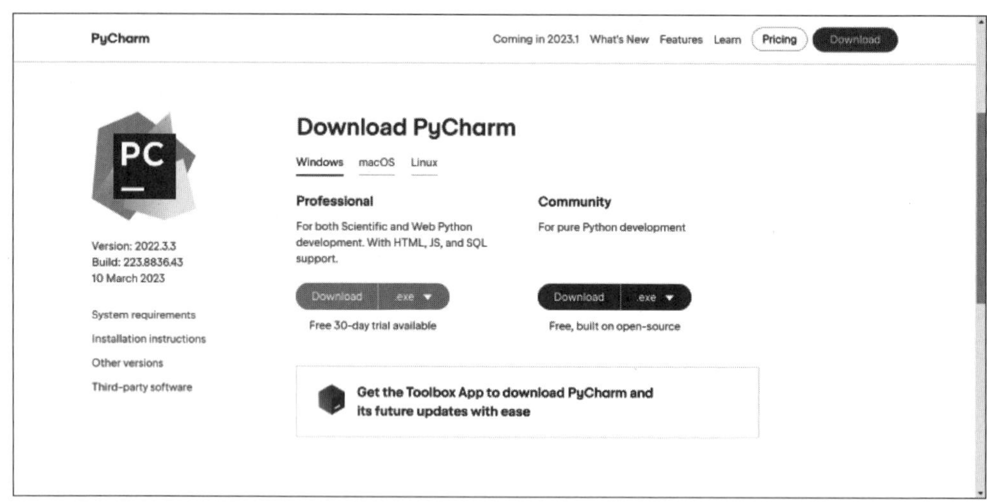

图 1-33　Download PyCharm 页面

在图 1-33 中，Download PyCharm 下方有 3 个选项卡，表示 3 个不同的操作系统，分别是 Windows、macOS 和 Linux，单击对应的选项卡，选项卡下方会显示对应操作系统的 PyCharm 安装包信息。默认情况下，显示 Windows 系统的 PyCharm 安装包信息，Windows 选项卡下方显示了 Professional 和 Community，分别表示 PyCharm 的两种版本，其中 Professional 为收费版本，支持 Web 开发、远程开发、数据库和结构查询语言等；Community 为免费版本，是轻量级的 Python IDE，支持 Python 开发、调试、错误检查等功能。

由于使用的是 Windows 系统，因此选择 Windows 下的 Professional 版本，单击 Professional 下方的 Download 按钮，即可下载 PyCharm 安装包。

2. 安装 PyCharm

（1）等待下载完成，双击安装包文件 pycharm-professional-2022.3.3.exe，进入 Welcome to PyCharm Setup 窗口，如图 1-34 所示。

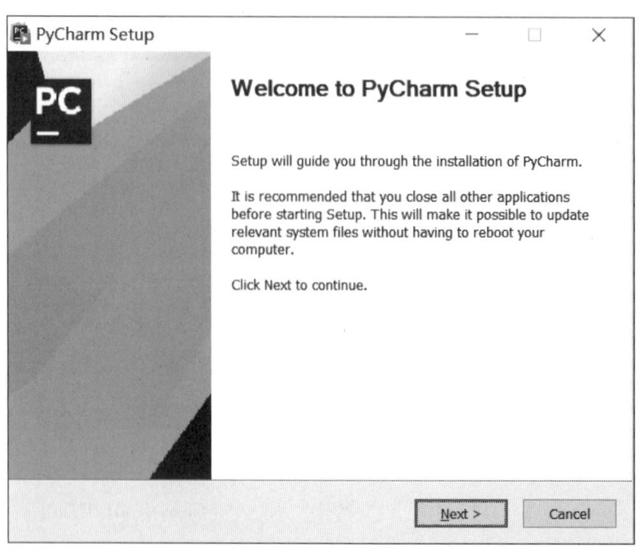

图 1-34　Welcome to PyCharm Setup 窗口

(2) 在图 1-34 中，单击 Next 按钮，进入 Choose Install Location 窗口，如图 1-35 所示。

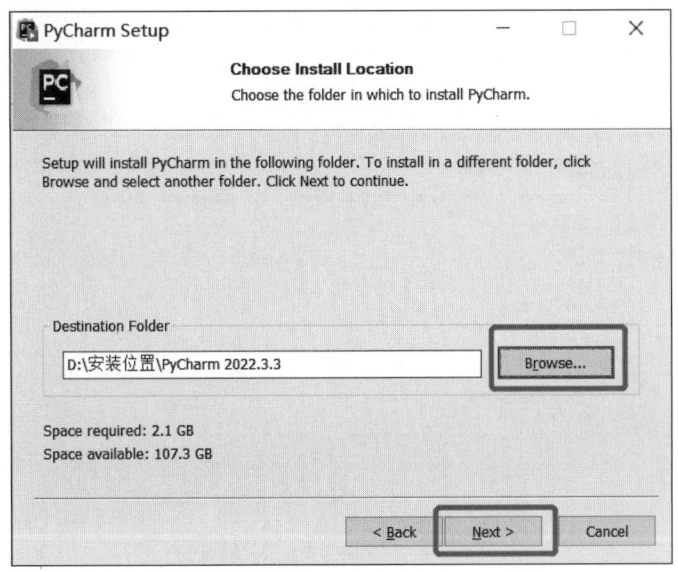

图 1-35　Choose Install Location 窗口

在图 1-35 中，单击 Browse 按钮，可以选择 PyCharm 的安装路径，此处使用默认的安装路径"D:\安装位置\PyCharm 2022.3.3"。

(3) 单击图 1-35 中的 Next 按钮，进入 Installation Options 窗口，如图 1-36 所示。

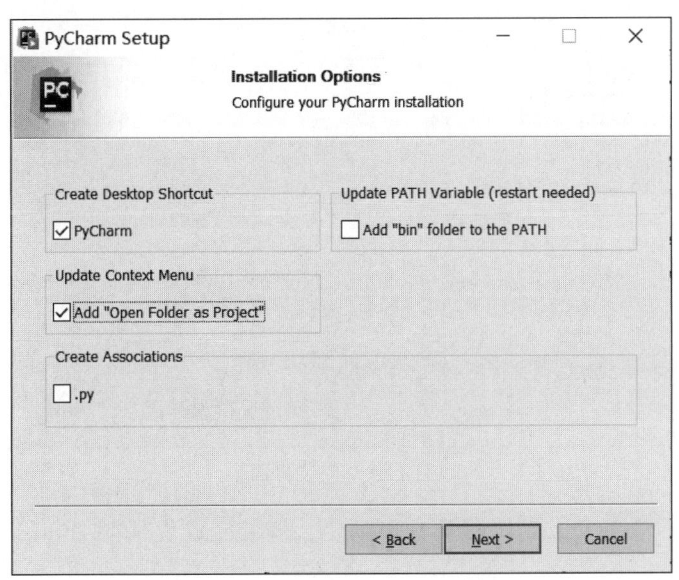

图 1-36　Installation Options 窗口

在图 1-36 中，可以根据需要选择功能。此处勾选两个选项，分别为 PyCharm 和 Add "Open Folder as Project"，即创建桌面快捷方式和添加上下文菜单项。

(4) 单击图 1-36 中的 Next 按钮，进入 Choose Start Menu Folder 窗口，如图 1-37 所示。

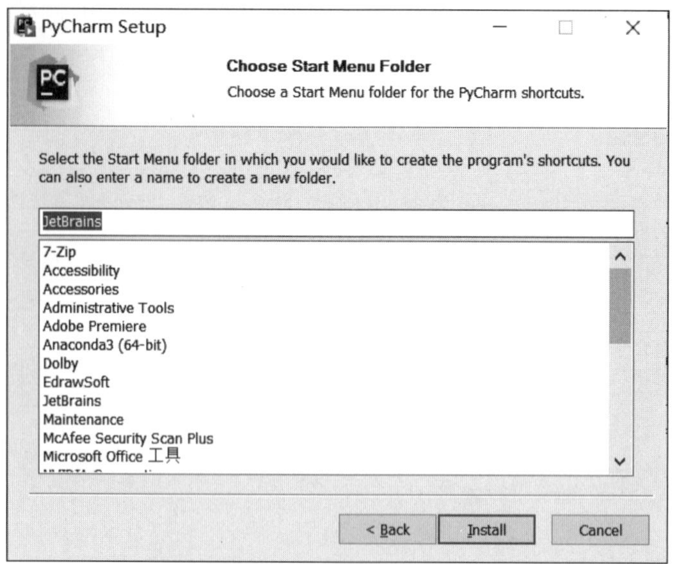

图 1-37　Choose Start Menu Folder 窗口

(5) 单击图 1-37 中的 Install 按钮,即可开始安装 PyCharm,安装界面如图 1-38 所示。

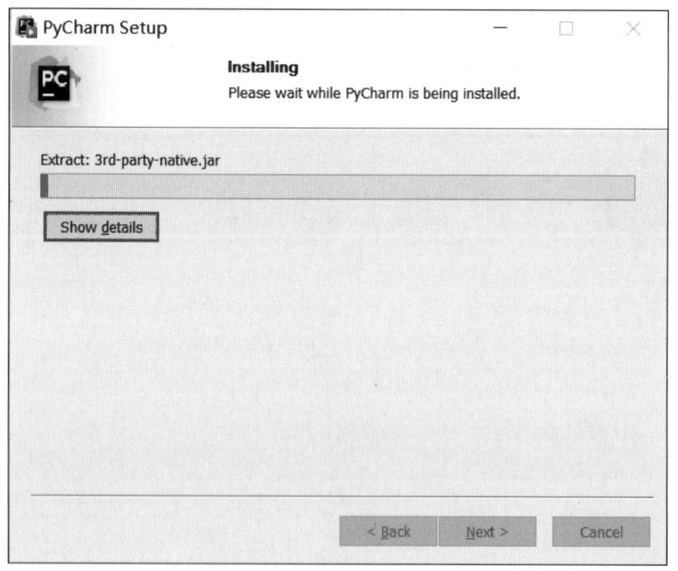

图 1-38　安装界面

(6) PyCharm 安装完成界面如图 1-39 所示。安装完成后,单击 Finish 按钮。

1.4.2　配置 PyCharm

在使用 PyCharm 之前,需要对 PyCharm 进行配置,这些配置包括激活许可证、为 PyCharm 设置中文和主题,具体配置步骤如下。

1. 激活许可证

(1) 安装完成后,单击“开始”菜单或者在桌面上双击 PyCharm 的快捷方式,PyCharm

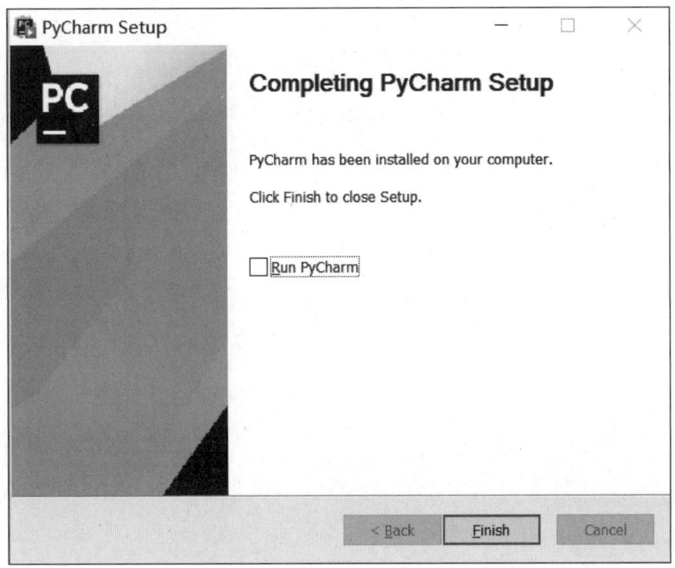

图 1-39　PyCharm 安装完成

支持导入以前的设置，由于用户是初次使用，选择 Do not import settings 选项，即不导入之前的设置，并单击 OK 按钮。PyCharm 导入配置界面如图 1-40 所示。

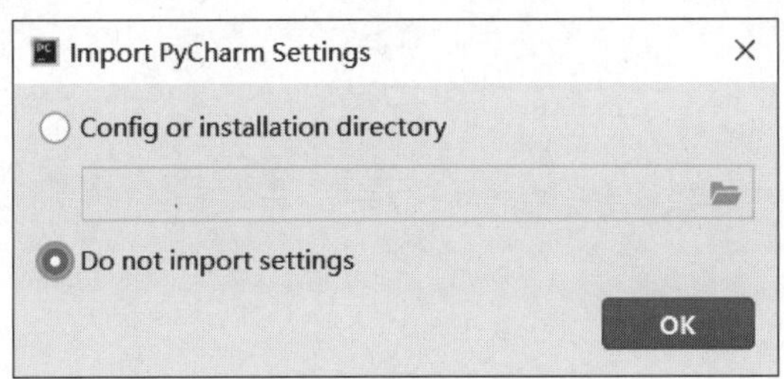

图 1-40　PyCharm 导入配置界面

（2）进入 PyCharm 启动界面，如图 1-41 所示。

图 1-41　PyCharm 启动界面

(3) 启动完成后，进入初始化配置的许可证界面，如图 1-42 所示。

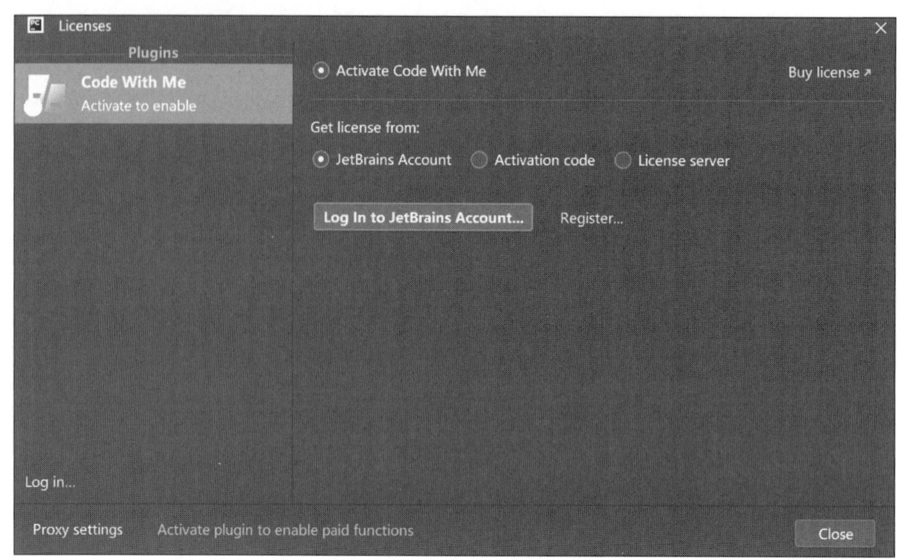

图 1-42　初始化配置的许可证界面

(4) 选中 Start trial 单选按钮，单击 Log In to JetBrains Account 按钮，如图 1-43 所示。

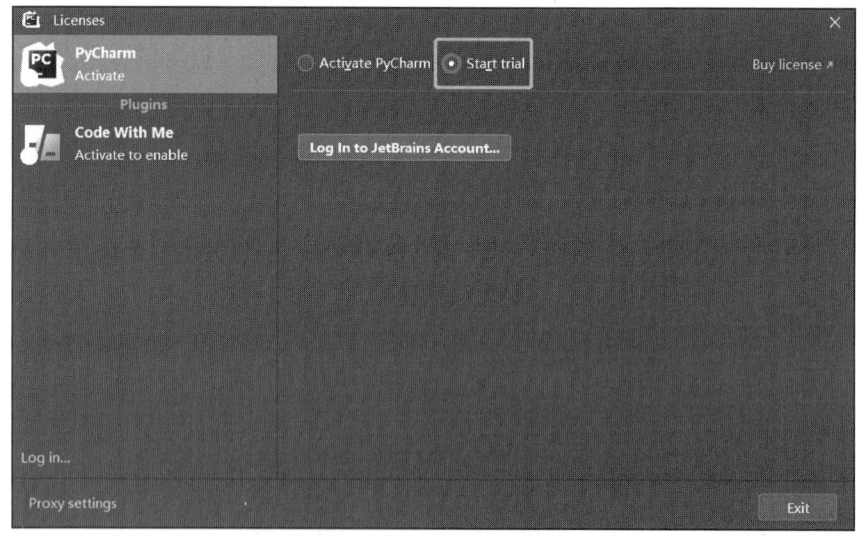

图 1-43　用户许可证界面

(5) 跳转至浏览器的用户注册界面，在 Create Account 选项卡下，使用 Email 创建账户，在 Email 账户中会收到一封邮件，在其中进行账户、密码等的设置，设置完成(即窗户创建完成)后，在注册用户界面中的 Sign in 选项卡下进行账户登录。用户注册界面如图 1-44 所示。

(6) 注册登录完成后，回到 PyCharm 软件，单击 Start Trial 按钮，如图 1-45 所示。

(7) 进入许可证激活完成界面，单击 Continue 按钮，如图 1-46 所示。

注意，在图 1-45 中，选中 Start Trial 单选按钮，可以免费试用 30 天，用户可在试用到期后，选中 Activate PyCharm 单选按钮，购买许可证。

图 1-44　用户注册界面

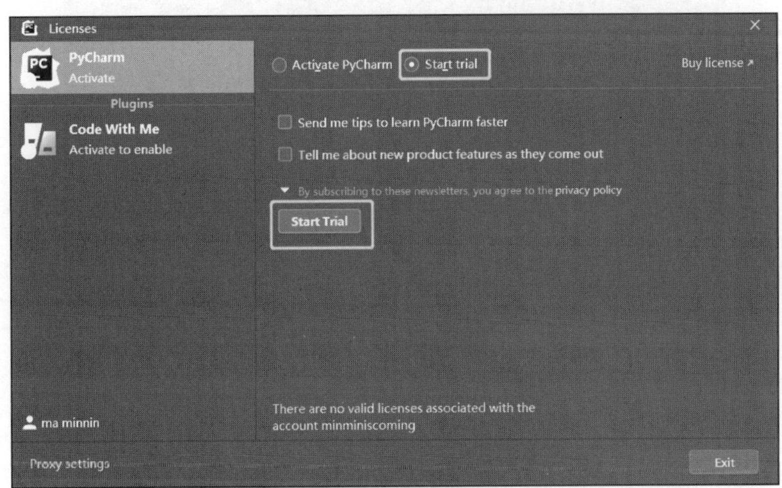

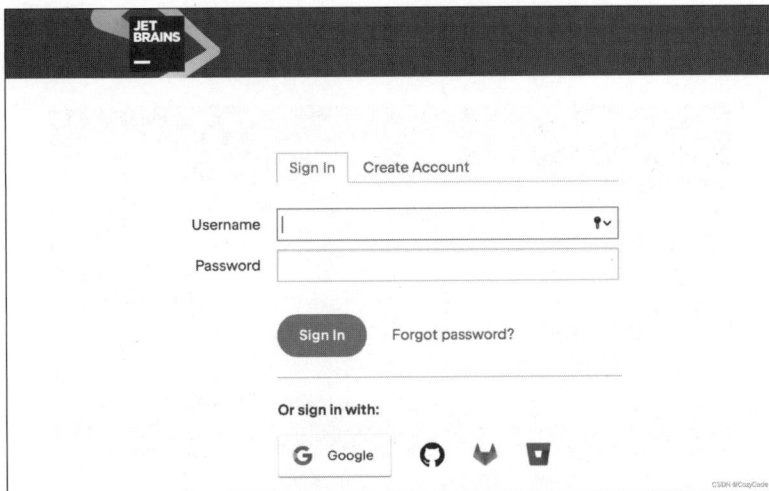

图 1-45　单击 Start trial 按钮

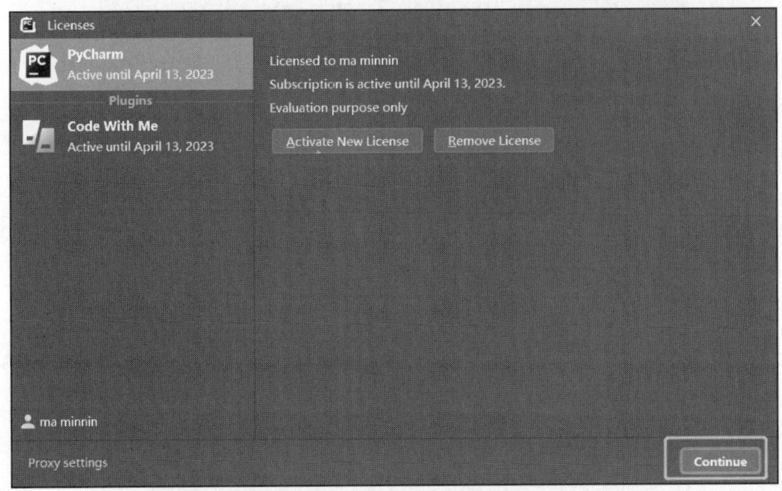

图 1-46　许可证激活完成界面

(8) 进入 Tip of the Day 界面，用户可以根据需要进行学习，单击 Next 按钮接着学习，最后单击 Close 按钮，就完成学习了。PyCharm 使用技巧如图 1-47～图 1-49 所示。

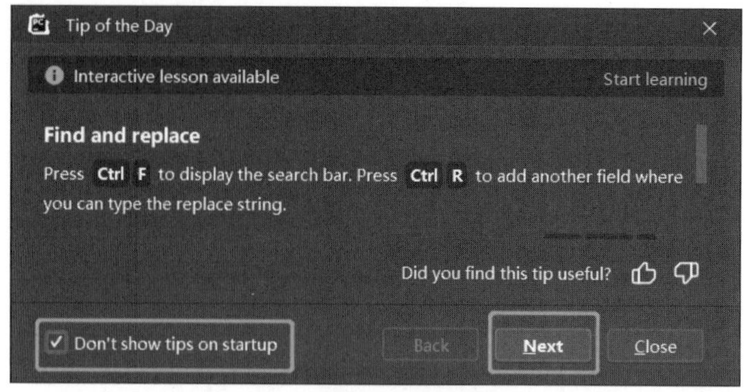

图 1-47　查找和替换

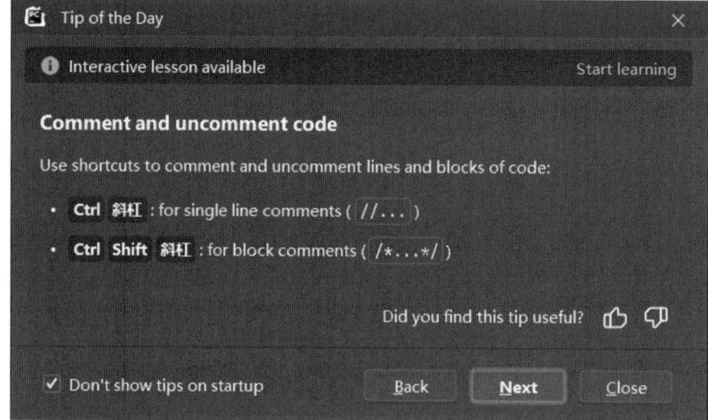

图 1-48　注释与取消注释

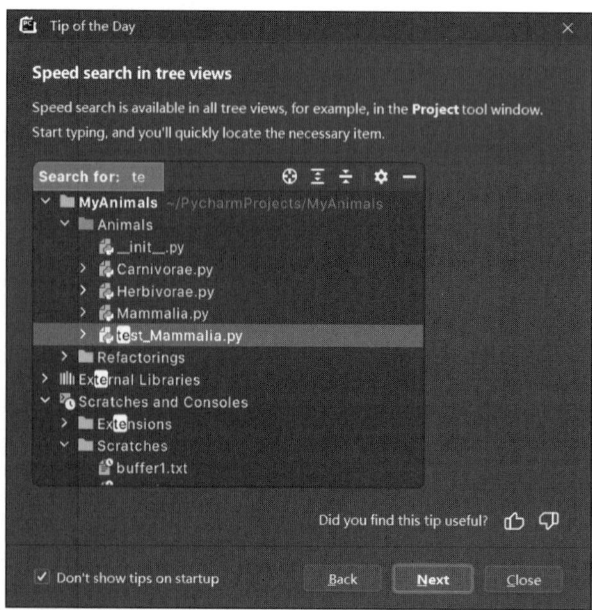

图 1-49　在树视图中快速搜索

2. 设置中文界面

(1) 打开 PyCharm,进入主界面,依次单击左上角的 File→Settings 选项,进入设置界面,如图 1-50 所示。

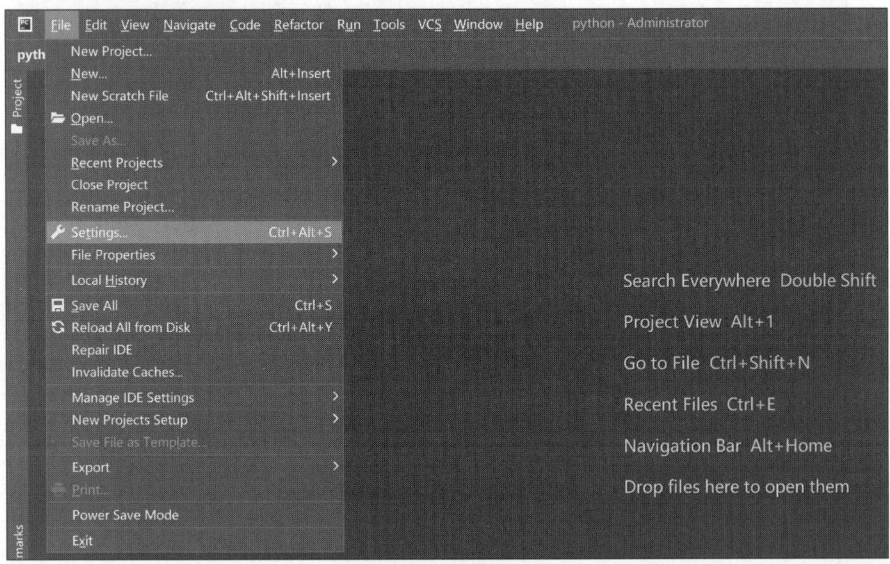

图 1-50 设置界面

(2) 选择左侧的 Plugins,在搜索栏搜索 chinese,接着选择 Chinese(Simplified) Language 选项,单击 Install 按钮进行下载。下载中文字体界面如图 1-51 所示。

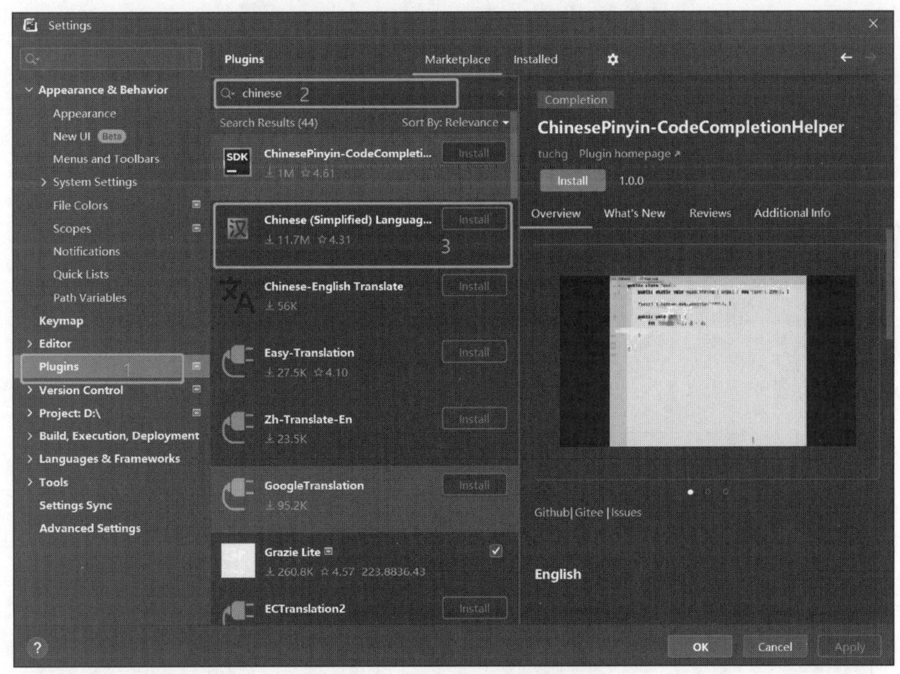

图 1-51 下载中文字体界面

(3) 等待下载完成后,单击 Restart IDE 按钮,重启 IDE 界面,如图 1-52 所示。

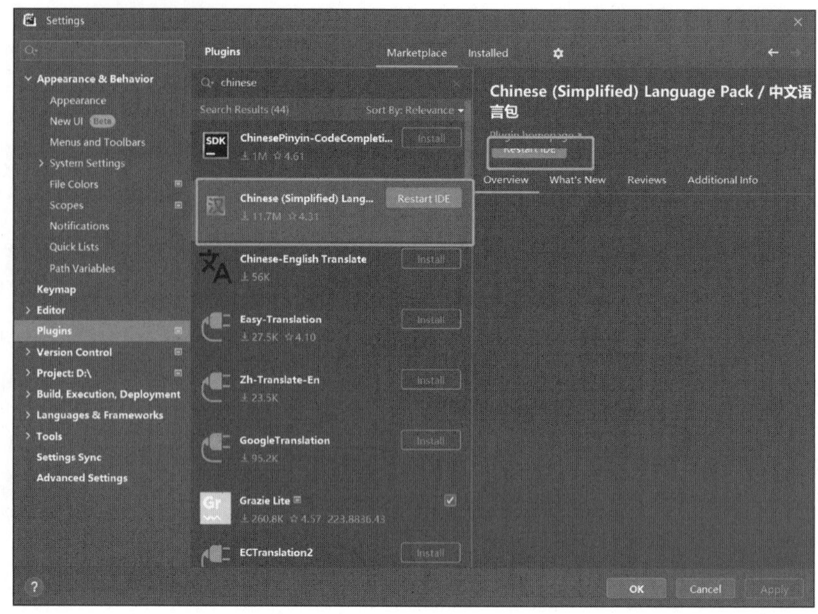

图 1-52　重启 IDE 界面

（4）弹出 PyCharm and Plugin Updates 对话框，如图 1-53 所示，单击 Restart 按钮，PyCharm 会自动重启。

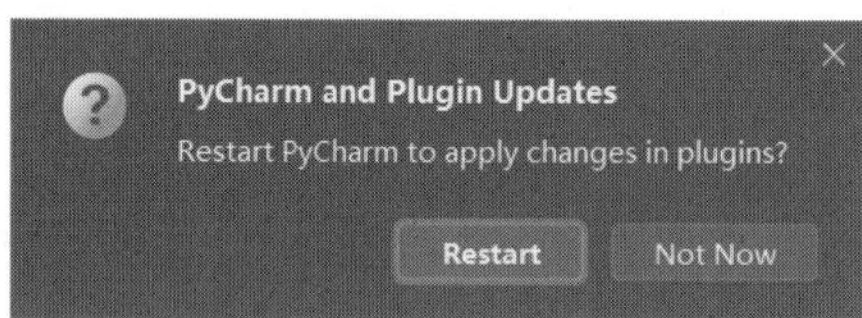

图 1-53　重启 PyCharm 的弹窗界面

（5）PyCharm 重启之后即为中文界面，如图 1-54 所示。

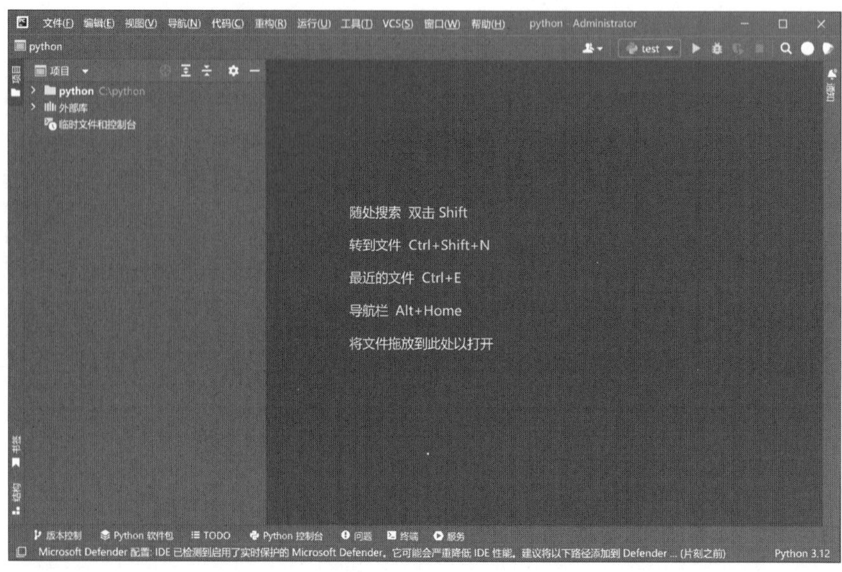

图 1-54　重启 PyCharm 后的中文界面

3. 设置主题

（1）单击 PyCharm 主界面右上角的⚙按钮，在弹出的下拉菜单中选择“主题”选项，如图 1-55 所示。

（2）系统默认为 Darcula 主题，此处设置为 IntelliJ Light 主题，如图 1-56 所示。

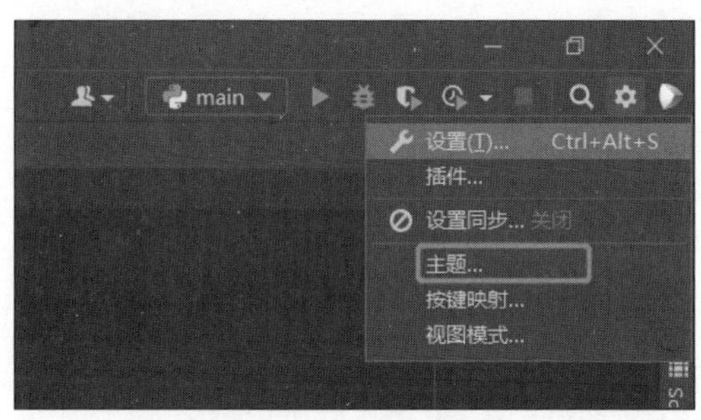

图 1-55　设置主题

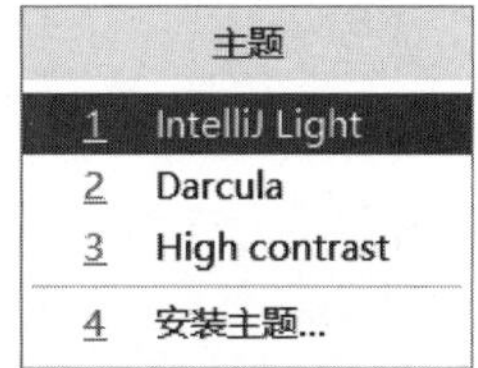

图 1-56　选择 IntelliJ Light 主题

1.4.3　新建项目与文件

1. 新建项目

（1）在 PyCharm 主界面，依次单击菜单栏的“文件”→“新建项目”选项，如图 1-57 所示。

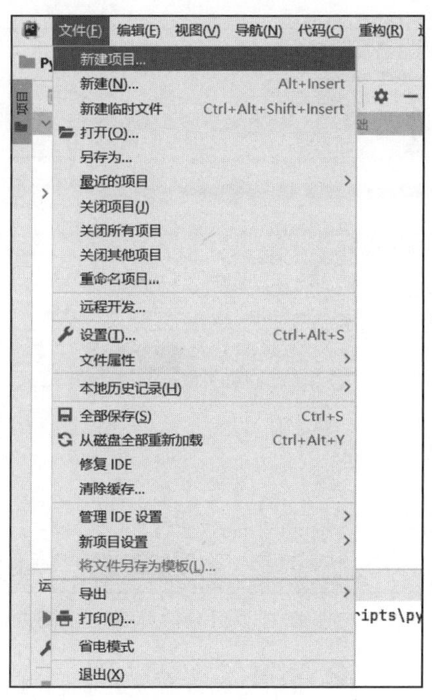

图 1-57　新建项目

（2）进入“新建项目”对话框，选择项目类型为“纯 Python”，并选择项目的保存位置，勾选“继承全局站点软件包”复选框，然后单击“创建”按钮，如图 1-58 所示。

在图 1-58 中，选择项目的保存位置时，进入“选择基目录”对话框，如图 1-59 所示。在新建文件夹时，输入文件名称为“Python 程序设计基础”。

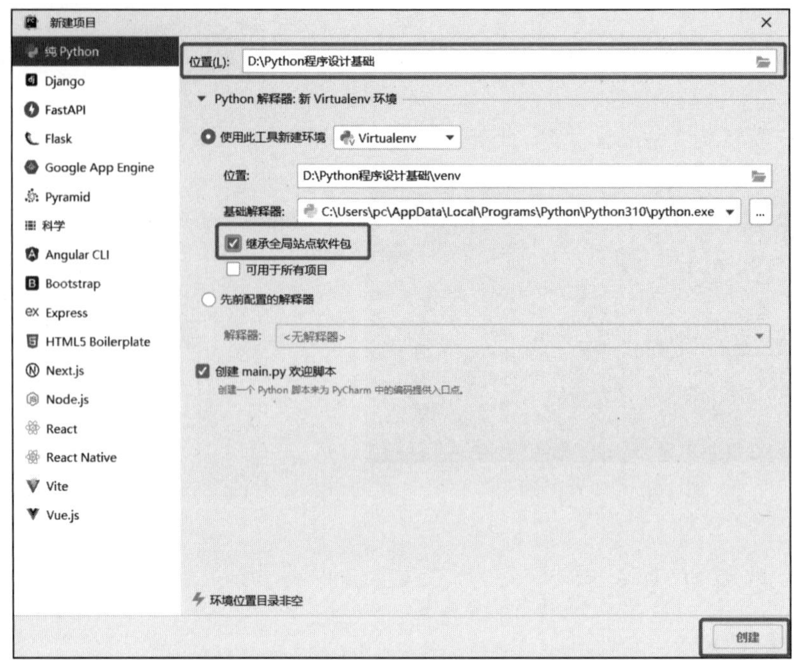

图 1-58 创建新项目

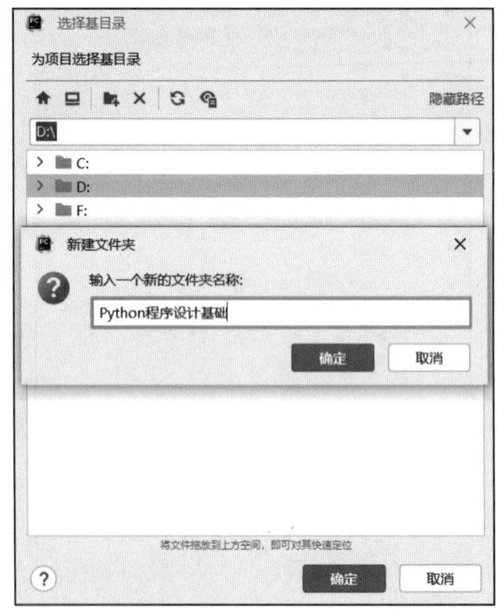

图 1-59 编辑项目保存位置-新建文件夹

注意，在图 1-58 中，勾选“继承全局站点软件包”复选框，才能使本项目配置的第三方库在后续的其他项目中也可以使用。

(3) 在完成程序路径和文件设置后，单击如图 1-58 中的“创建”按钮，进入“打开项目”对话框，单击“此窗口”按钮，创建新项目，如图 1-60 所示。

(4) 运行软件。方法 1：在打开的 PyCharm 主界面的菜单栏找到并单击“运行”选项，在下拉菜单中选择“运行'main'”选项，即可直接运行 main.py 文件，如图 1-61 所示；方法 2：

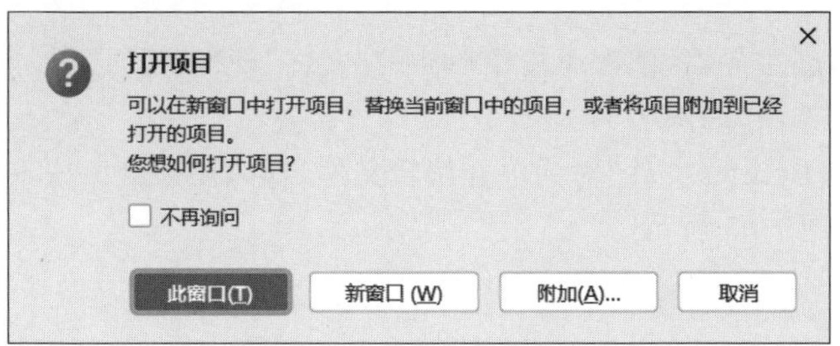

图 1-60 “打开项目”对话框

右击图 1-62 中项目内置的 main.py 文件，在弹出的快捷菜单中选择“运行'main'”选项；方法 3：通过打开的 PyCharm 主界面右上角的绿色按钮▶运行文件。

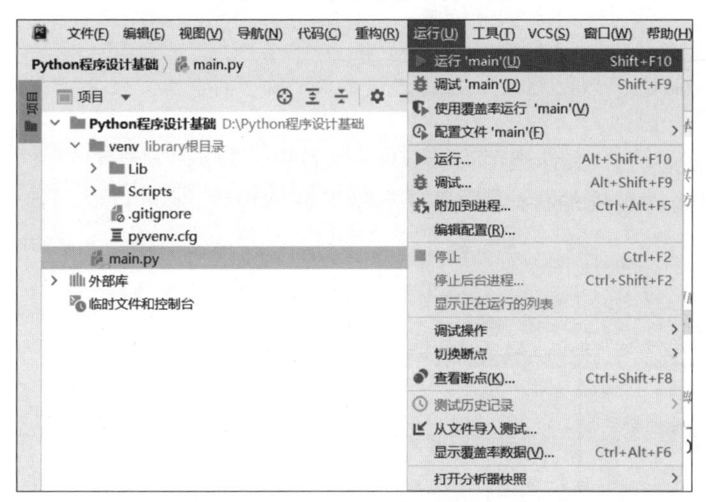

图 1-61 方法 1：运行 main.py 文件

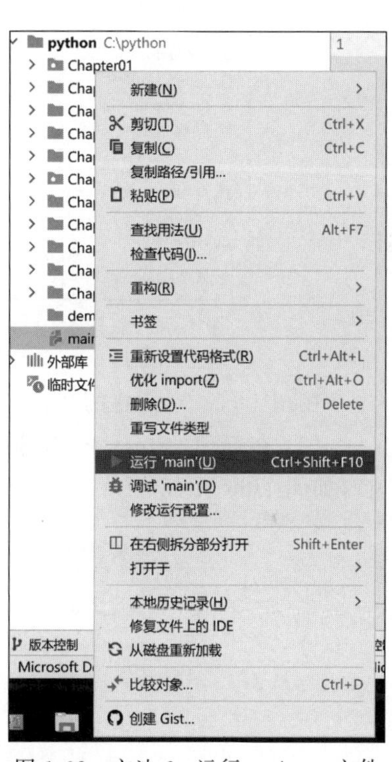

图 1-62 方法 2：运行 main.py 文件

（5）运行 main.py 文件的结果如图 1-63 所示。

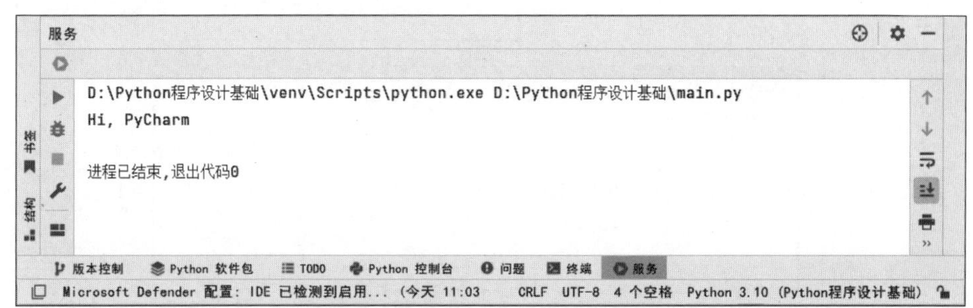

图 1-63 运行 main.py 文件的结果

2. 新建文件

(1) 在 PyCharm 主界面，依次单击菜单栏的“文件”→“新建”选项，弹出“新建”对话框，选择“Python 文件”选项，如图 1-64 所示。

(2) 弹出“新建 Python 文件”对话框并编辑文件名称，在键盘上按 Enter 键即可新建一个 Python 文件，如图 1-65 所示。

图 1-64　新建 Python 文件

图 1-65　编辑新建的 Python 文件名称

在图 1-65 中，新建的文件名称为 test，文件类型为“Python 文件”。

(3) 在新建的 test.py 文件中输入正确的代码，只要没有错误高亮提示，就可以顺利运行，如图 1-66 所示。

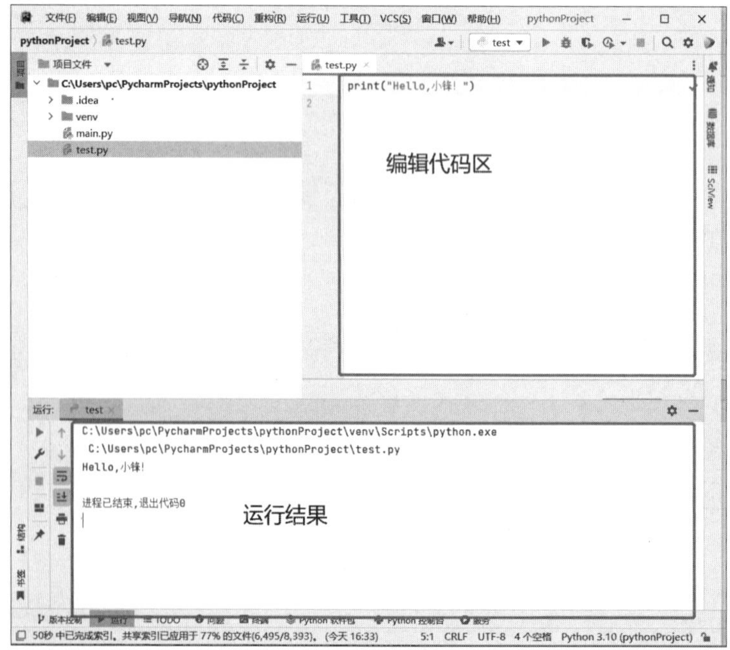

图 1-66　test.py 文件及运行结果

在图 1-66 中，可以看到代码为 print("Hello，小锋！")，运行结果为“Hello，小锋！”。

1.5 人工智能入门：计算机科学与数据科学的交叉学科

在 Python 的推动下，全民学习、人工智能时代已经到来，Python 是学习人工智能的基础，人工智能是一门涉及众多领域的交叉学科，其中计算机科学和数据科学是非常重要的两个分支。本节将从人工智能的分支、相关框架和库、应用领域及未来的发展进行讲解。

1.5.1 人工智能的重要分支

计算机科学是人工智能的核心学科之一，它涉及计算机的设计、开发和实现等。人工智能算法和技术需要利用计算机和编程语言执行和实现。例如，人工智能算法在计算机科学中很常见，例如搜索算法、机器学习算法、深度学习算法等；程序设计，对于一些复杂模型的实现，需要使用计算机科学中的设计模式来开发合适的软件程序；大数据处理，处理海量数据需要使用计算机科学中的数据结构和算法，例如哈希表、排序算法等。

数据科学是人工智能应用的另一个重要领域，它涉及数据的管理、处理和分析。人工智能技术需要大量的数据作为输入，并且需要数据科学家对数据进行预处理和分析。例如，数据处理，人工智能算法需要大量的数据输入，数据科学家需要对数据进行清洗、整理和预处理等；数据分析和建模，通过对数据进行分析、可视化和建模，数据科学家能够为机器学习等算法提供支持，例如使用聚类算法、决策树算法等；在实际应用中，人工智能需要结合传感技术、物联网等来处理和分析数据。

1.5.2 人工智能的相关框架和库

Python 在人工智能领域的发展表现出色，很多人工智能框架和库都是基于 Python 的。例如，Google 官方支持的 TensorFlow、Facebook 的 PyTorch 以及 Keras 都是基于 Python 的。接下来对人工智能领域的 Python 相关库和框架进行讲解。

1. 人工智能领域的 Python 相关库

1）使用 NumPy、Pandas 等库进行数据分析和建模

NumPy 和 Pandas 是 Python 中常用的数据处理和分析库，可以对数据进行统计分析、机器学习建模等。例如，使用 NumPy 中的数组可以进行高效的数学运算，使用 Pandas 中的 DataFrame 可以方便地对数据进行重构、拆分、合并等操作。

2）使用 Scikit-learn 进行机器学习

Scikit-learn 是 Python 中常用的机器学习库，它提供了丰富的机器学习算法和模型，例如支持向量机、决策树、随机森林等。通过使用 Python 中的函数和库，可以轻松地进行机器学习模型的训练、评估和预测。

3）使用 TensorFlow、PyTorch 等库进行深度学习

TensorFlow 和 PyTorch 是 Python 中常用的深度学习库，它们提供了各种深度学习算法和模型，例如卷积神经网络、循环神经网络等。通过使用 Python 中的函数和库，可以轻松地搭建自己的深度学习模型，进行图像识别、语音识别、自然语言处理等任务。

4）使用 Matplotlib、Seaborn 等库进行数据可视化

Matplotlib 和 Seaborn 是 Python 中常用的数据可视化库，可以对数据进行可视化展示，例如折线图、散点图、直方图等。通过使用 Python 中的函数和库，可以轻松地绘制数据图表，直观地表现数据和算法的结果。

在 Python 基础知识和各种人工智能库的支持下，数据处理、机器学习和深度学习等任务变得更加便捷，提高了开发效率和算法准确性。

2. 人工智能领域的 Python 相关框架

1）PyTorch

PyTorch 是由 Facebook 于 2016 年发布的深度学习框架。它起源于曾经非常流行的 Torch 框架，并且基于 Python。PyTorch 以其动态计算图（Dynamic Computation Graph）而著称，可以更灵活地进行模型的构建和修改，为深度学习的普及做出了重要贡献。到目前为止，PyTorch 已成为学术研究领域的首选工具之一。

2）TensorFlow

TensorFlow 是由 Google 开发的开源机器学习框架，可以用于各种领域，如图像识别、自然语言处理、语音识别等，也是 Google 于 2015 年研发的第二代人工智能学习系统。借助 Google 的强大号召力及在人工智能领域的技术实力，TensorFlow 已经成为目前企业真实生产环境中最流行的开源 AI 框架。更重要的是，TensorFlow 是第一个经过真实大规模生产环境验证的框架。

3）Keras

Keras 是一个高级 API，可用于创建和训练神经网络，可以使用 TensorFlow 或 Theano 作为后端。Theano 是一个 Python 库，用来定义、优化和模拟数学表达式计算，用于高效地解决多维数组的计算问题。

4）Scikit-learn

Scikit-learn 是一个流行的 Python 机器学习库，它包含大量标准的算法和工具，如分类、聚类、回归等。

5）OpenCV

OpenCV 是一个用于计算机视觉的跨平台库，它包含很多图像处理和计算机视觉的算法和工具。

这些框架都是被广泛使用和支持的。除此之外，还有很多优秀的 Python 人工智能框架，读者可以根据具体需求来选择使用。

1.5.3 人工智能的应用领域

在 AI 时代，人工智能的主要应用场景包括计算机视觉、语音识别、自然语言理解、个性化推荐及游戏和竞技等方面。

1. 计算机视觉

计算机视觉是一门让计算机通过分析图像中的特定模式来理解图像内容的技术。在这一领域，读者熟悉的场景包括图像识别、目标识别和目标跟踪。例如，人脸识别便是图像识别的典型应用，被广泛用于企业员工考勤、门店客户识别以及机场等公共场所的安全监控等。

2011 年成立的谷歌大脑项目，能够在没有任何先验知识的情况下，仅仅通过观看无标

注视频，学习并识别出高级别的概念，例如识别出视频中的猫。目标识别与跟踪过程如图 1-67 所示。

图 1-67　目标识别与跟踪过程

在图 1-67 中，在进行行人流量的统计。

2. 语音识别

语音识别的过程是计算机将人类的语言识别并转换为文字的过程。语音识别广泛应用于工业、家电、通信、汽车电子、医疗、家庭服务及消费电子产品等领域。常见的场景如通过语言对导航、App、车载设备等进行指令输入，以及电信客服系统中的语音业务查询和办理等。例如，语音导航如图 1-68 所示。

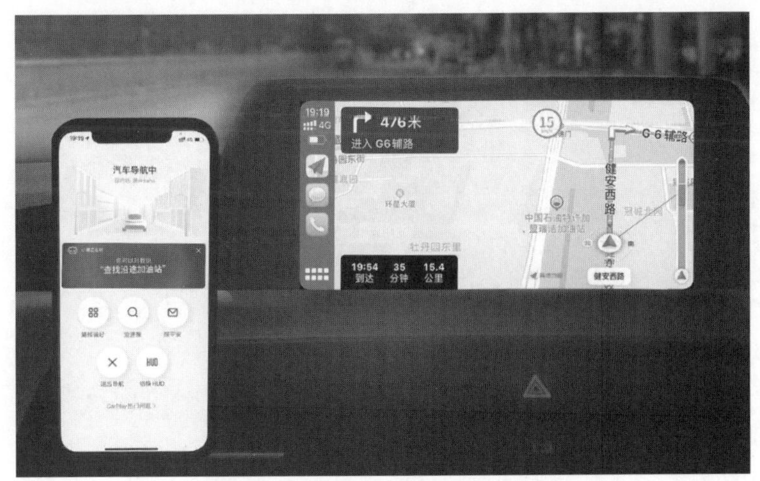

图 1-68　语音导航

在图 1-68 中，高德地图新增了语音遥控功能，支持与 CarPlay 的交互。用户只需说出唤醒词“小德”，即可实现更便捷的导航操作。

3. 自然语言理解

自然语言理解是一类任务的总称，而非单一任务，旨在让计算机理解人类的语言所表达的表层和深层含义。目前常见的应用场景包括自动问答系统、机器翻译、信息检索和过滤、信息抽取等。例如,机器翻译如图 1-69 所示。

图 1-69　机器翻译

在图 1-69 中,机器翻译可通过算法将神经信号直接映射为句子。

4. 个性化推荐

个性化推荐是一个相对成熟的领域,但基于深度学习和神经网络,可以将大量复杂、具有抽象特征的数据预处理工作最大限度地简化,甚至将海量特征经过简单处理后直接丢到模型中便能获得比较理想的效果。例如,个性化推荐在 E-learning 中的应用如图 1-70 所示。

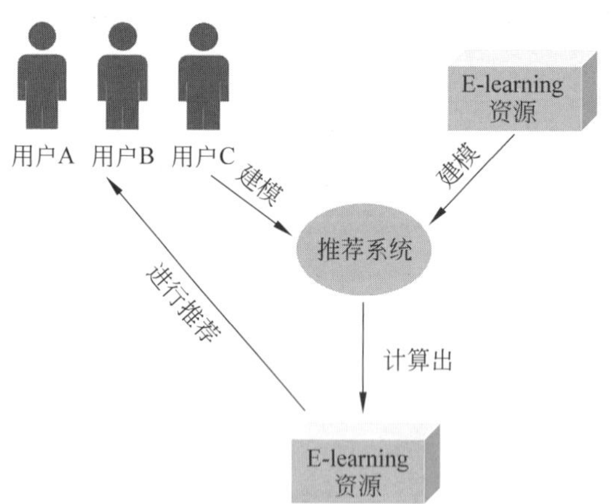

图 1-70　个性化推荐在 E-learning 中的应用

5. 游戏和竞技

很多科技公司用经过训练的 AI 与人类进行对弈。例如,AlphaGo 与世界围棋冠军柯洁的比赛如图 1-71 所示。

1.5.4　人工智能未来的发展

人工智能未来的发展将与各个领域的科技发展紧密关联,未来的趋势是更加智能、便捷和高效,发展前景广阔。以下是人工智能未来的发展趋势。

1. 智能化的家居设备

未来家居设备将普遍搭载人工智能技术,如智能家居可以通过语音控制实现更加智能化的生活，家居设备将会更加智能，更加具备个性化。例如，智能化家居设备如图 1-72 所示。

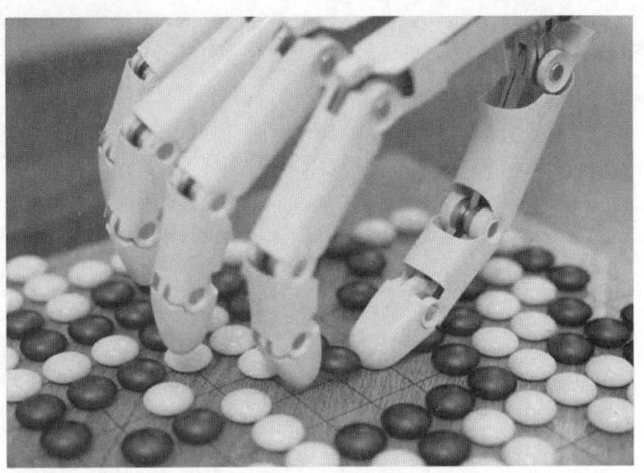

图 1-71　AlphaGo 与世界围棋冠军柯洁的比赛

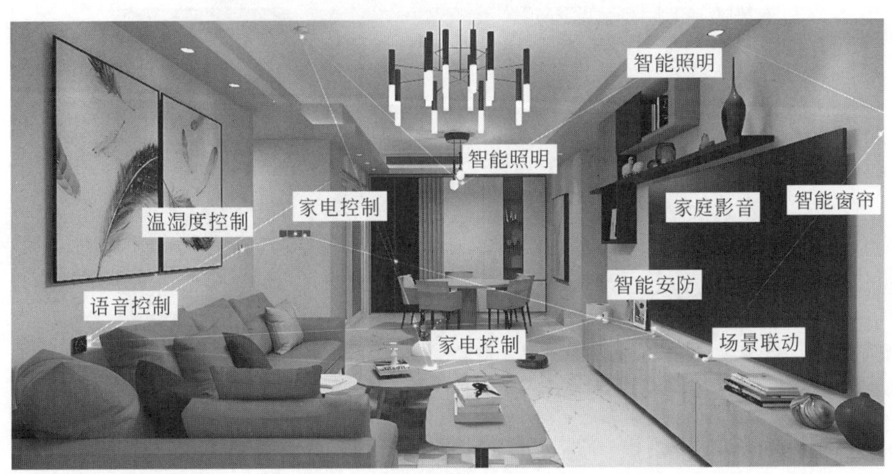

图 1-72　智能化家居设备

图 1-72 中，智能化家居设备可以集中管理家庭中的各种设备，如智能镜子、睡眠灯、智能音响、墙壁开关以及智能门锁等。

2. 自动驾驶技术

自动驾驶车辆是人工智能非常重要的应用之一，该技术的普及将改变人们的出行方式和生活质量。自动驾驶技术涉及电子、机械、车路协同等多个领域，是对人工智能技术实践的全面考验。

例如，可利用人工智能对道路情况进行探测，实现自动驾驶，如图 1-73 所示。

3. 医疗保健

人工智能在医疗保健领域具有广泛应用，例如使用人工智能技术帮助医生预测疾病风险、诊断早期癌症等，让医疗工作更加精准化和高效。例如，人工智能与医疗保健的发展如图 1-74 所示。

4. 教育

人工智能技术未来在教育领域的应用将会更加广泛。例如，基于人工智能技术的个性化教学可以根据每个学生的差异进行不同的教学和辅导，使教学更加高效，学习更加自由且有趣。

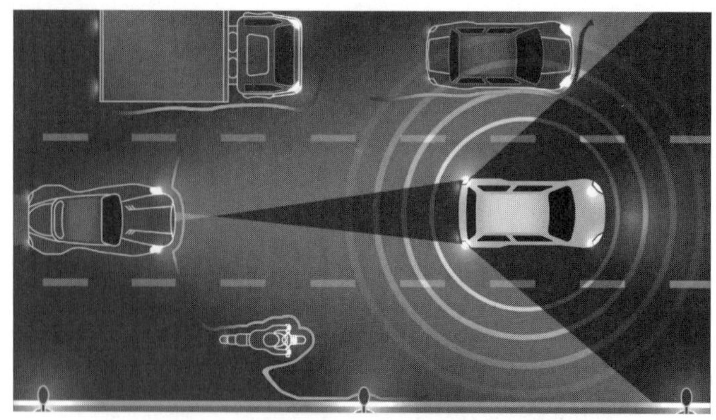

图 1-73　通过人工智能实现自动驾驶

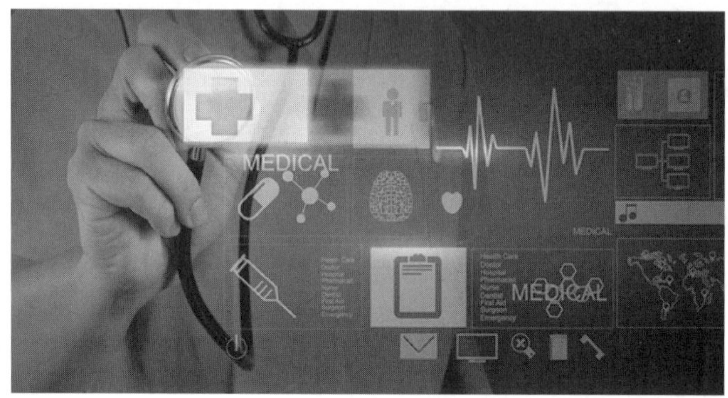

图 1-74　人工智能与医疗保健的发展

人工智能在教育领域应用广泛，如智慧 AI 课堂与 AI 辅导，如图 1-75 所示。

图 1-75　人工智能与教育

5. 量子计算机

量子计算机与人工智能之间存在不可分割的联系。未来人工智能的发展有望借助量子计算机的强大计算能力得到全面的推广。量子计算机利用量子比特进行信息的存储和运算，其超快的运算速度和处理能力将极大地促进人工智能技术的进一步提升和发展。例如，百度推出的第一台超导量子计算机"乾始"如图 1-76 所示。

图 1-76　超导量子计算机“乾始”

1.6　本章小结

本章主要讲解了初识 Python、配置 Python 环境、集成开发环境 PyCharm 以及人工智能入门的知识，需要重点掌握配置 Python 环境和集成开发环境 PyCharm，掌握这些内容后，可以创建第一个 Python 程序。通过对本章内容的学习，可以为后续开发 Python 程序奠定基础。

第2章 Python编程基础

观看视频

在线答题

学习目标

- 了解Python的代码编写规范,能够正确编写程序
- 掌握Python中变量的定义和使用方法,能够灵活运用不同类型的变量
- 掌握基本的输入与输出方法,能够完成简单的人机交互程序
- 了解常见的数据类型,能够识别不同类型的数据
- 掌握运算符的使用方法,能够完成简单的运算

想要建造高楼大厦,必须先设计图纸、准备材料,并且知晓组合材料的方法。同样,要使用开发软件,必须掌握编程语法及规范。Python是一种高级编程语言,掌握Python基础语法、数据类型等知识是开发和使用人工智能算法的前提和基础。本章的学习将帮助读者发现程序之美,为Python程序设计和整个职业生涯打下坚实的基础。

2.1 Python基础语法

每一种编程语言都有既定的编程规范,如C++语言必须有main()函数,通常将其放在程序文件的顶部或开始处。学习一门编程语言,本质上就是学习如何使用这些词汇和格式。本节主要讲述Python的代码编写规范,包括缩进与注释、关键字与标识符等内容。

2.1.1 注释

Python的注释是非常重要的一部分,它不仅可以解释代码的含义和功能,还可以提供一些额外的信息和指导,使代码更易于理解、维护和使用。

注释的功能包括代码解释、代码调试、代码维护、文档生成及代码规范等,具体说明如下。

- 代码解释:注释可以用于解释代码的功能、目的和实现方式,给其他读者(包括作者及其他开发者)提供了理解和使用代码的指导。
- 代码调试:注释可以用于暂时性禁用一段代码,这在调试代码时非常有用。通过注释掉相应的代码块,可以单独执行其他部分,帮助用户快速定位问题。
- 代码维护:注释可以用于记录代码的修改历史以及其他相关信息,方便日后的维护工作。通过注释,其他开发者可以了解代码的更新和改动,避免重复工作或产生冲突。
- 文档生成:注释可以用于自动生成代码文档。在Python中,常用的文档生成工具如 Sphinx 可以根据注释中的特殊格式生成详细的代码文档，包括函数的参数、返回值等信息。

- 代码规范：注释可以用于遵循代码规范。通过注释，可以提醒自己和其他开发者遵守一定的编码规范，如函数或类的命名规则、代码块的格式等。

Python 可以使用两种方式添加注释，分别是单行注释和多行注释。

1. 单行注释

单行注释以“#”为标识，到该行的末尾结束，具体代码如下：

```
#输出社会主义核心价值观
print("社会主义核心价值观")
```

单行注释可以单独占一行，也可以放在代码语句的右侧，具体代码如下：

```
print("社会主义核心价值观")    #输出社会主义核心价值观
```

2. 多行注释

多行注释通常用来为 Python 文件、模块、类或函数等添加版权或者功能描述信息。多行注释以三对半角单引号或三对半角双引号为标识，注释内容在三对引号之间，注释内容可以为任意多行。

(1) 三对半角单引号注释，具体代码如下：

```
'''
多行注释
输出乡村振兴
'''
print("乡村振兴")
```

(2) 三对半角双引号注释，具体代码如下：

```
"""
多行注释
输出乡村振兴
"""
print("乡村振兴")
```

描述多行代码的功能时，一般将注释放在代码的上一行。

2.1.2 缩进

Python 语言的简洁体现在使用缩进和冒号“:”来表示代码块之间的层次，而不像 C++ 或 Java 中使用{}。在 Python 中，对于类定义、函数定义、流程控制语句、异常处理语句等，行尾的冒号和下一行的缩进表示下一个代码块的开始，而缩进的结束则表示此代码块的结束，具体代码如下：

```
if True:
    print("如果为真,输出:")
    print("True")
```

```
4   else:
5       print("否则,输出:")
6       print("False")
```

示例代码中，若 if 后的条件为真，则执行第 2～3 行，它们使用相同的缩进来表示一个代码块。此处需注意，缩进的空格数是可变的，但同一个代码块中的语句必须包含相同的缩进空格，具体代码如下：

```
1   if True:
2           print("如果为真,输出:")
3           print("True")
4   else:
5       print("否则,输出:")
6           print("False") #缩进不一致,引发错误
```

上述代码中，第 5 行代码与第 6 行代码的缩进不一致，引发错误，使得程序异常。运行程序会显示异常的代码位置和异常内容，缩进错误的异常类型表示为 IndentationError，缩进错误的异常提示如图 2-1 所示。

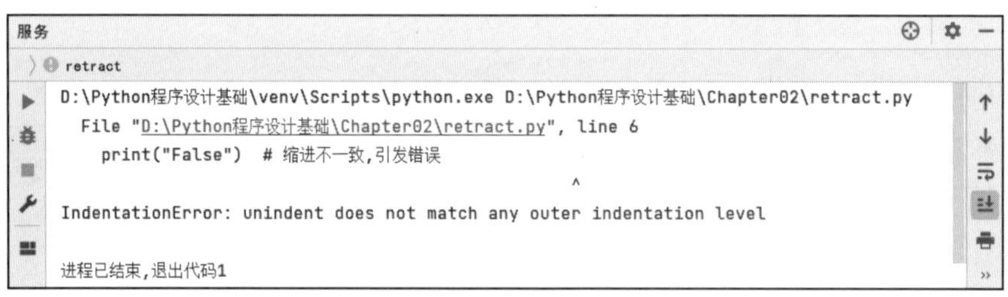

图 2-1　缩进错误的异常提示

在 Python 中，代码的缩进可以使用空格或者 Tab 键实现，但无论是手动输入空格，还是使用 Tab 键，通常都是采用 4 个空格长度作为一个缩进量，默认情况下，一个 Tab 键代表 4 个空格。

在 PyCharm 中，缩进是自动添加的。在其他文本编辑器中使用缩进时，推荐使用 4 个空格宽度作为缩进，尽量不要使用制表符作为缩进，因为在不同的文本编辑器中，制表符代表的空白宽度可能不相同。

2.1.3　关键字与标识符

1. 关键字

关键字是系统已经定义过的标识符，如 if、class 等，不能再使用关键字作为其他名称的标识符。Python 3 常用的关键字如表 2-1 所示。

表 2-1　Python 3 常用的关键字

False	None	True	and	as	assert
break	class	continue	def	del	elif
else	except	finally	for	from	global

续表

False	None	True	and	as	assert
if	import	in	is	lambda	nonlocal
not	or	pass	raise	return	try
while	with	yield	async	await	

Python 中的关键字可以通过以下代码进行查看：

```
import keyword
print(keyword.kwlist)
```

查看关键字的结果如图 2-2 所示。

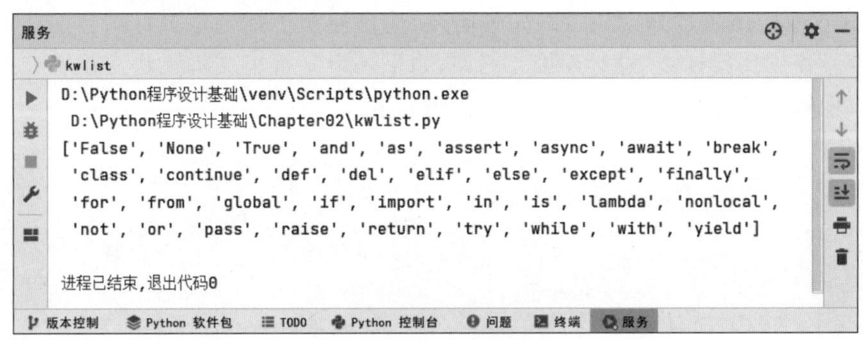

图 2-2　查看关键字的结果

由图 2-2 可知，Python 3.10 版本共有 35 个关键字。

2. 标识符

现实世界中的每种事物都有自己的名称，从而与其他事物进行区分。例如，生活中每种交通工具都有一个用来标识的名称，如火车、飞机、自行车等。在 Python 中，同样需要对程序中各个元素的命名加以区分，这种用来标识变量、函数、类等元素的符号称为标识符。

Python 语言规定，标识符由字符、数字和下画线组成，并且只能以字母或下画线开头。在使用标识符时，应注意以下几点：

(1) 命名时应遵循见名知义的原则。

(2) 系统已用的关键字不得用作标识符。

(3) 下画线对解释器有特殊的意义，建议避免使用下画线开头的标识符。

(4) 标识符区分大小写。

(5) Python 中的标识符不能包含空格、@、%与 $ 等特殊字符。

在 Python 3 中，可以用中文作为变量名，允许非 ASCII 标识符，但强烈建议读者使用英文字母。

2.1.4　Python 的编码规范

1. PEP 8

Python 采用 PEP 8 作为编码规范，其中 PEP 是 Python Enhancement Proposal (Python 增强建议书)的缩写，8 代表 Python 代码的样式指南。下面列举 PEP 8 中初学者

应严格遵守的一些编码规则。

(1) 每个 import 语句只导入一个模块,尽量避免一次导入多个模块,具体代码如下:

```
#推荐
import os
import sys
#不推荐
import os,sys
```

(2) 不要在行尾添加分号,也不要用分号将两条命令放在同一行,具体代码如下:

```
#不推荐
height=float(input("输入身高:")) ; weight=float(input("输入体重:")) ;
```

(3) 建议每行不超过 80 个字符,如果超过,建议使用小括号将多行内容隐式地连接起来,而不推荐使用反斜杠"\"进行连接。例如,如果一个字符串文本无法实现在一行完全显示,则可以使用小括号将其分开显示,具体代码如下:

```
#推荐
s=("积极培育和践行社会主义核心价值观,"
"富强、民主、文明、和谐,自由、平等、公正、法治,爱国、敬业、诚信、友善。")
#不推荐
s="积极培育和践行社会主义核心价值观,\
富强、民主、文明、和谐,自由、平等、公正、法治,爱国、敬业、诚信、友善。"
```

(4) 使用必要的空行可以增加代码的可读性,通常在顶级定义(如函数或类的定义)之间空两行,而方法定义之间空一行,另外,在用于分隔某些功能的位置时,也可以空一行。

(5) 通常情况下,在运算符两侧、函数参数之间及逗号两侧,都建议使用空格进行分隔。

2. 多行语句

Python 通常是一行写完一条语句,但如果语句很长,可以使用反斜杠"\"来实现多行语句,具体代码如下:

```
total =item_one +\
        item_two +\
        item_three
```

在[]、{}或()中的多行语句不需要使用反斜杠"\",具体代码如下:

```
total =['item_one', 'item_two', 'item_three',
        'item_four', 'item_five']
```

2.2 变量与数据类型

现实世界中的每种事物都有自己的名称与性质,从而与其他事物进行区分。要想在计算机内存中保存数据,需要先了解变量的概念,学会判断不同的数据类型以及对数据进行灵活运用,从而更好地实现程序设计目标。本节从变量、数据类型、检测数据类型及数据类型转换等方面展开讲解。

2.2.1 变量

1. 变量的定义

变量是值可以变更的数量或数据项。在编程语言中,变量是数据的载体,即变量是一块用来保存数据的内存空间。虽然数据在计算机中是以二进制形态存在的,但是读者可以用不同类型的变量来表示数据类型的差异。变量是编程中最基本的单元,它会暂时引用用户需要存储的数据。例如,小锋的年龄是 21 岁,就可以用变量来引用 21,变量 age 如图 2-3 所示。

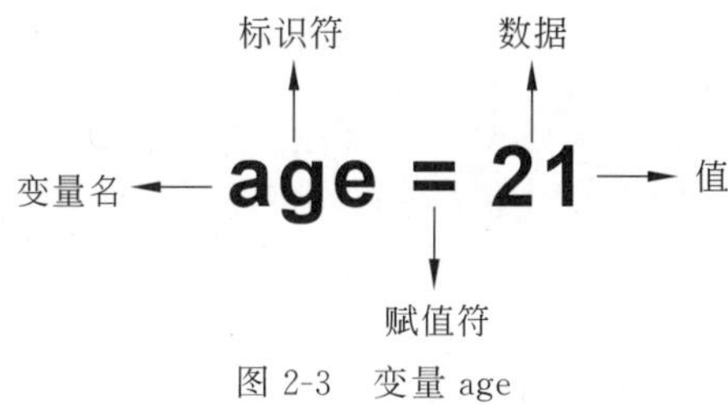

图 2-3 变量 age

变量名 age 是一个标识符,通过赋值符"="将数据 21 与变量名 age 建立关系,这样 age 就代表 21。此时可以通过 print()查看 age 的值,具体代码如下:

```
age =21
print(age)
```

变量是标识符的一种,其命名要遵循 Python 标识符命名规范,还要避免和 Python 内置函数及 Python 关键字重名。

如果想将小锋的年龄修改为 22 并输出,则可以使用以下语句:

```
age =22
print(age)
```

Python 语言中的变量不需要声明。每个变量在使用前都必须赋值,变量赋值以后,该变量才会被创建。

2. 多个变量的赋值

Python 允许同时为多个变量赋值,具体代码如下:

```
a =b =c =1
```

以上示例创建了一个整型对象,从后向前赋值,值为 1,3 个变量被赋予相同的数值。

Python 也可以为多个对象指定多个变量,具体代码如下:

```
a, b, c =1, 2, "xiaofeng"
```

两个整型对象 1 和 2 分别赋值给变量 a 和 b,字符串对象"xiaofeng"赋值给变量 c。

3. 变量的使用

使用 Python 变量时,知道变量的名字即可。在 Python 代码的任何地方都能使用变量。

在 PyCharm 中创建的“Python 程序设计基础”项目中创建 Chapter02 文件夹，并在 Chapter02 文件夹中创建一个名为 varName.py 的文件，演示变量的使用，具体代码如文件 2-1 所示。

文件 2-1　varName.py

```
n =10
print(n)                                    #将变量传递给函数
m =n * 10 + 5                               #将变量作为四则运算的一部分
print(m)
print(m-30)                                 #将由变量构成的表达式作为参数传递给函数
m =m * 2                                    #将变量本身的值翻倍
print(m)
str1 ="富强、民主、文明、和谐,自由、平等、公正、法治,爱国、敬业、诚信、友善。"
str2 ="积极培育和践行社会主义核心价值观," +str1   #字符串拼接
print(str2)
```

文件 varName.py 的运行结果如图 2-4 所示。

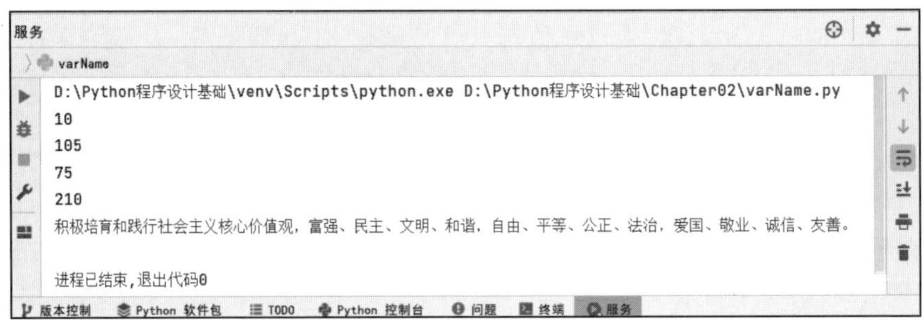

图 2-4　文件 varName.py 的运行结果

由图 2-4 可知，文件保存路径为“D:\Python 程序设计基础\venv\Scripts\python.exe D:\Python 程序设计基础\varName.py”，文件名称为 varName.py，运行结果依次为 10、105、75、210 及字符串“积极培育和践行社会主义核心价值观，富强、民主、文明、和谐，自由、平等、公正、法治，爱国、敬业、诚信、友善。”。

2.2.2　数据类型

1. 基本数据类型

为了更充分地利用内存空间，可以为不同的数据指定不同的数据类型。Python 的标准数据类型有 6 个，如表 2-2 所示。

表 2-2　Python 的标准数据类型

名　称	意　义	示　例
数字(number)	分为整型(int)、浮点型(float)和复数型(complex)	整型：1、2、99、…；浮点型：0.2、−1.89、32.3e+18；复数型：3.14j、90−9.6j

续表

名　称	意　义	示　例
字符串(string)	用单引号 '或双引号"引起来,同时使用反斜杠 \ 转义特殊字符	"hello"、'h34_5f '
列表(list)	写在方括号 [] 之间、用逗号分隔开的元素列表	list=[a,"hello" , 123]
元组(tuple)	元组写在小括号()里,元素之间用逗号隔开,元素不能修改	tuple = ('abcd ', 786 , 2.23, 'error ', 70.2)
字典(dict)	一种有用的内置数据类型,是无序的对象集合	dict={ 'name ': 'qianfeng ', 'wite ': 'beijing ', 'age ':10}
集合(set)	集合类型与数学中的集合概念一致,由一组无序排列不重复的元素组成。集合中的元素类型只能是不可变数据类型,不能是列表、字典等可变数据类型	names={ 'xiaofeng ', 'xiaoshi ', 'xiaoyuan ', ' ', 'xiaoyou ', 'xiaoding '}

2. 数字

Python 数字类型的数据可以分为 4 种,分别是整型、布尔型、浮点型及复数型。

1) 整型数据

整型表示存储的数据是整数,例如 1、−1 等。在计算机语言中,整型数据可以用二进制、八进制、十进制或十六进制表示,正数在前面加上"+"号表示,负数在前面加"−"号表示,具体代码如下:

```
a =0b1010                              #二进制数,等价于十进制数 10
b =-0b1010                             #二进制数,等价于十进制数-10
c =10                                  #十进制数 10
d =-0o12                               #八进制数,等价于十进制数-10
e =0XA                                 #十六进制数,等价于十进制数 10
```

如果用二进制表示,数字前必须加上 0b 或 0B;如果用八进制表示,数字前必须加上 0o 或 0O;如果用十六进制表示,数字前必须加上 0x 或 0X。二进制数是由 0、1 组成的,每逢 2 进 1 位;八进制数是由 0~7 的数字序列组成的,每逢 8 进 1 位;十六进制数是由 0~9 的数字和 A~F 的字母序列组成的,每逢 16 进 1 位。

说明:整型数值有最大取值范围,其范围与具体平台的位数有关。

2) 布尔型数据

布尔型是一种比较特殊的整型,它只有 True 和 False 两种值,分别对应 1 和 0,主要用于比较和判断,所得结果称为布尔值,具体代码如下:

```
5 ==5                                  #结果为 True
5 ==6                                  #结果为 False
```

此外,每一个 Python 对象都有一个布尔值,从而可以进行条件测试,有些对象的布尔值为 False,具体如下:

```
None
False(布尔型)
```

```
0(整型 0)
0.0(浮点型 0)
0.0 +0.0j(复数型 0)
""(空字符串)
[](空列表)
()(空元组)
[](空字典)
```

除上述对象外,其他对象的布尔值均为 True。

3) 浮点型数据

浮点型表示存储的数据是实数,如 3.145。在 Python 中,浮点型数据默认有两种书写格式,具体代码如下:

```
f1 =0.3141                                    #  标准格式
f2 =31.41e-2                                  #  科学记数法格式,等价于 0.3141
f3 =31.41E3                                   #  科学记数法格式,等价于 31410.0
```

在科学记数法格式中,E 或 e 代表基数是 10,其后的数字代表指数,31.41e－2 表示 31.41×10^{-2},31.41E3 表示 31.41×10^{3}。

4) 复数型数据

复数由实数部分和虚数部分构成,可以用 a + bj 或者 complex(a,b)表示,复数的实部 a 和虚部 b 都是浮点型。复数型用于表示数学中的复数,如 1＋2j、－1－2j 等,具体代码如下:

```
a =3 +1j
print(a.real)                                 #打印实部
print(a.imag)                                 #打印虚部
```

复数在程序中的写法与数学中的写法有区别,当虚部为 1j 或－1j 时,在数学中,可以省略 1,但在 Python 程序中,1 是不可以省略的。

3. 字符串

字符串是由若干字符组成的序列,例如,“天道酬勤”就是一个由 4 个汉字组成的字符串。Python 中的字符串以引号为标识,具体有以下 3 种表现形式。

(1) 使用单引号标识字符串,字符串中不能包含单引号,具体代码如下:

```
'xiaoqian'
'666'
'小千说:"坚持到感动自己,拼搏到无能为力"。'
```

(2) 使用双引号标识字符串,字符串中不能包含双引号,具体代码如下:

```
"xiaoqian"
"666"
"I'll do my best."
```

(3) 使用三引号标识字符串,使用三对单引号或三对双引号标识字符串,可以包含多行，具体代码如下：

```
'''
坚持到感动自己
拼搏到无能为力
'''
"""
遇到 IT 技术难题
就上扣丁学堂
"""
```

使用三引号标识字符串表示注释，经常出现在函数定义的下一行，用来说明函数的功能。

4. 列表

列表是 Python 及其他语言中最常用到的数据结构之一。Python 中使用中括号“[]”来创建列表，列表中的元素之间以英文逗号“,”分隔，元素可以是数字、字符串、列表、元组等任意类型的数据，而且可以添加、修改和删除元素，因此列表是非常灵活的容器。列表有两种常用的创建方式：直接通过方括号“[]”创建和通过 list()函数创建。

1）直接通过方括号“[]”创建列表

在 Chapter02 文件夹中创建一个名为 Clist.py 的文件，具体代码如文件 2-2 所示。

文件 2-2　Clist.py

```
list1 = [1, 2, 3, 4, 5]                              #元素为 int 型
list2 = ['student', 'teacher', 'xiaofeng']           #元素为 string 型
list3 = ['小千', 22, 98.5]                           #元素为混合类型
list4 = ['student', ['小千', 22, 98.5]]              #列表嵌套列表
print(list1)
print(list2)
print(list3)
print(list4)
```

文件 Clist.py 的运行结果如图 2-5 所示。

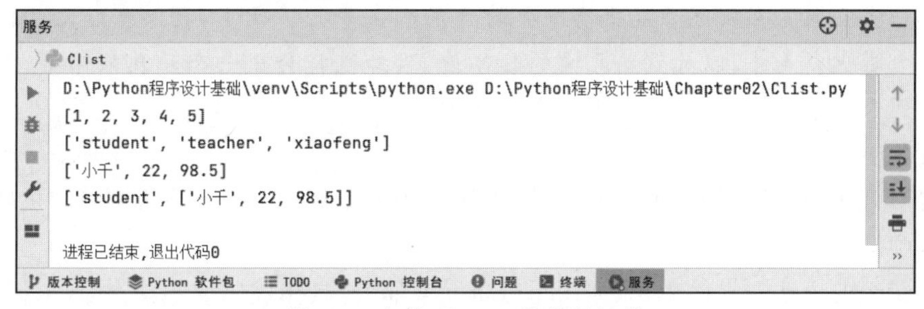

图 2-5　文件 Clist.py 的运行结果

由图 2-5 可知，创建的列表元素类型分别是整型、字符串、混合类型和列表嵌套。正是由于列表中的元素可以是任意类型的数据，才使得数据表示更加简单。

2）通过 list()函数创建

list()函数可以将元组、字符串、range()对象等转换为列表，直接使用 list()函数可以创建一个空列表。

在 Chapter02 文件夹中创建一个名为 list01.py 的文件，具体代码如文件 2-3 所示。

文件 2-3　list01.py

```
1  list01 =list()                           #创建空列表
2  list02 =list("qianfeng")                 #将字符串转换为列表
3  list03 =list((1,2,3,4,5))                #将元组转换为列表
4  list04 =list(range(1,5,2))               #将 range()对象转换为列表
5  print("list01 为: ",list01)
6  print("list02 为: ",list02)
7  print("list03 为: ",list03)
8  print("list04 为: ",list04)
```

在上述代码中，第 1 行代码创建的是一个空列表；第 2 行代码将字符串"qianfeng"转换为列表 list02；第 3 行代码将元组转换为列表 list03；第 4 行代码 range(1,5,2)对象产生了 1～5（不含 5）步长为 2 的数，即 1、3。

文件 list01.py 的运行结果如图 2-6 所示。

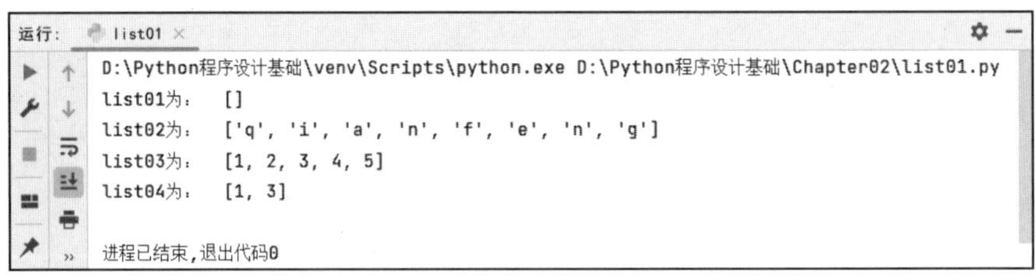

图 2-6　文件 list01.py 的运行结果

通过 range()函数生成一系列整数作为列表的元素。关于 range()函数的用法可以参考 3.4.2 节。

拓展阅读：空列表的作用

创建一个空列表在实际开发中有重要的作用。在某些情况下，我们可能无法提前预知列表中包含多少个元素，以及这些元素的具体值，只知道将会用一个列表来保存这些元素。当有了空列表后，程序就可以向这个列表中添加元素。

5. 元组

元组与列表类似，也是一种序列，不同之处在于元组中的元素不能被改变，并且通常写成小括号中的一系列元素。

创建元组的语法非常简单，只需用逗号将元素隔开，具体代码如下：

```
tuple1 =1, 2, 3, 4
tuple2 ='xiaoqian', 22, 100
```

通常是通过小括号将元素括起来，具体代码如下：

```
tuple3 =(1, 2, 3, 4)
tuple4 =('xiaoqian', 22, 100)
```

此外，还可以创建一个空元组，具体代码如下：

```
tuple5 =()
```

创建只包含一个元素的元组，具体代码如下：

```
tuple6 =(1,)
```

说明：此处的逗号必须添加，如果省略，则相当于在一个普通括号内输入了一个值，添加逗号后，就等于告知解释器，这是一个元组。

6. 字典

在现实生活中，字典可以查询某个词的语义，即词与语义建立了某种关系，通过词的索引便可以找到对应的语义，字典示例如图 2-7 所示。

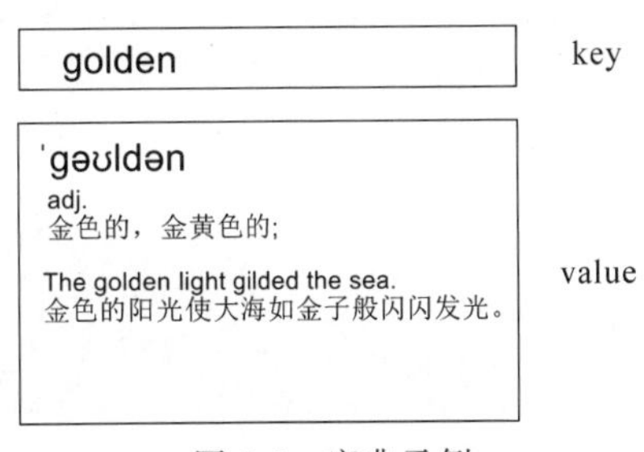

图 2-7　字典示例

在 Python 中，字典也使用词与语义对应的方式进行数据的构建，其中词对应键(key)，词义对应值(value)，即键与值构成某种关系，通常将两者称为键-值对，这样通过键可以快速找到对应的值。

字典是由元素构成的，其中每个元素都是一个键-值对，具体代码如下：

```
student ={'name': '小千', 'id': 20220320, 'score': 98.5}
```

在上述代码中，字典由 3 个元素构成，元素之间用逗号隔开，整体用大括号括起来。每个元素是一个键-值对，键与值之间用冒号隔开，如 'name '：'xiaoqian '，'name '是键，'xiaoqian '是值。

因为字典是通过键来索引值的，所以键必须是唯一的，而值并不唯一，具体代码如下：

```
student ={'name': '小千', 'name': '小锋', 'score1': 98.5, 'score2': 98.5}
```

在上述代码中，字典中不可能有两个相同的键，所以这段代码实际上只会创建一个键为'name'的条目，并且其值会被设置为 '小锋 '。所创建的字典的键分别为"name"、"score1"、"score2"。若通过 print(student)输出字典，则得到以下输出结果：

```
{'name': '小锋', 'score1': 98.5, 'score2': 98.5}
```

如果字典中存在相同键的元素，只会保留后面的元素。

键不能是可变数据类型，如列表，而值可以是任意数据类型，具体代码如下：

```
student ={['name', 'alias']: '小千'}  #错误
```

上述语句在程序运行时会引发错误。Python 3 的 6 个标准数据类型中，不可变数据包

括数字、字符串与元组,可变数据包括列表、字典与集合。

接下来创建一个空字典,具体代码如下:

```
dict1 ={}
```

上述语句创建了一个空字典,也可以在创建字典时指定其中的元素,具体代码如下:

```
dict2 ={'name': '小千', 'id': 20190101, 'score': 98.5}
```

字典中的值可以取任何数据类型,但键是不可修改的,如字符串、元组等,具体代码如下:

```
dict3 ={20230320: ['小千', 100], (1101, '大一'):['小锋', 99]}
```

还可以使用 dict()来创建字典,在 Chapter02 文件夹中创建一个名为 Createdict.py 的文件,具体代码如文件 2-4 所示。

文件 2-4　Createdict.py

```
1  items =[('name', '小千'), ('score', 98)]          #列表
2  d =dict(items)
3  print(d)
```

上述代码中,第 1 行代码创建列表,列表中的每个元素为元组;第 2 行代码通过 dict()将列表转换为字典并赋值给变量 d;第 3 行代码打印字典的内容。

文件 Createdict.py 的运行结果如图 2-8 所示。

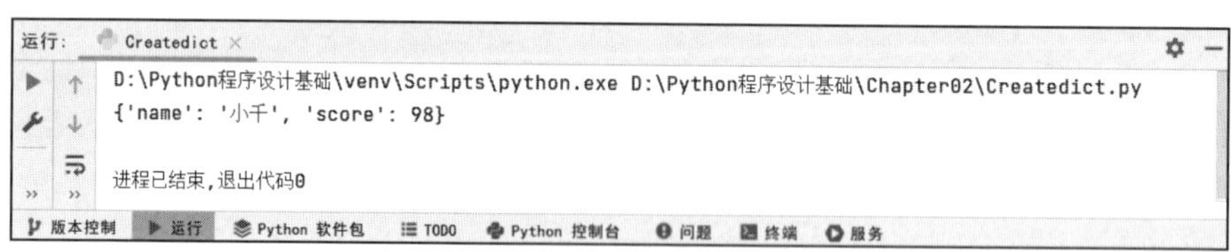

图 2-8　文件 Createdict.py 的运行结果

由图 2-8 可知,创建的字典为"{ 'name ': '小千 ', 'score ': 98}"。

此外,dict()还可以通过设置关键字参数创建字典,在 Chapter02 文件夹中创建一个名为 KeyCreatedict.py 的文件,具体代码如文件 2-5 所示。

文件 2-5　KeyCreatedict.py

```
1  d =dict(name ='小千', score =98)
2  print(d)
```

上述代码中,第 1 行代码通过 dict()创建字典,字典中的每个元素为元组,通过 dict()将列表转换为字典并赋值给变量 d;第 2 行代码打印字典的内容。

文件 KeyCreatedict.py 的运行结果如图 2-9 所示。

从图 2-9 可知,创建的字典为"{ 'name ': '小千 ', 'score ': 98}"。

列表是有序的对象集合,字典是无序的对象集合。通过上面的学习,可以总结出字典具

图 2-9　文件 KeyCreatedict.py 的运行结果

有以下特征：

- 字典中的元素是以键-值对的形式出现的。
- 键不能重复，而值可以重复。
- 键是不可变数据类型，而值可以是任意数据类型。

7. 集合

集合是由一组无序排列且不重复的元素组成的，使用花括号表示，元素类型可以是数字类型、字符串、元组，但不可以是列表、字典，创建不同类型的集合元素的具体代码如下：

```
set1 ={1, 2, 'a'}
set2 ={2 , ['a', 1]}                        #错误,元素包含列表
set3 ={2 , {'a':1}}                         #错误,元素包含字典
set3 ={2 , ('a', 1) }                       #正确,元素包含元组
```

集合的基本功能是进行成员关系测试和删除重复的元素。使用花括号创建的集合属于可变集合，即可以添加或删除元素。此外，还存在一种不可变集合，即不允许添加或删除元素。下面通过一个示例演示创建两种不同类型集合的方法。

在 Chapter02 文件夹中创建一个名为 CreateSet.py 的文件，创建可变集合与不可变集合，具体代码如文件 2-6 所示。

文件 2-6　CreateSet.py

```
1  et1 =set('xiaoqian')                    #通过 set()创建可变集合
2  print(type(set1), set1)
3  set2 =set(('xiaoqian', 'xiaofeng'))
4  set3 =set(['xiaoqian', 'xiaofeng'])
5  print(set2, set3)
6  fset1 =frozenset('xiaofeng')            #通过 frozenset()创建不可变集合
7  print(type(fset1))
8  print(fset1)
```

在上述代码中，第 1 行代码通过 set()创建可变集合；第 2 行代码打印输出创建的集合的数据类型与创建的集合；第 3 行代码将元组作为 set()的参数创建集合 set2；第 4 行代码将列表作为 set()的参数创建集合 set3；第 5 行代码打印输出创建的集合 set2 与 set3；第 6 行代码通过 frozenset()函数创建不可变集合；第 7 行代码中 type()函数用于检测数据类型；第 7、8 行代码打印第 6 行代码创建的不可变集合的数据类型与集合。

文件 CreateSet.py 的运行结果如图 2-10 所示。

从图 2-10 可知，第 1 行代码创建的集合为可变集合，以字符串的形式打印集合中的元素，且重复元素仅保留了 1 个，如“i”“a”“x”“o”“n”等；第 3、4 行代码行创建的集合分别是元

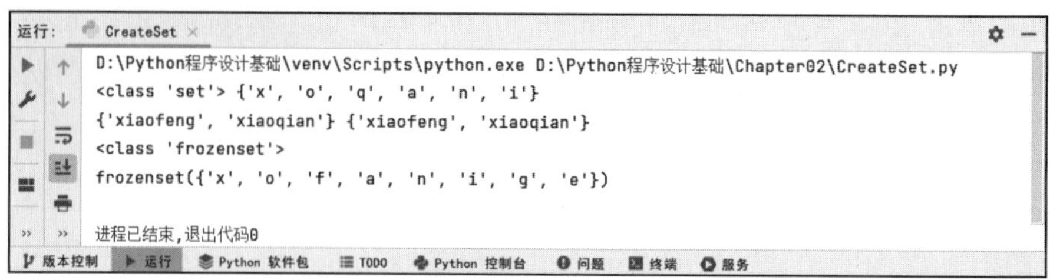

图 2-10　文件 CreateSet.py 的运行结果

组与列表转换而来的,故打印 set2 的元素为字符串的形式,字符串“xiaoqian”与“xiaofeng”中的字符未分开;第 5 行代码创建的集合为不可变集合,数据类型为 frozenset,打印的结果为 frozenset({ 'x', 'a', 'g', 'n', 'o', 'e', 'i', 'f'})。

集合的一个重要用途是将一些数据结构中的重复元素去除。下面通过一个示例演示将集合中的重复元素去除的方法。

在 Chapter02 文件夹中创建一个名为 RDset.py 的文件,去除集合 set1 中的重复元素,具体代码如文件 2-7 所示。

文件 2-7　RDset.py

```
1  list1 =[1, 2, 3, 4, 3, 2, 1]
2  set1 =set(list1)                  #将列表转换为集合并去重
3  list2 =list(set1)                 #将集合转换为列表
4  print(list2)
```

在上述代码中,第 1 行代码创建了列表 list1;第 2 行代码通过 set()函数将列表转换为集合,集合中的元素是不重复的;第 3 行代码通过 list()函数将集合转换为列表,此时列表中的元素也是不重复的。

文件 RDset.py 的运行结果如图 2-11 所示。

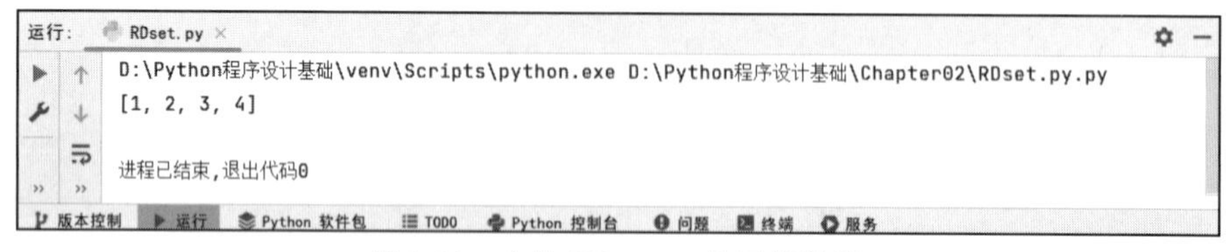

图 2-11　文件 RDset.py 的运行结果

在图 2-11 中,经过转换后得到的列表为[1, 2, 3, 4]。

2.2.3　检测数据类型

1. 函数 type()

在 Python 中可以使用 type()函数对变量的类型进行检查。在 Python 中,数据类型是由存储的数据决定的。为了检测变量所引用的数据是否符合期望的数据类型,Python 中内置了检测变量数据类型的函数 type(),它可以对不同类型的数据进行检测。下面通过一个示例演示 type()函数检查变量类型的方法。

在 Chapter02 文件夹中创建一个名为 Vartype.py 的文件,通过 type()函数检测变量的数据类型,具体代码如文件 2-8 所示。

文件 2-8　Vartype.py

```
a =10
print(type(a)) #<class 'int'>
b =1.0
print(type(b)) #<class 'float'>
c =1.0 +1j
print(type(c)) #<class 'complex'>
d =“初心至善,匠心育人”
print(type(d)) #<class 'string'>
e = [1,”hello”,all]
print(type(e)) #<class 'list'>
f = ('xiaoqian', 21, 30)
print(type(f)) #<class 'tuple'>
g ={'name': '小千', 'id': 20230320}
print(type(g)) #<class 'dict'>
h ={2 , ('a', 1) }
print(type(h)) #<class 'set'>
```

在上述代码中,使用 type()函数分别检测 a、b、c、d、e、f、g、h 的数据类型。

文件 Vartype.py 的运行结果如图 2-12 所示。

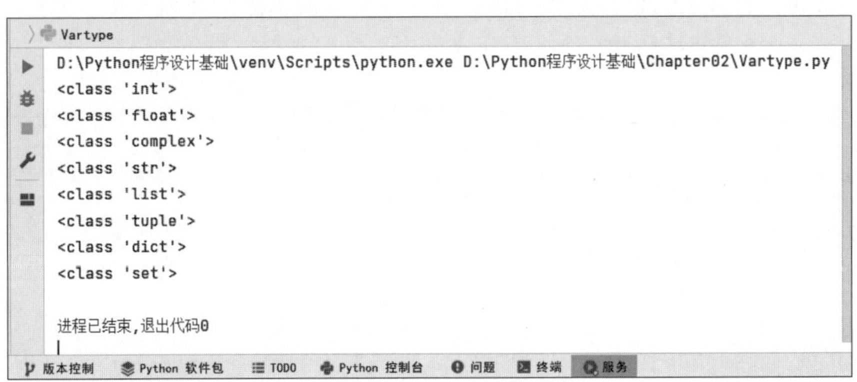

图 2-12　文件 Vartype.py 的运行结果

由图 2-12 可知,变量 a、b、c、d、e、f、g、h 所引用数据的类型分别是整型、浮点型、复数型、字符串、列表、元组、字典、集合。

2. 函数 isinstance()

可以使用函数 isinstance()判断数据是否属于某个类型,在 Chapter02 文件夹中创建一个名为 isinstance.py 的文件,具体代码如文件 2-9 所示。

文件 2-9　isinstance.py

```
a =10
print(isinstance(a, int))            #输出 True
print(isinstance(a, float))          #输出 False
```

在上述代码中,使用 isinstance()函数判断数据是否属于某个类型,分别判断变量 a 存储的数值 10 是不是整型数据、浮点型数据。

文件 isinstance.py 的运行结果如图 2-13 所示。

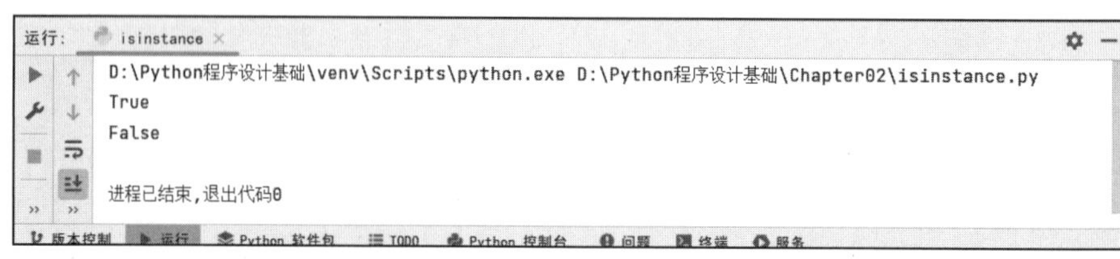

图 2-13 文件 isinstance.py 的运行结果

由图 2-13 可知,变量 a 是整型数据,不是浮点型数据。使用 isinstance()函数判断数据类型时,输出类型为 True 时,代表判断正确,输出类型为 False 时,代表判断错误。

2.2.4 数据类型转换

有时需要对数据类型进行转换,Python 的数据类型转换可以分为两种:隐式类型转换(即自动完成转换)和显式类型转换(即需要使用类型函数来转换)。

1. 隐式类型转换

在隐式类型转换中,Python 会自动将一种数据类型转换为另一种数据类型,不需要人为干预。对两种不同类型的数据进行运算,较低数据类型就会转换为较高数据类型以避免数据丢失,如整数将转换为浮点数。下面通过一个示例演示隐式类型转换的方法。

在 Chapter02 文件夹中创建一个名为 imconversion.py 的文件,具体代码如文件 2-10 所示。

文件 2-10 imconversion.py

```
1  a =123
2  b =1.23
3  c =a + b
4  print("datatype of a:",type(a))
5  print("datatype of b:",type(b))
6  print("Value of c:",c)
7  print("datatype of c:",type(c))
```

在上述代码中,第 3 行代码将两个不同数据类型的变量 a 和 b 进行相加运算,并存储在变量 c 中,第 4、5、7 行代码分别查看变量 a、变量 b 与变量 c 的数据类型,第 6 行代码查看变量 c 的数值。

文件 imconversion.py 的运行结果如图 2-14 所示。

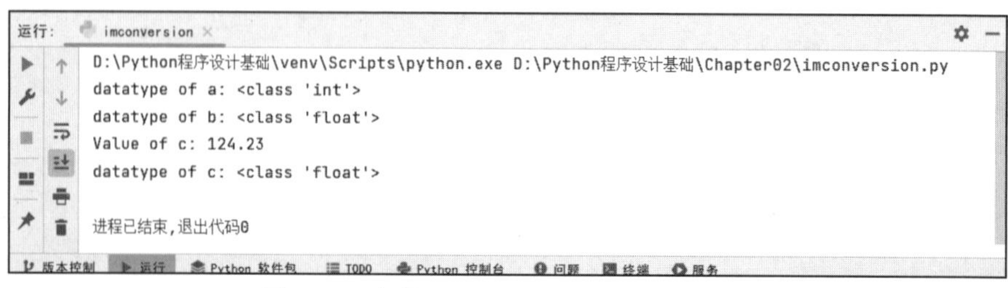

图 2-14 文件 imconversion.py 的运行结果

由图 2-14 可知,变量 a 是整型,变量 b 和变量 c 是浮点型。Python 会整型自动转换为浮点型,以避免数据丢失。

然而,整型和字符串类型之间的运算会报错,因为 Python 无法在这种情况下进行隐式转换。当尝试将这两种不同类型的数据进行算术运算时,Python 会抛出 TypeError 异常。

2. 显式类型转换

在显式类型转换中,用户将对象的数据类型转换为所需的数据类型,一般情况下只需要将数据类型作为函数名即可,例如使用 int()、float()、str()等预定义函数来执行显式类型转换。

在 Chapter02 文件夹中创建一个名为 exconversion.py 的文件,使用 type()函数查看变量的数据类型,并使用 int()函数将数据转换为整数类型,具体代码如文件 2-11 所示。

文件 2-11　exconversion.py

```
1  a =123
2  b ="456"
3  print("a 数据类型为:",type(a))
4  print("类型转换前,b 数据类型为:",type(b))
5  b =int(b)                              #强制转换为整型
6  print("类型转换后,b 数据类型为:",type(b))
7  c =a + b
8  print("a 与 b 相加结果为:",c)
9  print("c 数据类型为:",type(c))
```

在上述代码中,第 3 行代码查看变量 a 的数据类型;第 5 行代码使用 int()函数将变量 b 的数据类型强制转换为整型;第 7 行代码将变量 a 和变量 b 进行相加运算,并将运算结果存储在变量 c 中。

文件 exconversion.py 的运行结果如图 2-15 所示。

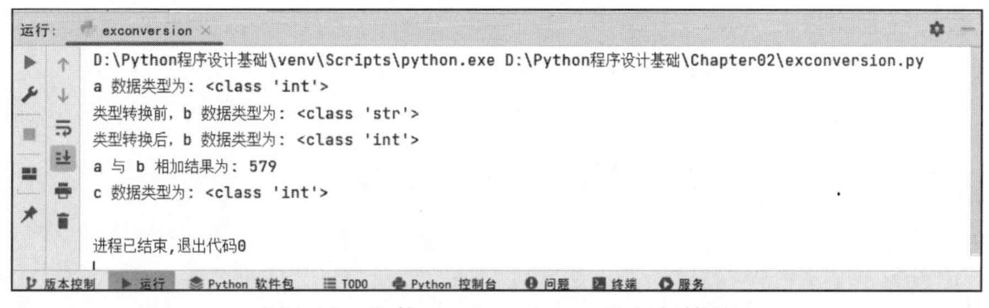

图 2-15　文件 exconversion.py 的运行结果

由图 2-15 可知,变量 a 的数据类型为整型,变量 b 的数据类型转换前后分别为字符串、整型,变量 a 与变量 b 转换后的整型数据相加,结果为 579,也是整型数据,变量 c 的数据类型为整型。

拓展阅读:不同数据类型的数据相加

当整型和字符串类型进行运算时,可以用使用 int()函数将字符串类型的数据强制转换为整型后进行相加操作。

当不同的数据类型进行相加操作时，可以使用不同的函数。将之转换为相同的数据类型后进行计算。

练习：将2.8、3、“5”分别转换为整型、浮点型和字符型。

2.3 基本输入与输出

在人工智能应用中，通常需要将结果输出到控制台或者从控制台读取输入，例如图像、文本、语音等文件，以及处理模型输出结果等情况。Python提供了标准输入和输出函数，例如print()和input()函数，可以用来输出结果和读取输入。本节主要从函数的概念及常见的输入输出函数进行讲解。

2.3.1 初识函数

函数是可被程序调用的相对独立的一个程序模块。通常用于实现程序的部分功能或某个特定功能，可以接受调用方传递的参数，并作为函数值返回调用结果。

函数是一段具有特定功能的、可重用的语句组，用函数名来表示并通过函数名完成功能调用。函数能提高应用的模块性和代码的重复利用率。Python提供了许多内置函数，比如print()、input()等，Python还支持自定义函数，即将一段有规律的、可重复使用的代码定义成函数，从而达到一次编写、多次调用的目的。

Python定义函数使用def关键字，语法格式具体如下：

```
def 函数名(参数列表):
    函数体
```

默认情况下，参数值和参数名称是按函数声明中定义的顺序匹配起来的。

下面通过一个示例演示Python函数的定义与调用，定义一个函数用于比较两个数的大小，并返回较大的数。

在Chapter02文件夹中创建一个名为maximum.py的文件，具体代码如文件2-12所示。

文件2-12 maximum.py

```python
#!/usr/bin/python3
def max(a, b):
    if a > b:
        return a
    else:
        return b
a = 4
b = 5
print(max(a, b))
```

定义比较两个数大小的函数的主要规则如图2-16所示。

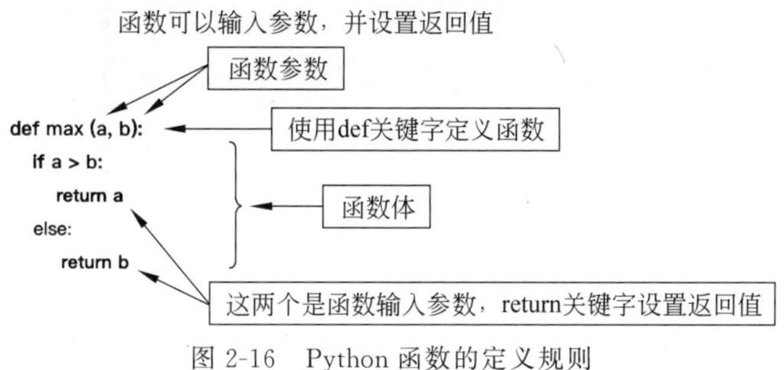

图 2-16 Python 函数的定义规则

文件 maximum.py 的输出结果如下：

```
5
```

自定义一个读者需要的功能的函数，需要遵循的定义规则如下：

(1) 函数代码块以 def 关键词开头，后接函数标识符名称和圆括号。

(2) 任何传入参数和自变量必须放在圆括号中间，圆括号之间可以用于定义参数。

(3) 函数的第 1 行语句可以选择性地使用文档字符串，用于存放函数说明。

(4) 函数内容以冒号“:”起始，并且缩进。

(5) return [表达式]用于结束函数，选择性地返回一个值给调用方，不带表达式的 return 相当于返回 None。

定义函数后，就相当于有了一个具有某些功能的代码。如果想让程序执行这些代码，则需要调用之前定义的函数，其语法格式如下：

```
函数名(参数)
```

在上述代码中，由于 Python 中的变量在使用前都必须赋值，因此，在使用函数时，需要分别赋值，比较变量 a 与变量 b 的大小时，则可以通过以下语句实现：

```
a =4
b =5
max(a, b)
```

Python 中的每个变量在使用前都必须赋值，变量赋值以后，该变量才会被创建。

2.3.2 print()函数

1. 基本语法

在 Python 程序中，使用 print()函数可以打印各种数据类型，print()函数打印字符串时需要用引号引起来，将结果输出到控制台，其基本语法格式如下：

```
print(*objects, sep=2' ', end='\n', file=sys.stdout, flush=False)
```

可以一次输出多个对象，输出多个对象时，需要用“,”分隔，具体代码如下：

```
print(1,3,'hello')  #输出多个对象
```

输出结果为 3 个对象，分别为两个数字和一个字符串，以逗号分隔，具体代码如下：

```
str ="the length of (%s) is %d" %('社会主义核心价值观',len('社会主义核心价值观'))
print(str)
```

输出结果为“the length of (社会主义核心价值观) is 9”。Python 中的 len()方法用于返回对象长度或项目个数，对象包括字符、列表、元组等。

2. end 参数

end 参数用来设定结尾格式，默认值是换行符\n，也可以换成其他字符串。下面通过一个示例演示 for 函数遍历 range()中元素的方法。

在 Chapter02 文件夹中创建一个名为 for-range.py 的文件，具体代码如文件 2-13 所示。

文件 2-13　for-range.py

```
for i in range(0,3):
    print(i)
```

文件 for-range.py 的运行结果如图 2-17 所示。

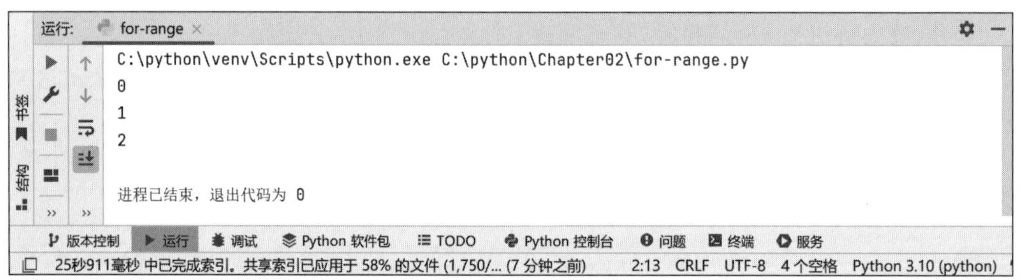

图 2-17　文件 for-range.py 的运行结果

当设置 end 参数为空格，即 end= ' ' 时，程序运行结果不换行，在 Chapter02 文件夹中创建一个名为 for-end.py 的文件，具体代码如文件 2-14 所示。

文件 2-14　for-end.py

```
for i in range(0,3):
    print(i, end=' ')
```

文件 for-end.py 的运行结果如图 2-18 所示。

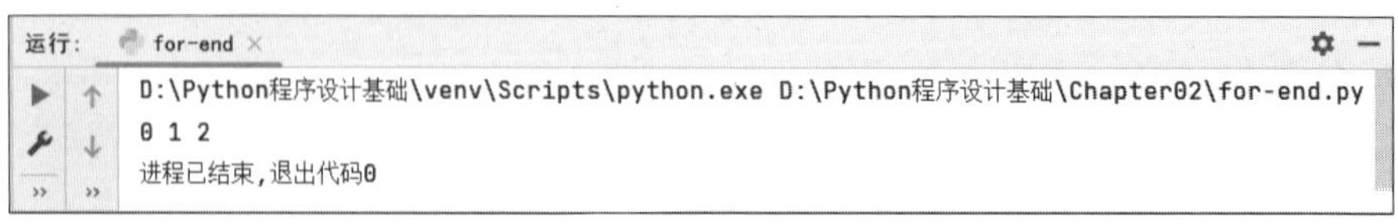

图 2-18　文件 for-end.py 的运行结果

3. sep 参数

sep 参数用来间隔多个对象，比较设置间隔符前后的效果，在 Chapter02 文件夹中创建一个名为 sep.py 的文件，具体代码如文件 2-15 所示。

文件 2-15　sep.py

```
1  print("人生苦短","我用 Python","!")                #设置间隔符前
2  print("人生苦短","我用 Python","!",sep="...")    #设置间隔符后
```

文件 sep.py 的运行结果如图 2-19 所示。

```
运行:  sep ×
D:\Python程序设计基础\venv\Scripts\python.exe D:\Python程序设计基础\Chapter02\sep.py
人生苦短 我用Python !
人生苦短...我用Python...!

进程已结束,退出代码0
```

图 2-19　文件 sep.py 的运行结果

由图 2-19 可知,第 1 行使用间隔符前,默认使用空格分隔字符串,第 2 行使用 sep 参数间隔多个字符串,并设置"..."作为间隔符。

2.3.3　eval()函数

eval()函数用来执行一个字符串表达式,并返回表达式的值。下面通过一个示例演示 eval()函数的使用方法。

在 Chapter02 文件夹中创建一个名为 eval.py 的文件,具体代码如文件 2-16 所示。

文件 2-16　eval.py

```
1  x =7
2  eval( '3 * x' )                  #计算积
3  eval('pow(2,2)')                 #计算平方
4  eval('2 + 2')                    #计算和
5  n=81
6  cval("n + 4")                    #先对整型数据进行计算,再转换为字符串类型数据
```

在上述代码中,eval()函数用来执行字符串的表达式,第 2 行代码计算数字 3 与变量 x 存储的值之间的积;第 3 行代码计算数字 2 的平方,其中 pow()方法返回 x^y 的值;第 4 行代码计算 2 加 2 的和;第 6 行代码先对整型数据进行计算,再转换为字符串类型数据。

文件 eval.py 的运行结果如图 2-20 所示。

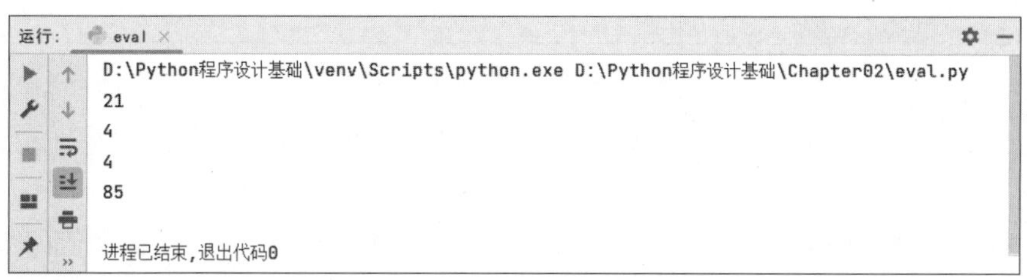

图 2-20　文件 eval.py 的运行结果

由图 2-20 可知,计算积的结果为 21,计算平方的结果为 4,计算和的结果为 4,第 6 行的加法运算结果为 85。

2.3.4 input()函数

在 Python 3.x 中,input()函数用于接收一个标准输入数据,返回 string 类型的数据,语法格式具体如下:

```
变量 =input("提示信息")
```

等式中,变量用于保存输入内容经 input()函数处理返回的字符串,双引号内的文字是用于提示要输入的内容。无论输入的内容是什么形式的,经 input()函数处理后都会变为字符串格式。默认情况下,input()函数一次只能接收一个值。但是,可以使用 split()函数将输入的字符串拆分成多个值,并将它们存储在列表中。split()函数默认将字符串根据空格拆分,但读者也可以指定拆分的分隔符。

下面通过一个示例演示 input()函数接收单个值的方法。

在 Chapter02 文件夹中创建一个名为 poem.py 的文件,根据提示补充诗句,具体代码如文件 2-17 所示。

文件 2-17　poem.py

```
print("完成下列诗句的上一句")
print("明月何时照我还")
a =input("input:")
if a =="春风又绿江南岸":
    print("True")
else:
    print("False")
```

在"input:"后输入诗句的上一句,若答案正确,则输出 True,若答案错误,则输出 False。文件 poem.py 的运行结果如图 2-21 所示。

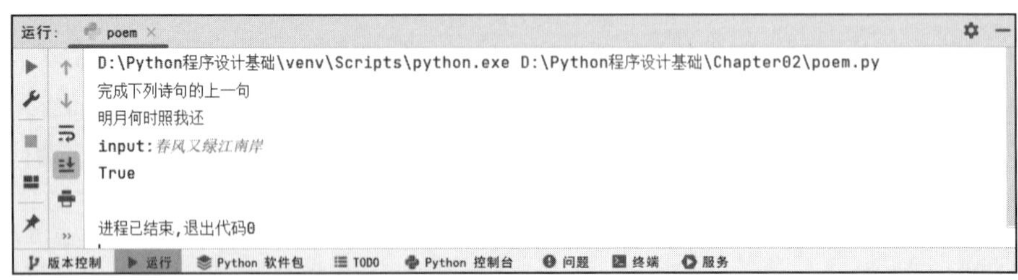

图 2-21　文件 poem.py 的运行结果

由图 2-21 可知,在"input:"后输入诗句的上一句"春风又绿江南岸"后,输出 True,题目回答正确。

下面通过一个示例演示 input()函数接收使用 split()函数拆分后的多个值的方法。

在 Chapter02 文件夹中创建一个名为 square.py 的文件,根据输入的长方形长和宽的数值,计算长方形的周长和面积,具体代码如文件 2-18 所示。

文件 2-18　square.py

```
1  a,b =(input("请输入长方形的边长:").split()) #输入长方形的边长
2  a=int(a)
3  b=int(b)
4  p=(a+b) * 2                                 #计算长方形的周长 p
5  print("长方形的周长为:",p)                   #输出长方形的周长
6  s=a * b                                     #计算长方形的面积 s
7  print("长方形的面积为:",format(s,'.2f'))     #输出长方形的面积
```

在上述代码中,第 1 行代码为接收输入的长方形的边长,split()函数通过指定分隔符对字符串进行切片,默认以空格符、换行符、制表符为分隔符,把一个字符串分隔成指定数目的子字符串,然后把它们放入一个列表中;第 7 行代码中的 format()函数用于格式化输出,参数.2f 表示格式化浮点数字,指定小数点后的精度为 2。

文件 square.py 的运行结果如图 2-22 所示。

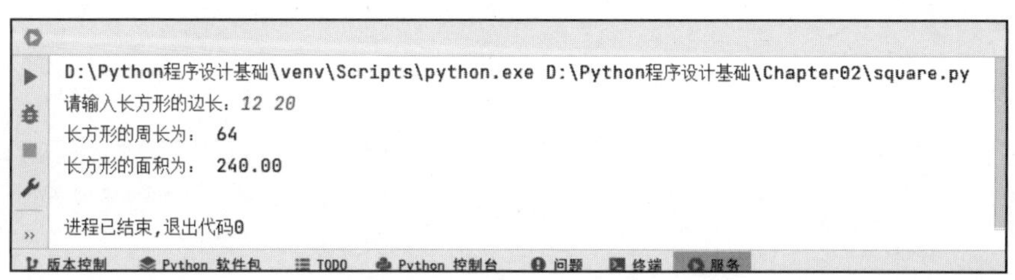

图 2-22　文件 square.py 的运行结果

由图 2-22 可知,用空格作为间隔输入的长方形边长为 12、20,此时长方形的周长为 64,面积为 240.00。

2.4　实验:获取学生信息

【实验目的】

使用 input()函数与 print()函数实现人机交互。

【实验要求与内容】

1. input()函数接收字符串、数字等数据类型,返回的皆是字符串类型。
2. print()函数可以连接相同的数据类型,两个字符串连接,返回的结果依然是字符串。

【实验步骤】

1. 编辑基本问题

在 Chapter02 文件夹中创建一个 studentinfo.py 文件,在该文件中调用 input()方法实现输入的字符串、数字等类型,调用 print()函数实现字符串的输出,具体代码如文件 2-19 所示。

文件 2-19 studentinfo.py

```
print("欢迎登录,请填写如下问题!")
a =input("您的姓名:")
b =input("您的年龄:")
c =input("所学专业:")
```

需要学生回答的问题分别是：您的姓名、您的年龄和所学专业。

2. 设置填写格式

在 studentinfo.py 文件中设计信息的呈现形式，形式如“您填写的信息：姓名：年龄；专业”，具体代码如下：

```
print("您填写的信息:"+a+":"+b+"岁;"+c+"专业")
print("回答完毕,谢谢配合!")
```

【实验结果】

studentinfo.py 文件的运行结果如图 2-23 所示。

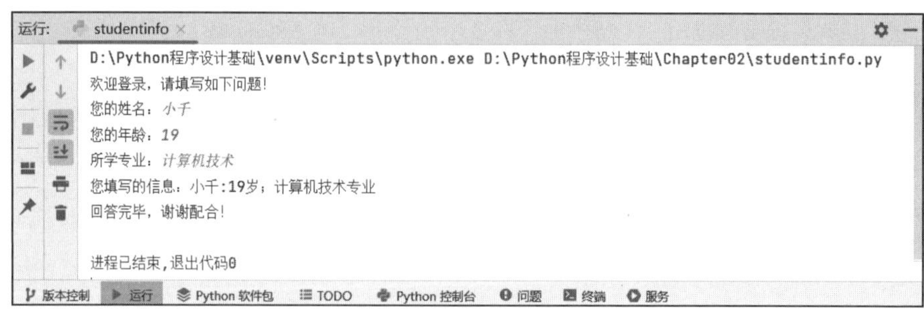

图 2-23 studentinfo.py 文件的运行结果

由图 2-23 可知，手动输入的信息分别如下：小千、19、计算机技术。

【实验小结】

本实验能够实现简单的人机对话。某学校要对学生的情况进行汇总，设计程序令命令行依次显示各种问题：您的姓名、您的年龄、所学专业等，学生可以通过键盘依次输入答案。

2.5 运 算 符

运算符用于执行程序代码中的运算，可以对一个以上的操作数进行操作。本节将从运算符的基本概念开始，进而详细讲解各种运算符的特性。

2.5.1 运算符概述

1. 运算符的概念

运算符是用来对变量或数据进行操作的符号，也称作操作符，操作的数据称为操作数。例如 2＋3，其操作数是 2 和 3，而运算符则是＋，如图 2-24 所示。

操作数 ← 2 + 3 → 操作数

运算符

图 2-24　运算符示例

2. 分类

根据分类对象的多少，运算符可以分为单目运算符、双目运算符和三目运算符。

根据运算功能的不同，运算符可以分为算术运算符、比较运算符、逻辑运算符、赋值运算符、成员运算符、身份运算符、位运算符等。

2.5.2　算术运算符

算术运算符，也称为数学运算符，用于对数字执行数学运算。算术运算符用来处理简单的算术运算，包括加、减、乘、除、整除、取余等。在 Python 中，以操作数 a=7、b=2 为例，常用的算术运算符如表 2-3 所示。

表 2-3　Python 常用的算术运算符

运　算　符	说　　明	示　　例	结　　果
+	加：两个数相加求和	7+2	9
-	减：两个数相减求差	7-2	5
*	乘：两个数相乘求积	7*2	14
/	除：两个数相除求商	7/2	3.5
%	取余：两个数相除求余数	7%2	1
**	幂：两个数进行幂运算，获得 a 的 b 次方	7**2	49
//	取整除：两个数相除，获得商的整数部分	7//2	3

算术运算符用于对数值类型变量进行运算，属于双目运算符，结合性为从左到右，优先级为 ** 最高，*、/、%高于 +、-。

下面通过一个示例演示算术运算符如何应用于解决实际问题。假设小千在放学回家途中，遇到商场打折促销，苹果原价每斤 5 元，满 5 斤部分打 8 折，梨原价每斤 4.5 元，满 3 斤部分打 8.5 折，小千手里有 100 元，他最多能买多少斤苹果？如果苹果、梨每种水果不少于 15 斤，求苹果最多买多少斤，还剩多少钱？

接下来，在 Chapter02 文件夹中创建一个名为 market.py 的文件，在该文件中通过算术运算符计算买水果需要的斤数并计算剩余的钱数。具体代码如文件 2-20 所示。

文件 2-20　market.py

```
a =5                                  #苹果单价
b =4.5                                #梨单价
x =(100-a*4) /(a*0.8)                 #全部买成苹果,最多能买的斤数
print(x)
```

```
5  y=100-(a*5-a*0.8*6)-(b*2-b*0.85*8) #苹果、梨各买 10 斤后,还剩的钱数
6  print(y//(a*0.8))                  #苹果、梨各买 10 斤后,还能买苹果的斤数
7  print(y%(a*0.8))                   #买完水果后,剩余的钱数
```

在上述代码中,第 3 行代码用于计算手里的钱全部买成苹果,最多能买的斤数;第 5 行代码用于计算苹果、梨各买 10 斤后,还剩的钱数;第 6 行代码计算苹果、梨各买 10 斤后,最多能买苹果的斤数,并打印运算结果;第 7 行代码计算买完水果后剩余的钱数,并打印运算结果。

文件 market.py 的运行结果如图 2-25 所示。

图 2-25 文件 market.py 的运行结果

由图 2-25 可知,若全部买成苹果,最多能买 24 斤;若苹果、梨每种水果不少于 10 斤,最多能买 14 斤,买完水果后剩下 0.4 元。

2.5.3 比较运算符

比较运算符,也称为关系运算符,用于对变量或表达式的结果进行比较。若比较结果为真,则返回 True,否则返回 False。在 Python 中,以变量 a 为 18、变量 b 为 10 为例,常用的比较运算符如表 2-4 所示。

表 2-4 Python 常用的比较运算符

运 算 符	说 明	示 例	结 果
==	等于	a == b	False
!=	不等于	a != b	True
>	大于	a > b	True
>=	大于或等于	a >= b	True
<	小于	a < b	False
<=	小于或等于	a <= b	False

关系运算符属于双目运算符,结合性为从左到右,优先级为“> 、< 、>= 、<= ”、“ == 、!= ”。

2.5.4 逻辑运算符

逻辑运算符主要用于判断多个条件之间的逻辑关系,逻辑非的结果一定为 True 或 False,而逻辑与和逻辑或的结果不一定为 True 或 False,和具体的表达式有关,结合性为从右到左。

逻辑运算符用来表示数学中的“与”“或”“非”运算。Python 中的逻辑运算符如表 2-5 所示。

表 2-5　Python 中的逻辑运算符

运算符	说明	示例	结果
and	逻辑与	a and b	如果 a 的布尔值为 True,则返回 b,否则返回 a
or	逻辑或	a or b	如果 a 的布尔值为 True,则返回 a,否则返回 b
not	逻辑非	not a	若 a 为 False,则返回 True;若 a 为 True,则返回 False

在表 2-5 中,a、b 分别为表达式,通常使用比较运算符返回的结果作为逻辑运算符的操作数。此外,逻辑运算符也经常出现在条件语句和循环语句中。

下面通过一个示例演示逻辑运算符的使用。假设需要判断一个人是否满足报考飞行员的条件。报考飞行员的基本条件包括:年龄必须在 18～30 岁,包含 18 岁和 30 岁;身高应在 170～185cm,包含 175cm 和 185cm。

在 Chapter02 文件夹中创建一个名为 pilot.py 的文件,通过逻辑运算符判断输入程序中的年龄和身高是否符合报考飞行员的基本条件,具体代码如文件 2-21 所示。

文件 2-21　pilot.py

```
1  age =int(input("请输入年龄:"))
2  height =int(input("请输入身高:"))
3  if (age>=18 and age<=30) and (height >=170 and height <=185):
4      print("恭喜,你符合报考飞行员的条件")
5  else:
6      print("抱歉,你不符合报考飞行员的条件")
```

在上述代码中,第 1～2 行代码调用 int()方法分别用于实现输入报考人员的年龄和身高信息;第 3 行代码调用 if 条件语句判断输入的年龄和身高是否满足报考飞行员的条件;第 4、6 行代码调用 print()方法输出报考人员是否满足报考飞行员的条件。

文件 pilot.py 的运行结果如图 2-26 所示。

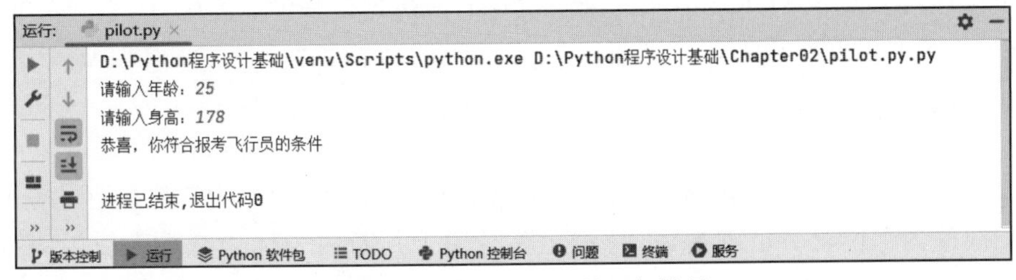

图 2-26　文件 pilot.py 的运行结果

从图 2-26 中可以看出,输入的年龄为 25 岁,身高为 178cm,输出的结果为“恭喜,你符合报考飞行员的条件”,说明输入的年龄和身高满足报考飞行员的条件。

2.5.5　赋值运算符

赋值运算符的作用是将基本赋值运算符“=”右边的值赋给左边的变量,也可以进行某些运算后再赋值给左边的变量，即结合性为从右到左。Python 中的赋值运算符如表 2-6 所示。

表 2-6　Python 中的赋值运算符

运　算　符	说　　明	示　　例
+=	加等于	a += b 等价于 a = a + b
-=	减等于	a-= b 等价于 a = a - b
*=	乘等于	a *= b 等价于 a = a * b
/=	除等于	a /= b 等价于 a = a / b
%=	余等于	a %= b 等价于 a = a % b
**=	幂等于	a **= b 等价于 a = a ** b
//=	取整等于	a //= b 等价于 a = a // b

基本的赋值运算符，即单个“=”，把右边的值或运算结果赋给左边的变量。

复合赋值运算符，即由算术运算符和“=”组合成的赋值运算符，其兼具运算和赋值的功能，如“+=”，相当于左边的操作数加上右边的操作数后，再赋值给左边的操作数。

2.5.6　成员运算符

成员运算符用于判断两个对象是否存在包含关系，即一个对象中是否包含另一个对象，其返回结果为布尔值。Python 中的成员运算符如表 2-7 所示。

表 2-7　Python 中的成员运算符

运　算　符	说　　明
in	如果在指定序列中找到值，则返回 True，否则返回 False
not in	如果在指定序列中找到值，则返回 False，否则返回 True

成员运算符只有 in 和 not in，用于判断指定的值是否在某个对象中，这个对象可以是字符串，也可以是元组或列表。

2.5.7　身份运算符

身份运算符用于比较对象，不是比较它们是否相等，但如果它们实际上是同一个对象，则具有相同的内存位置。也就是说，身份运算符用于判断两个标识符是否引用同一对象。Python 中的身份运算符如表 2-8 所示。

表 2-8　Python 中的身份运算符

运　算　符	说　　明
is	如果两个标识符引用同一对象，则返回 True，否则返回 False
is not	如果两个标识符引用同一对象，则返回 False，否则返回 True

由表 2-8 可知，is 用于判断两个变量引用的对象是否为同一个，而“==”用于判断引用变量的值是否相等。下面通过一个示例演示 is 与“==”的区别。

在 Chapter02 文件夹中创建一个名为 distinguish-is.py 的文件，通过身份运算符判断变量的内存引用和值比较，具体代码如文件 2-22 所示。

文件 2-22　distinguish-is.py

```
a =[1, 2, 3]
b =a
print(b is a)
print(b ==a)
b =a[:]
print(b is a)
print(b ==a)
```

文件 distinguish-is.py 的运行结果如图 2-27 所示。

图 2-27　文件 distinguish-is.py 的运行结果

由图 2-27 可知，当将列表数据 a 赋值给变量 b 时，使用 is 运算符表示变量 a 和变量 b 引用同一对象，使用“==”运算符表示变量 a 存储的值等于变量 b 存储的值；当使用“a[:]”复制列表 a，并将之赋值给变量 b 时，使用 is 运算符表示变量 a 和变量 b 引用的不是同一对象，使用“==”运算符，变量 a 等于变量 b。

2.5.8　位运算符

位运算符用于对二进制位从低位到高位对齐后进行运算。Python 中常见的位运算符如表 2-9 所示。

表 2-9　Python 中常见的位运算符

运算符	说明	示例	结果
&	按位与	a & b	a 与 b 对应二进制的每一位进行与操作后的结果
|	按位或	a | b	a 与 b 对应二进制的每一位进行或操作后的结果
^	按位异或	a ^ b	a 与 b 对应二进制的每一位进行异或操作后的结果
~	按位取反	~a	a 对应二进制的每一位进行非操作后的结果
<<	向左移位	a << b	将 a 对应二进制的每一位左移 b 位，右边移空的部分补 0
>>	向右移位	a >> b	将 a 对应二进制的每一位右移 b 位，左边移空的部分补 0

在表 2-9 中，按位与时，当两个相应的位都为 1 时，结果才为 1，否则为 0；按位或时，当两个相应的位中至少有一个为 1 时，结果为 1，仅当两个位都为 0 时，结果才为 0；按位异或时，当两个相应的位相同时，结果为 0，当两个相应的位不同时，结果为 1。

虽然运用位运算可以完成一些底层的系统程序设计，但 Python 程序很少参与计算机底层硬件操作，因此只需了解位运算即可。

2.5.9 运算符的优先级

运算符具有优先级，优先级高的运算符会先进行计算或处理。在优先级相同的情况下，按从左往右的顺序计算。运算符的优先级列表如表 2-10 所示。

表 2-10 运算符的优先级列表

运　算　符	说　　明
**	幂
~	按位取反
*、/、%、//	乘、除、取余、取整
+、-	加、减
<<、>>	左移、右移
&	按位与
^	按位异或
|	按位或
<=、<、>、>=、==、!=	比较运算符
=、%=、/=、//=、*=、**=、+=、-+	赋值运算符
is、is not	身份运算符
in、not in	成员运算符
not	非运算符
and	与运算符
or	或运算符

Python 会根据表 2-10 中运算符的优先级确定表达式的求值顺序，同时还可以使用小括号()来控制运算顺序。小括号内的运算将最先计算。因此，在程序开发中，编程者不需要刻意记忆运算符的优先级顺序，而是通过小括号来改变优先级以达到目的。

需要注意的是，赋值运算符是按从右往左的顺序计算的。

2.6 实验：求一个三位数各数字之和

【实验目的】

1. 掌握 Python 基础语法的使用。

2. 掌握 input()函数与 print()函数的使用。

3. 掌握数据类型转换的方式。

【实验要求与内容】

1. 在程序中,调用 input()函数读取键盘输入的三位数。
2. 调用 int()函数将输入的三位数转换为整数。
3. 从转换后的三位数中提取百位、十位、个位上的数字。
4. 将提取到的三个数字相加,得出它们的和。

【实验步骤】

1. 实现在控制台输入三位数

在 Chapter02 文件夹中创建一个 sum.py 文件,在该文件中调用 input()方法实现在控制台输入三位数,具体代码如文件 2-23 所示。

文件 2-23 sum.py

```
num =int(input("请输入一个三位数:"))
```

上述代码中,调用 int()方法将输入的三位数转换为整数。

2. 提取三位数中的百位、十位和个位数字

在 sum.py 文件中,使用整数运算符//、取余运算符%提取三位数中的百位、十位和个位数字,具体代码如下:

```
1  a =num // 100                                #取百位
2  b =num // 10 %10                             #取十位
3  c =num %10                                   #取个位
4  print('百位:', a, '十位:', b, '个位:', c)    #输出各数字
```

上述代码中,第 1 行代码使用整数运算符//取出三位数中的百位数字,第 2 行代码使用整数运算符//和取余运算符%取出三位数中的十位数字,第 3 行代码使用取余运算符%取出三位数中的个位数字,第 4 行代码调用 print()方法输出三位数中的百位、十位和个位数字。

3. 求三位数中各数字之和

在 sum.py 文件中求三位数中各数字之和,具体代码如下:

```
sum =a + b + c                                  #求和
print(sum)                                      #输出各数字之和
```

【实验结果】

文件 sum.py 的运行结果如图 2-28 所示。

从图 2-28 可以看出,在控制台输入的三位数为 279,从这个三位数中提取的百位数字为 2、十位数字为 7、个位数字为 9,各数字之和为 18。

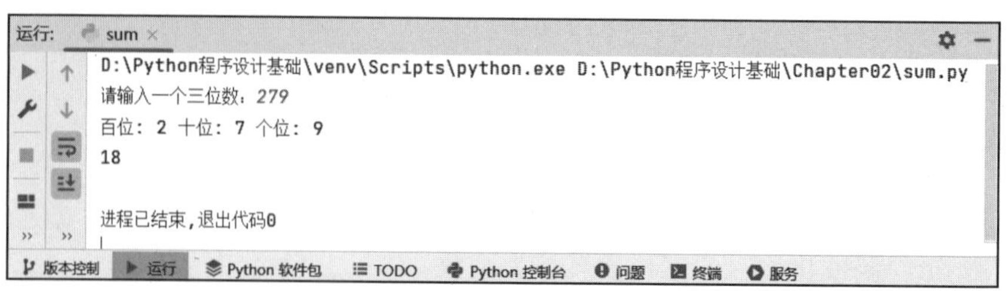

图 2-28 文件 sum.py 的运行结果

【实验小结】

在计算机程序中，算法是灵魂，是程序的精髓所在。算法的优劣直接决定了程序执行效率的高低，所以算法是计算机课程的必修课。算法可以快速计算出读者所需要的结果。对数据进行操作时，往往需要提取各个数字进行分析，如能被 3 整除的数，其各个数字相加之和为 3 的倍数。

2.7 实验：求三角形的周长和面积

为了巩固前面学习的 Python 编程基础知识，本节将通过一个求三角形的周长和面积的案例演示如何使用 Python 编程基础知识。本实验中的实验描述、实验分析和实验步骤如下所示。

【实验描述】

在 Python 控制台中输入 3 个数字，这 3 个数字表示三角形的 3 个边长，根据这 3 个边长判断是否能构成三角形。如果能构成三角形，则输出“可以构成三角形”，计算并输出三角形的周长和面积，否则输出“不能构成三角形”。

【实验分析】

1. 根据三角形的构成条件确定输入的 3 个数字是否能构成三角形。
2. 根据海伦公式计算三角形的面积。
3. 格式化输出信息，在字符串内部，“%”后紧跟占位符，“-”号表示左对齐，“.”号表示小数点后的位数，“0”表示左边补零。例如，print('%.2f' % 3.1415926)表示以保留小数点后两位的形式输出，即 3.14。
4. 根据函数的定义与调用实现三角形的判断与相关计算。
5. 导入 math 模块，用于数学计算。

三角形的构成条件如下：

- 任意两边之和大于第三边，必须满足以下条件之一：$a+b>c$、$a+c>b$、$b+c>a$。
- 任意两边之差小于第三边，必须满足以下条件之一：$|a-b|<c$、$|a-c|<b$、$|b-c|<a$。
- 三角形的任意一边的长度大于 0。

如果以上三个条件同时满足,则三条线段可以组成一个三角形。

海伦公式是通过边长计算三角形的面积,表示如下:

p = (a + b + c) / 2

S = math.sqrt(p * (p − a) * (p − b) * (p − c))

其中,a、b、c 分别表示三角形的三条边长,p 表示三角形的半周长,S 表示三角形的面积。

【实验步骤】

在 Chapter02 的程序中创建一个 TriangleSL.py 文件,在该文件中求三角形的周长和面积。

1. 在控制台中输入 3 个数值

在 TriangleSL.py 文件中调用 input()方法实现在控制台输入 3 个数值,并结合 float()函数将输入的数值转换为浮点数,具体代码如文件 2-24 所示。

文件 2-24　TriangleSL.py

```
a =float(input("a="))
b =float(input("b="))
c =float(input("c="))
```

2. 判断能否构成三角形

在 TriangleSL.py 文件中,根据三角形的构成条件判断输入的 3 个数值是否能构成三角形,如果能,则返回 True,否则返回 False,具体代码如下:

```
1   import math                             #导入 math 模块
2   ... #此处省略在控制台输入 3 个数值的程序
3   def is_triangle(a, b, c):
4       if a <=0 or b <=0 or c <=0:
5           return False
6       if (a +b >c) and (a +c >b) and (b +c >a):
7           return True
8       else:
9           return False
```

此段代码中,第 1 行代码导入了 math 模块,第 3 行代码使用 def 关键字自定义了函数 is_triangle(),用于实现判断输入的 3 个数值能否构成三角形,并使用了 or 和 and 逻辑运算符,用于判断 3 个数值之间的逻辑关系。

3. 计算三角形的周长与面积

在 TriangleSL.py 文件中,根据判断的结果,输入的 3 个数值能构成三角形时,计算三角形的周长,并根据海伦公式计算三角形的面积,不能构成三角形时,输出"不能构成三角形",具体代码如下:

```
import math    #导入 math 模块
... #此处省略在控制台输入三个数值的程序
... #此处省略 is_triangle()函数
```

```
if is_triangle(a, b, c):
    print("可以构成三角形")
    print("周长:%.2f" %(a +b +c))                        #计算三角形的周长
    p =(a +b +c) / 2
    area =math.sqrt(p * (p -a) * (p -b) * (p -c))    #计算三角形的面积
    print("面积:%.2f" %area)
else:
    print("不能构成三角形")
```

在上述代码中，使用选择结构实现了对两种情况的不同处理，并使用“%.2f”对变量 area 存储的数据进行了格式化输出。

【实验结果】

文件 TriangleSL.py 的运行结果如图 2-29 所示。

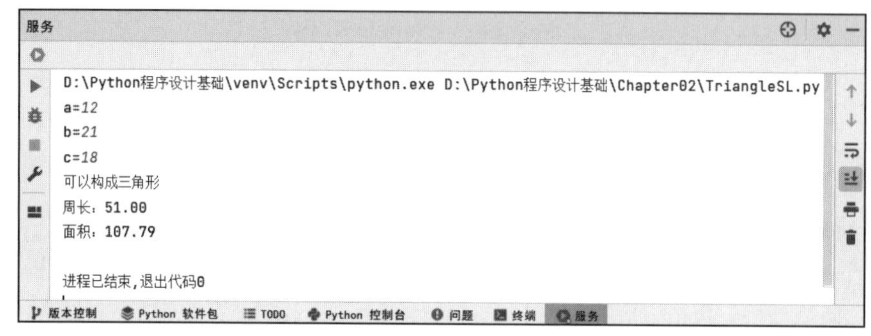

图 2-29　文件 TriangleSL.py 的运行结果

从图 2-29 中可以看出，输入控制台中的 3 个数值分别是 12、21 和 18，并且输出了周长和面积信息，说明输入的 3 个数值可以构成三角形，并计算了该三角形的周长和面积。

2.8　数据科学入门：基础的描述性统计

在数据科学中，通常会使用统计信息来描述和汇总数据。假设你是一家电商公司的数据分析员，需要对公司的销售数据进行描述性统计分析，以了解公司的销售情况和趋势。公司的数据是一个包括订单号、订单日期、订单金额等信息的 CSV 文件，需要使用 Python 对这些数据进行描述性统计分析。

2.8.1　分析不同品牌产品的情况

数据导入即读取在线数据或本地数据，方便对数据进行处理。描述性统计是一种用数学方法对数量或特征进行总结、分析、描绘和解释的统计学方法，被广泛用于生产中。读者可以使用 Pandas 库的 read_csv()函数读取本地的 CSV 数据，通常使用 describe()函数对数据进行描述性统计。

在 PyCharm 中安装 Pandas 库，读取本地文件 sales_data.csv 并进行分析，针对不同品牌同一电子产品的情况进行描述性统计分析，具体代码如下：

```
1  import pandas as pd                    #导入 Pandas 模块
2  #读取 CSV 文件中的数据
3  sales_data =pd.read_csv(r"C:\Users\pc\Desktop\data\sales_data.csv")
4  sales_data["brand"].describe()    #对品牌进行描述性统计分析
```

在上述代码中，第 4 行代码用于对品牌进行描述性统计分析。对不同品牌的销售情况进行描述性统计分析，运行结果如图 2-30 所示。

```
count       536945
unique         868
top        samsung
freq         96239
Name: brand, dtype: object
```

图 2-30　对不同品牌的销售情况进行描述性统计分析

由图 2-30 可知，对不同品牌的销售情况进行描述性统计分析，包括 count、unique、top 和 freq，分别表示查看数据集的每一列非空值数为 536945 个，brand 列去重下的唯一值数为 868，频数最高者的品牌为 samsung，brand 列的最高频数为 96239。

常见的描述性信息还包括 mean(每一列非空值的平均值)、std(每一列的方差)、min(最小值)、25%(25%分位数)、50%(50%分位数/中位数)、75%(75%分位数)、max(最大值)以及 dtype(数据类型)等信息。

2.8.2　分析不同地区的数据可视化

分析不同地区同一产品销售情况的意义在于了解市场需求差异、调整营销策略、提高经营效率、观察竞争对手等。

可以使用 hist()函数绘制不同地区销售情况的直方图，以了解不同地区的销售情况，具体代码如下：

```
1  import matplotlib.pyplot as plt
2  plt.rcParams['font.sans-serif']=['SimHei']       #用来正常显示中文标签
3  plt.rcParams['axes.unicode_minus']=False         #用来正常显示负号
4  plt.hist(sales_data["local"])
5  plt.show()
```

在上述代码中，第 2、3 行代码用于正常显示中文标签和负号。

绘制不同地区销售情况的直方图，运行结果如图 2-31 所示。

由图 2-31 可知，广东地区出现的频率最高，上海、北京次之，湖北为第 4 名，浙江地区出现的频率最低。

总之，分析不同地区同一产品的销售情况可以为企业提供市场分析和销售计划制订的依据，为企业在不同地区的市场竞争中取得优势提供支持，并帮助其在全国市场中赢得更多的消费者和商机。

2.8.3　分析不同年龄的数据可视化

具体来说，对购买者年龄的分析可以帮助企业制定不同的策略：一是产品定位，通过了

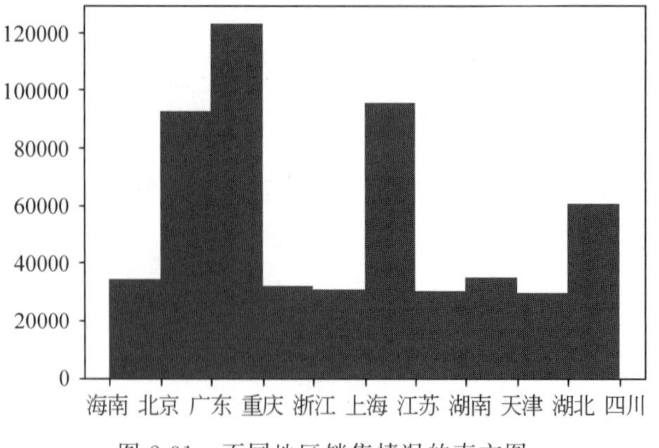

图 2-31　不同地区销售情况的直方图

解购买者年龄段的分布情况，企业可以对不同年龄段的用户进行产品定位，从而满足不同年龄段用户的需求；二是宣传推广，通过对购买者年龄的分析，可以帮助企业确定宣传推广的对象和方式；三是价格定位，不同年龄段的消费者的收入和消费水平不同，所能承受的价格也不同。

可以使用 boxplot()函数绘制购买者年龄的箱线图，以了解购买者年龄的分布情况和离群值情况。绘制购买者年龄的箱线图，具体代码如下：

```
plt.boxplot(sales_data["age"])
plt.show()
```

运行结果如图 2-32 所示。

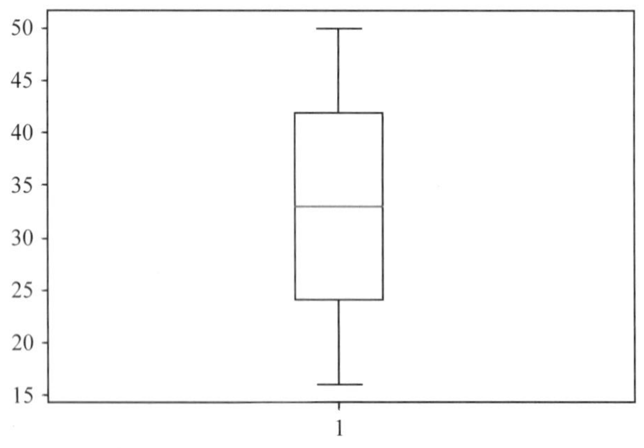

图 2-32　购买者年龄的箱线图

通过对数据的描述性统计分析，可以得出一些结论，如公司的购买者平均年龄是 33.18 岁，购买者年龄的标准差是 10.12，大部分购买者的年龄在 23～42 岁，但也存在一些异常值。

了解购买者的年龄结构，可以根据不同年龄段的购买者的收入和消费水平制订价格策略，以满足不同年龄段消费者的需求；可以帮助企业更好地了解消费者，并根据消费者的需求制订更加重要的营销策略，提高产品的市场竞争力。

拓展阅读：Pandas 库、Matplotlib 库与函数式编程

Python 提供了多种方法和工具来执行描述性统计分析。

Pandas 库：Pandas 是 Python 中的一个数据分析库，提供了数据预处理、统计分析、数据清洗等功能。其中，describe()函数可以方便地显示 DataFrame 中所有列的描述性统计信息，包括均值、标准差、最小值、最大值、25%/50%/75%分位数等。

Matplotlib 库：Matplotlib 是 Python 中的一个数据可视化库，提供了绘制各种图表的功能。可以使用 Matplotlib 绘制直方图、箱线图等图形，进一步了解数据的分布情况。

min()和 max()函数是函数式编程中约简操作的示例，min()和 max()会将一个合集的值约简为一个值。本书中还会用到许多其他的约简操作，例如集合中值的求和、平均值、方差和标准偏差等，并且还会介绍如何自定义约简操作。

2.8.4 描述性统计在生产中的应用

1. 数据收集和总结

在生产中，描述性统计可以用于收集和总结各种生产数据，如生产线的产量、产品的质量、生产成本等。通过对这些数据进行分析，生产管理者可以很快地了解生产的状况，从而及时调整和改进生产计划。

2. 数据分析和解释

在生产过程中，描述性统计可以帮助生产管理者更好地理解大量复杂数据的特征和规律。通过对数据进行各种分析和解释，生产管理者可以更好地了解生产效率、生产成本、产品品质等方面的问题，并根据数据分析的结果及时修改生产策略。

3. 产量预测

描述性统计可以用于生产量预测。通过对不同时间段的数据进行分析，可以预测将来生产的产量、生产效率和成本等方面的情况。这对生产管理人员来说很重要，可以帮助他们制订更合理和更有效的生产计划。

4. 品质控制

在生产中，描述性统计可以用于进行产品的质量控制。通过对产品的大量数据进行分析，可以获得产品各方面质量特征的描述性统计，如平均值、标准差、频率分布等。通过对这些数据进行分析和解释，生产管理者可以及时发现质量问题，并采取相应的措施来解决问题。

总之，描述性统计是生产管理中一个非常重要的工具，可以帮助管理者更好地了解生产数据的特征和规律，从而更好地调整生产计划，有效提升生产效率，并降低生产成本。

2.9 本章小结

本章深入浅出地介绍了 Python 语言的基础语法、变量、输入输出函数、标准数据类型和运算符，并介绍了基础的描述性统计在生产生活中的应用。虽然内容较为碎片化，但通过动手敲代码的方式，读者可以逐渐掌握和理解这些概念。通过本章的学习，希望读者能够熟悉 Python 语言的基本语法和数据类型，掌握各种运算符的使用方法，为后续的 Python 程序设计和职业发展打下坚实的基础。

第3章 流程控制

观看视频

在线答题

学习目标

- 掌握程序流程图的画法，能够使用程序流程图表示简单程序
- 了解顺序结构、分支结构与循环结构的表示方法，能够选择合适的结构表示程序
- 掌握 for 循环与 while 循环的原理，能够正确使用循环结构
- 掌握 break 语句与 continue 语句，能够灵活跳出循环结构

任何复杂的算法，都可以由顺序结构、分支结构和循环结构这 3 种基本结构组成。在设计算法时，将这 3 种基本结构作为“建筑单元”，并遵循相应规范，可以使算法结构清晰，便于正确性验证和错误修正。希望读者通过本章的学习，能够对结构化程序设计与算法有更清晰的认识。

3.1 程序表示方法

在程序设计中，最重要的不是编写代码，而是设计。就像建筑、机械等行业要画设计图、施工图，程序设计的思路也有必要用图的形式画出来。绘图的过程就是思考的过程，由于其直观性，还能促进更深入的思考。本节从程序流程图、程序的基本结构以及其他程序表示方法进行讲解。

3.1.1 程序流程图

设计程序时，人们常用一些无法直接编程，但能体现程序特性的方法来描述程序的功能与流程。描述程序结构的方法有自然语言、流程图、伪代码及 N-S 图等，其中以流程图最为形象直观。

程序流程图又称程序框图、流程图，是一种用图形、流程线和文字说明描述程序基本操作和控制流程的方法，它是程序分析和过程描述的基本方式，本质是对解决问题的方法、思路或算法的一种描述。流程图的基本元素有 7 种，包括起止框、判断框、处理框、输入输出框、流向线、连接点等。程序流程图的优点主要如下：

(1) 采用简单规范的符号，画法简单。

(2) 结构清晰，逻辑性强。

(3) 便于描述，容易理解。

3.1.2 程序的基本结构

和其他编程语言一样，按照执行流程划分，Python 程序也可分为三大结构，即顺序结构、选择(分支)结构和循环结构,它们都是通过控制语句实现的。其中,顺序结构不需要特殊的语句,选择结构需要通过条件语句实现,循环结构需要通过循环语句实现。

1. 顺序结构

顺序结构是三种结构中最简单、最基本的程序控制结构。顺序结构将解决问题的各个步骤按顺序写成程序代码,程序中的各操作是按照它们出现的先后顺序来执行的。顺序结构的流程图如图 3-1 所示。

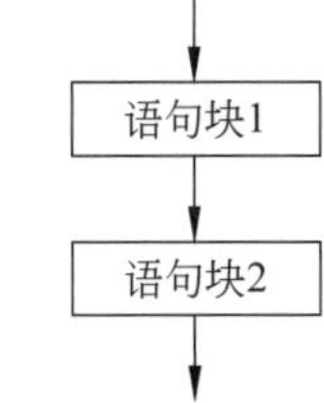

图 3-1　顺序结构的流程图

2. 选择(分支)结构

分支结构别名选择结构。利用分支结构,可以控制程序根据不同的情况做出不同的处理。分支结构的流程图如图 3-2 所示。

3. 循环结构

循环结构指的是在程序中需要反复执行某个功能而设置的一种程序结构。它由循环体中的条件判断继续执行某个功能还是退出循环。循环结构的流程图如图 3-3 所示。

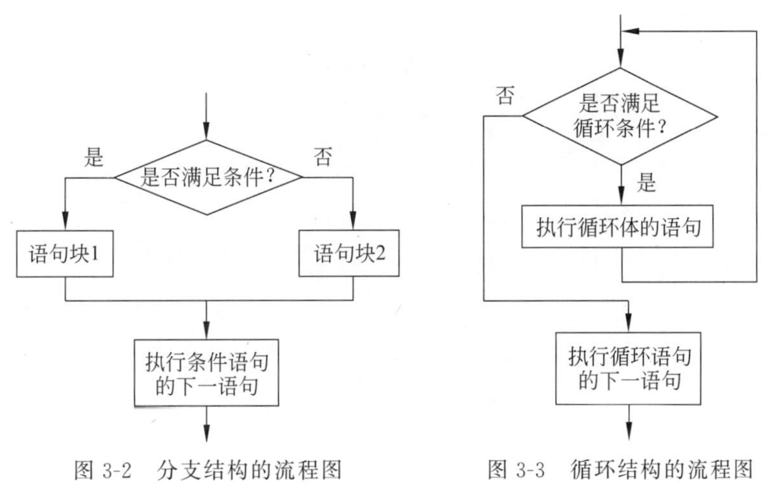

图 3-2　分支结构的流程图　　图 3-3　循环结构的流程图

3 种基本程序结构有一个共同特点,即每一种结构都只有一个入口和一个出口。

3.1.3　其他算法表示方法

1. 自然语言

自然语言(Natural Language)是人类交流和思考的主要工具,通常指的是一种随文化演化而自然形成的语言,例如英语、汉语等。编程语言指的是计算机程序设计语言,如 C、Java、Python 等。自然语言一般用于描述一些简单的问题和步骤,可以使算法更加通俗,简单易懂,其缺点是不能让计算机执行。

2. 伪代码

伪代码是使用介于自然语言和计算机语言之间的文字和符号来描述的算法,采用程序设计语言的基本语法,可以结合自然语言来设计,而且不用符号,书写方便,没有固定的语法和格式,具有很大的随意性,便于向程序过渡。使用伪代码描述算法的示例如下:

```
开始
c=a%b;
循环直到 c=0
a=b;
b=c;
c=a%b;
输出 b;
结束
```

上述代码中,描述的是计算两个数的除法,输出余数。

拓展阅读:N-S 图

任何算法都是由顺序结构、分支结构和循环结构组成的,N-S 流程图就是将各基本结构之间的流程线去掉,将全部的算法写在一个矩形框内。因此,N-S 流程图也是算法的一种结构化描述方法,同样也有 3 种基本结构,分别是顺序结构、分支结构与循环结构。

例如,输入一个数,判断该数是不是偶数,并给出相应提示。此程序的选择结构的 N-S 流程图如图 3-4 所示。

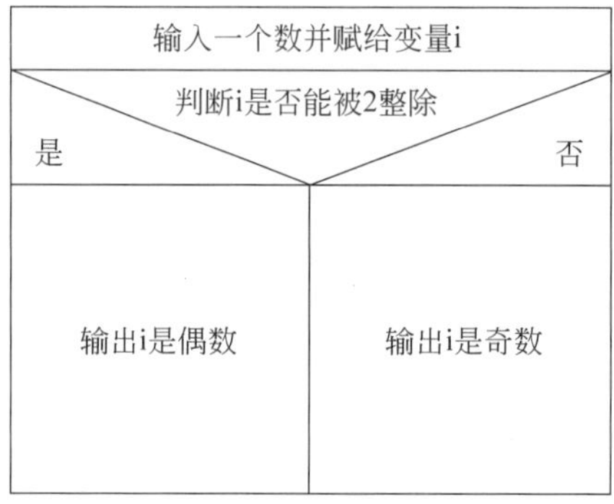

图 3-4　判断偶数的 N-S 流程图

3.2　分支结构

条件语句可以给定一个判断条件,并在程序执行过程中判断该条件是否成立。程序根据判断结果执行不同的操作,这样就改变了代码的执行顺序,从而实现更多功能。本节从单分支、双分支、多分支、分支结构嵌套及模式匹配等几方面进行讲解。

3.2.1　单分支结构

if 语句用于在程序中有条件地执行某些语句,其语法格式如下:

```
if 条件表达式:
    语句块
```

其中,条件表达式可以是单独的布尔值、变量,也可以是比较表达式(如 a>b)或逻辑表达式(如 a>b or c>b)。如果条件的值为 True,则执行其后的语句块;如果条件的值为 False,则跳过该语句块，继续执行后面的语句块。

下面通过一个示例演示 if 语句的使用。假设一个人的分数大于 60 分，则输出“真棒!”，并输出分数，否则输出分数。

在创建好的“Python 程序设计基础”项目中创建 Chapter03 文件夹，在 Chapter03 文件夹中创建一个名为 if-score.py 的文件，具体代码如文件 3-1 所示。

文件 3-1 if-score.py

```
1  score = 88
2  if score >= 60:
3      print("真棒!")
4  print("您的分数为%d"%score)
```

在上述代码中，第 2 行代码判断 score 的值是否大于或等于 60，如果 score 的值大于或等于 60，则执行第 3、4 行代码，否则执行第 4 行代码。

文件 if-score.py 的运行结果如图 3-5 所示。

图 3-5 文件 if-score.py 的运行结果

由图 3-5 可知，执行的是文件 if-score.py 的第 3、4 行代码，即 score 的值大于或等于 60。

如果将变量 score 的值改为 59，则运行结果如图 3-6 所示。

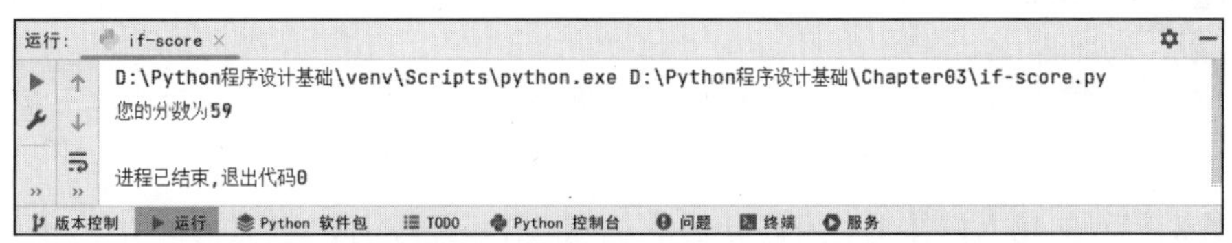

图 3-6 修改变量值后文件 if-score.py 的运行结果

由图 3-6 可知，修改变量值后，运行结果为“您的分数为 59”，即 score 的值小于 60。

3.2.2 双分支结构

在使用 if 语句时，只能做到满足条件时执行其后的语句块。如果需要在不满足条件时执行其他语句块，则可以使用 if-else 语句。

if-else 语句用于根据条件表达式的值决定执行哪块代码，其语法格式如下：

```
if 条件表达式:
    语句块 1    #当条件表达式为 True 时，执行语句块 1
else:
    语句块 2    #当条件表达式为 False 时，执行语句块 2
```

如果条件表达式的值为 True，则执行其后的语句块 1，否则执行语句块 2。

身体质量指数(Body Mass Index,BMI)是国际上衡量人体胖瘦程度的重要指标。计算 BMI 需要人体体重和身高两个数值,计算方式如下:

$$\text{BMI}=\frac{\text{体重(kg)}}{\text{身高}^2(\text{m}^2)}$$

学校在进行体质测试时,只关心学生的 BMI 是否在正常范围内,只有是与否两个可能性,可以用 if…else 语句实现的双分支结构解决。

在 Chapter03 文件夹中创建一个名为 judge-BMI.py 的文件,在该文件中计算 BMI 值,判断是否在正常范围内,具体代码如文件 3-2 所示。

文件 3-2 judge-BMI.py

```
1  weight =float(input("请输入您的体重(kg): "))
2  height =float(input("请输入您的身高(m): "))
3  bmi =weight / pow(height,2)
4  print(f"BMI:{bmi:.2f}")
5  if 18.5 <=bmi <24:
6      level ="正常"
7  else:
8      level ="已偏离正常值,正常范围为 [18.5,24)"
9  print("身体状况为: ",level)
```

文件 judge-BMI.py 的运行结果如图 3-7 所示。

图 3-7 文件 judge-BMI.py 的运行结果

由图 3-7 可知,输入的体重和身高分别是 60 和 1.74,经过 BMI 公式的计算,BMI=19.82,属于[18.5, 24)区间,输出"身体状况为:正常"。

if…else 语句也可以写成条件表达式的形式,其语法格式如下:

```
表达式 1 if 条件 else 表达式 2
```

在语法格式中,表达式可以是数字类型或字符串类型的值,也可以是变量。文件 judge-BMI.py 的第 5～8 行代码可以改写为条件表达式的形式,具体代码如下:

```
level ="正常" if 18.5 <=bmi <24 else "已偏离正常值,正常范围为 [18.5,24)"
```

3.2.3 多分支结构

生活中经常需要进行多重判断,例如,考试成绩在 90～100 分区间内,称为学神;在 80～90 分区间内,称为学霸;在 60～80 分区间内,称为学民;低于 60 分的称为学渣。

Python 程序中的 if…elif…else 语句可以描述多分支结构，其语法格式如下：

```
if 条件 1:
    语句块 1
elif 条件 2:
    语句块 2
…
else:
    语句块 N
```

当执行该语句时，程序依次判断条件的值：若某个条件为 True，则执行对应的语句块，结束后跳出 if…elif…else 语句，继续执行其后的代码；如果没有任何条件成立，则执行 else 下的语句块，else 语句是可选的。if…elif…else 语句的执行流程如图 3-8 所示。

下面通过一个示例演示多分支结构的使用，计算 BMI，判断是否在正常范围内。

使用 if…elif…else 语句计算 BMI 的流程图如图 3-9 所示。

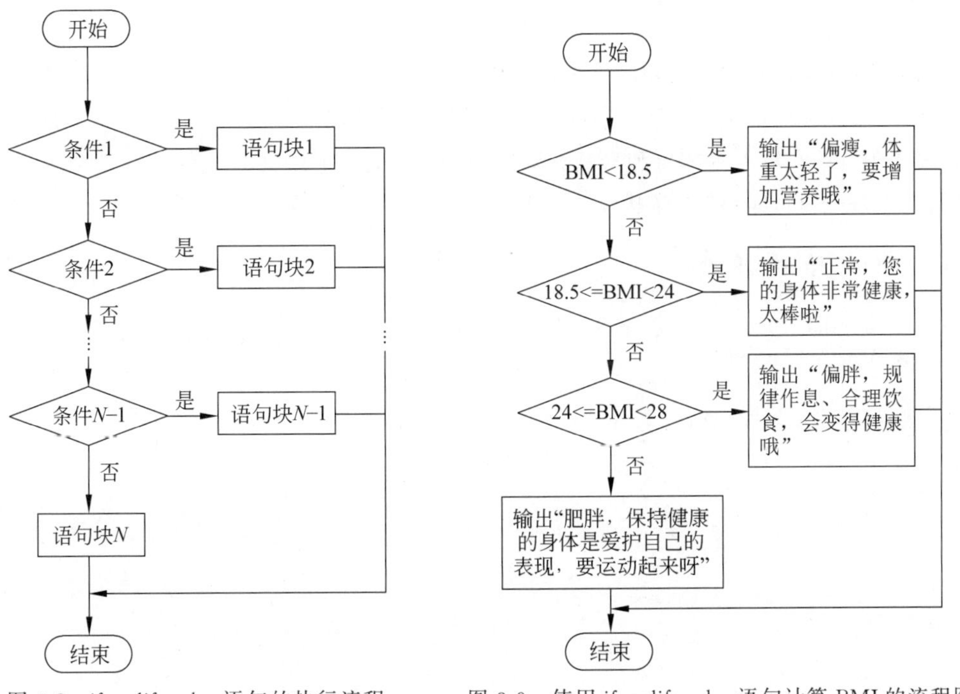

图 3-8　if…elif…else 语句的执行流程

图 3-9　使用 if…elif…else 语句计算 BMI 的流程图

在 Chapter03 文件夹中创建一个名为 judge-BMI-1.py 的文件，在该文件中通过多分支结构判断 BMI 值的范围，并根据 BMI 值的范围判断身体状况，具体代码如文件 3-3 所示。

文件 3-3　judge-BMI-1.py

```
weight =float(input("请输入您的体重(kg): "))
height =float(input("请输入您的身高(m): "))
bmi =weight / pow(height,2)
```

```
print(f"BMI:{bmi:.2f}")
if bmi <18.5:
        level ="偏瘦,体重太轻了,要增加营养哦"
elif 18.5 <=bmi <24:
        level ="正常,您的身体非常健康,太棒啦"
elif 24 <=bmi <28:
        level ="偏胖,规律作息、合理饮食,会变得健康哦"
else:
        level ="肥胖,保持健康的身体是爱护自己的表现,要运动起来呀"
print("身体状况为: ",level)
```

文件 judge-BMI-1.py 的运行结果如图 3-10 所示。

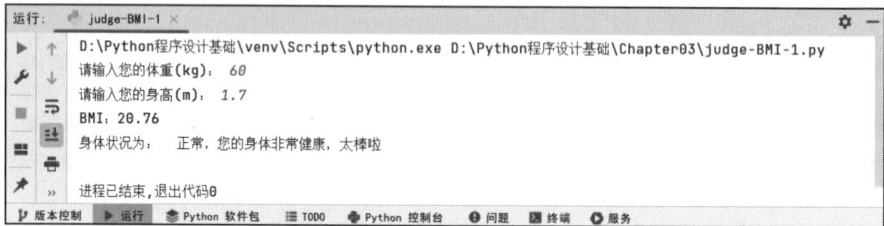

```
运行:  judge-BMI-1
D:\Python程序设计基础\venv\Scripts\python.exe D:\Python程序设计基础\Chapter03\judge-BMI-1.py
请输入您的体重(kg): 60
请输入您的身高(m): 1.7
BMI: 20.76
身体状况为:    正常, 您的身体非常健康, 太棒啦

进程已结束,退出代码0
```

图 3-10　文件 judge-BMI-1.py 的运行结果

由图 3-10 可知,输入的体重和身高分别是 60 和 1.7,经过 BMI 公式的计算,BMI=20.76,属于[18.5, 24)区间,输出"身体状况为:正常,您的身体非常健康,太棒啦"。

3.2.4 分支结构嵌套

if 语句嵌套即 if、if…else 和 if…elif…else 三种条件语句间可以相互嵌套,语法结构如下:

```
if 表达式 1:
    语句
    if 表达式 2:
        语句
    elif 表达式 3:
        语句
    else:
        语句
elif 表达式 4:
    语句
else:
    语句
```

下面使用 if 语句的嵌套结构解决实际问题。从键盘输入任意的 3 个整数,并将之降序输出。降序输出任意输入的 3 个整数的流程图如图 3-11 所示。

在 Chapter03 中创建一个名为 descending.py 的文件,降序输出 3 个数,具体代码如文件 3-4 所示。

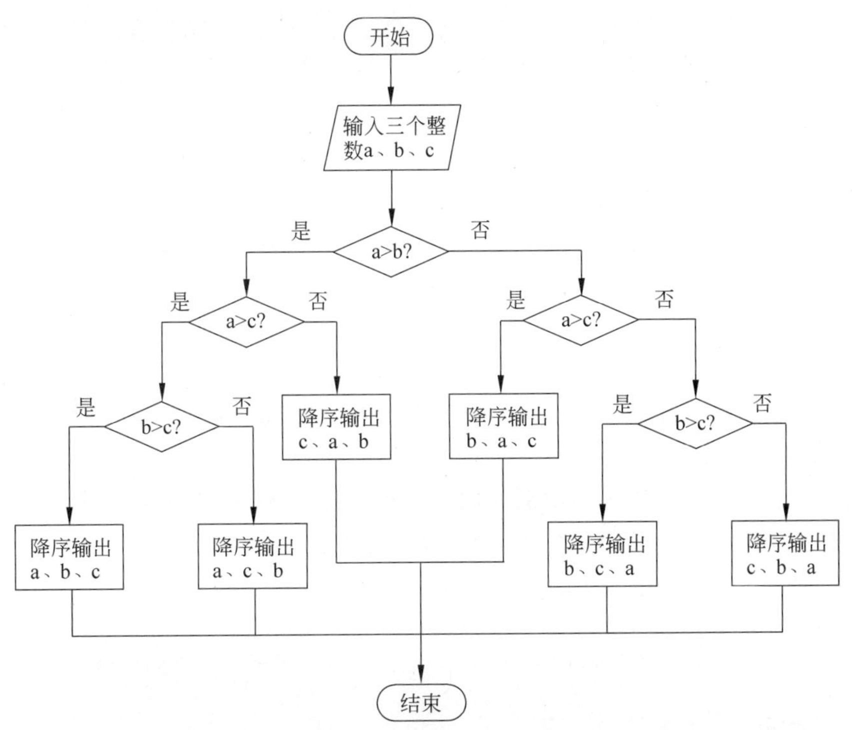

图 3-11 降序输出任意输入的 3 个整数的流程图

文件 3-4 descending.py

```
1   a =int(input())
2   b =int(input())
3   c =int(input())
4   if a >b:
5       if a >c:
6           if b >c:
7               print(a, b, c)
8           else:
9               print(a, c, b)
10      else:
11          print(c, a, b)
12  else:
13      if a >c:
14          print(b, a, c)
15      elif b >c:
16          print(b, c, a)
17      else:
18          print(c, b, a)
```

在上述代码中，第 4～18 行代码是 if 结构的嵌套，实现变量值从大到小进行排序。

降序输出 3 个数的运行结果如图 3-12 所示。

由图 3-12 可知，键盘输入的 3 个整数分别是 12、18 和 20，降序后输出“20 18 12”。

图 3-12　降序输出 3 个数的运行结果

3.2.5　模式匹配 match…case

在其他语言(如 C 语言)中,有一种多分支条件判断语句,可以进行模式匹配,在 Python 3.10 中也引入了这样的新特性。

match 后的对象会依次与 case 后的内容进行匹配,如果匹配成功,则执行匹配到的表达式,否则直接跳过,“_”可以匹配一切,语法格式如下:

```
match variable:  #这里的 variable 是需要判断的内容
    case ["quit"]:
        语句块 1  #对应案例的执行代码,当 variable="quit"时,执行 statement_block_1
    case ["go", direction]:
        语句块 2
    case ["drop", * objects]:
        语句块 3
    ...        #其他的 case 语句
    case _:  #如果上面的 case 语句没有命中,则执行这个代码块,类似于 Switch 的 default
        default 语句块
```

下面通过一个示例讲解使用 match…case 语句的分支结构解决实际问题。

(1) 输入 1,输出“Hello World!”。

(2) 输入 2,输出“Hello Python!”。

(3) 输入 3,在一行内输出 1～5,用空格分隔。

(4) 输入 4,在一行内输出 1～5,用逗号分隔。

(5) 输入 5,分 5 行输出 1～5,每行一个数字。

(6) 输入 6,在同一行内输出 1～5,输出的每个数字后跟一个分号“;”。

(7) 输入其他字符,输出“结束程序”。

在 Chapter03 文件夹中创建一个名为 match.py 的文件,运用分支结构输出指定内容,具体代码如文件 3-5 所示。

文件 3-5　match.py

```
n =int(input("请输入:"))
match n:  #这里的 n 是需要判断的字符
    case 1:
        print("Hello World!")
    case 2:
        print("Hello Python!")
```

```
    case 3:
        print(1,2,3,4,5,sep=' ', end='')
    case 4:
        print(1, 2, 3, 4, 5, sep=',', end='')
    case 5:
        print(1,2,3,4,5,end='\n')
    case 6:
        print(1, 2, 3, 4, 5,sep=';', end='')
    case _:  #如果上面的 case 语句没有命中,则执行这个代码块,类似于 Switch 的 default
        print("结束程序")
```

文件 match.py 的运行结果如图 3-13 所示。

图 3-13　文件 match.py 的运行结果

由图 3-13 可知,键盘输入的是 3,在一行内打印输出 1～5,并用空格分隔。

在文件 match.py 中,如果在 case 语句中不使用“_”,可能会出现输入的值不匹配任何一条 case 语句,程序直接结束的情况。使用 match…case 语句表示多分支机构,还可以使用 if…elif…else 语句表示。

在 Chapter03 文件夹中创建一个名为 if-match.py 的文件,运用分支结构输出指定内容,具体代码如文件 3-6 所示。

文件 3-6　if-match.py

```
n =int(input("请输入:"))
if n ==1:
    print("Hello World!")
elif n ==2:
    print("Hello Python!")
elif n ==3:
    print(1,2,3,4,5,sep=' ', end='')
elif n ==4:
    print(1, 2, 3, 4, 5, sep=',', end='')
elif n ==5:
    print(1,2,3,4,5,end='\n')
elif n ==6:
    print(1, 2, 3, 4, 5,sep=';', end='')
else:
    print("结束程序")
```

文件 if-match.py 的运行结果如图 3-14 所示。

由图 3-14 可知,键盘输入的是 3,在一行内打印输出 1～5,并用空格分隔。

图 3-14　文件 if-match.py 的运行结果

3.3　实验：包裹邮寄费用计算

【实验目的】

1.掌握分支结构的使用。

2.掌握逻辑运算符的使用。

3.掌握 input()输入函数的使用。

4.掌握使用程序表示简单方程的方法。

5.掌握数据类型转换的方式。

【实验要求与内容】

邮寄包裹时，不同重量的包裹的计费方式也会不同，可以编写一个程序计算不同重量的包裹需要的费用。费用与重量的关系如表 3-1 所示。

表 3-1　费用与重量的关系

重量/kg	费用/元
≤0	包裹重量输入有误，请重新输入
≤1	12
(1,3]	12 +（重量－1） * 10
(3,5]	22 +（重量－3） * 8
(5,10]	38 +（重量－5） * 5
(10,20]	63 +（重量－10） * 3
>20	包裹超过最大重量限制，无法邮寄

计算不同重量的包裹的程序流程图如图 3-15 所示。

由图 3-15 可知，程序流程图从开始到结束，只有一个入口和出口，使用了两层分支结构对条件进行判断，可以使用分支嵌套结构进行程序设计。

根据不同重量的包裹的费用计算方式计算费用，可以用嵌套分支语句实现，具体的解题思路如下：

(1) 通过 input()函数输入包裹的重量，并转换为浮点类型。

(2) 将重量范围作为条件，用 if…else 语句判断并排除不符合条件的数据。

(3) 使用 if…elif…else 语句判断输入的重量的范围并计算最终需要的费用。

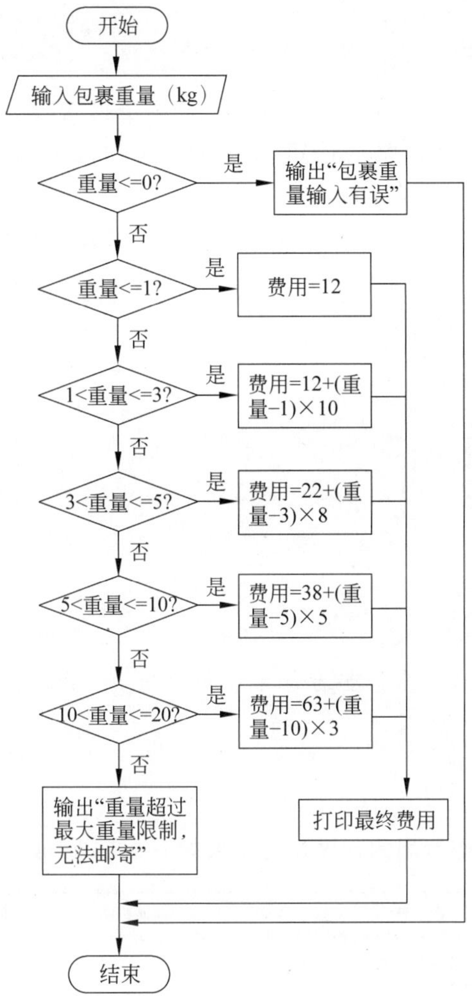

图 3-15　计算不同重量的包裹的程序流程图

（4）打印最终需要的费用。

【实验步骤】

1. 实现在控制台输入包裹重量

在 Chapter03 文件夹中创建一个 parcelW.py 文件，在该文件中使用 input()函数实现在控制台输入包裹的重量，具体代码如文件 3-7 所示。

文件 3-7　parcelW.py

```
weight =float(input("请输入包裹的重量(单位 kg):"))
```

2. 限定能够计算的包裹重量范围

在 parcelW.py 文件中，使用 if…else 结构实现计算包裹的重量范围，具体代码如下：

```
if weight <=0 or weight >20:
    print("包裹重量输入有误,请重新输入")
```

```
else:
    pass #分级计算不同重量的包裹需要的金额
```

在上述代码中，weight <= 0 or weight > 20 为逻辑或，即当重量小于或等于 0 或者大于 20 时，则返回真；pass 语句为占位语句，在程序中不进行任何操作(将在 3.4.6 节详解)。

3. 阶梯计算邮寄包裹需要的金额

在 parcelW.py 文件中，使用 if…else 结构实现计算包裹的重量范围，具体代码如下：

```
if weight <=1:
    fee =12
elif weight <=3:
    fee =12 +(weight-1) * 10
elif weight <=5:
    fee =22 +(weight-3) * 8
elif weight <=10:
    fee =38 +(weight-5) * 5
else:
    fee =63 +(weight-10) * 3
print("包裹邮寄费用为:", fee, "元")
```

使用 if…elif…else 实现了多分支结构，将之嵌套进 if…else 结构中，实现了分支结构的嵌套。

【实验结果】

计算不同重量包裹邮寄费用的程序运行结果如图 3-16 所示。

图 3-16　计算不同重量包裹邮寄费用的程序运行结果

由图 3-16 可知，当输入的邮寄包裹的重量为 15kg 时，包裹邮寄费用为 78 元。

【实验小结】

本实验对多分支结构和嵌套分支结构进行讲解，并使用逻辑运算符对条件进行限制。例如，猜字谜时，需要限定谜底的数据类型是数字还是字符，还需要进行多次猜测，每次猜测后返回的数据都要有提示的作用。

3.4　循环结构

假设要计算 100 以内的所有奇数之和，经常需要重复执行同一串语句。利用循环结构可以控制程序的某一部分按需重复执行。循环结构可以用较少的语句解决复杂的运算，它是一种重要的、常用的程序设计方式。Python 中的循环语句有 for 和 while。本节讲述 Python 的循环结构及其相关语句。

3.4.1 while 循环

在 while 语句中，当条件表达式为 True 时，重复执行语句块；当条件表达式为 False 时，结束执行语句块。while 语句的语法格式如下：

```
while 条件:
    语句块
```

下面通过一个示例演示 while 语句的使用。

在 Chapter03 文件夹中创建一个 calculate.py 文件，在该文件中使用 while 循环计算 1～100 的和，具体代码如文件 3-8 所示。

文件 3-8　calculate.py

```
1  i =1
2  sum =0
3  while i <101:
4      sum +=i
5      i +=1
6  print("1 +2 +… +100 =%d" %sum)
```

在上述代码中，程序功能是实现 1～100 的累加和。当 i=1 时，i<101，此时执行循环体语句块，sum 为 1，i 为 2。当 i=2 时，i<101，此时执行循环体语句块，sum 为 3，i 为 3。以此类推，直到 i=101，不满足循环条件，此时程序执行第 6 行代码。

文件 calculate.py 的运行结果如图 3-17 所示。

```
运行: calculate
D:\Python程序设计基础\venv\Scripts\python.exe D:\Python程序设计基础\Chapter03\calculate.py
1 + 2 + ··· + 100 = 5050

进程已结束,退出代码0
```

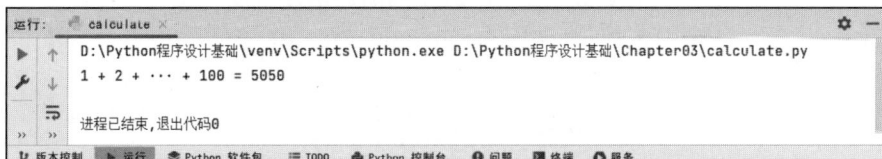

图 3-17　文件 calculate.py 的运行结果

由图 3-17 可知，1～100 的和为 5050，while 循环必须有停止运行的途径，否则会无限循环下去，示例代码如下：

```
i =1
while i<10:
    print("hello,world")
```

可以看到，i 的值一直没有发生变化，会一直小于 10，因此循环会一直执行，必须强行终止程序，才能停止循环。在 PyCharm 中强行终止程序，需要单击运行框左侧的工具栏或界面右上角的■按钮，程序终止后的运行情况如图 3-18 所示。

下面改进程序，添加一行代码，使 i 可以不断增大，代码如下：

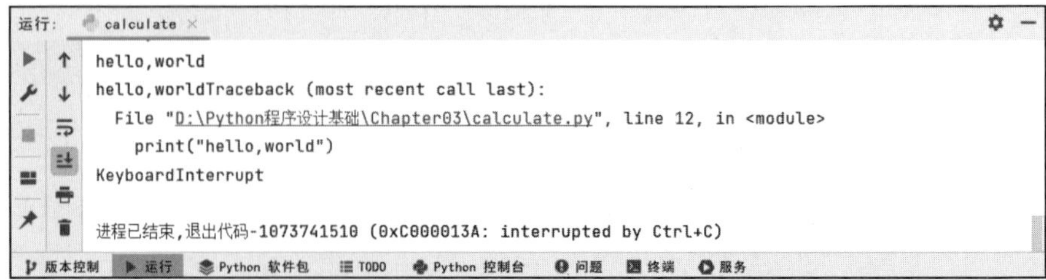

图 3-18　程序终止后的运行情况

```
i =0
    while i <10:
        i =i +1
        print("hello,world")
```

循环程序共执行了 10 次,即打印语句共执行了 10 次。

3.4.2　for 循环

Python 中的 for 循环可以遍历任何序列的项目,如一个列表或一个字符串。

1. 遍历结构是序列

使用 for 语句遍历序列的语法格式如下:

```
for item in object:
    语句块
```

上述代码中,for、in 为关键字,object 是序列。例如,当 object 是字符串时,item 是字符串中的每一个字符;当 object 是列表时,item 是列表中的每一个元素。for 后面是每次从序列取出的一个元素。接下来演示 for 语句遍历序列的用法。

在 Chapter03 文件夹中创建一个 Esequence.py 文件,在该文件中遍历"Python"字符串,具体代码如文件 3-9 所示。

文件 3-9　Esequence.py

```
for i in "Python":
    print(i)
```

文件 Esequence.py 的运行结果如图 3-19 所示。

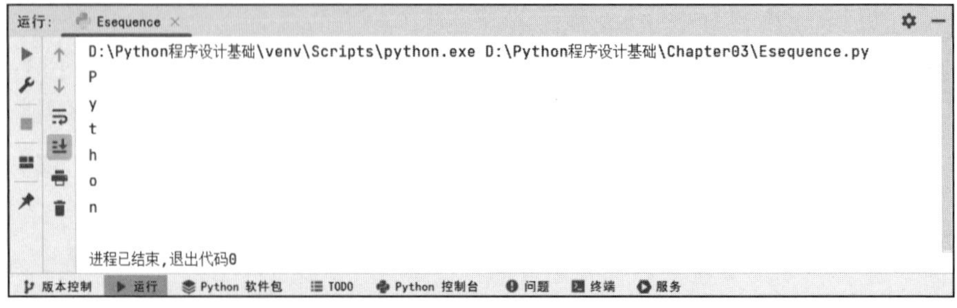

图 3-19　文件 Esequence.py 的运行结果

由图 3-19 可知，for 语句循环执行了 6 次，for 语句的循环执行次数是根据遍历结构的元素个数确定的，每次从遍历结构中取出一个元素放在循环变量中，对于每个循环变量只执行一次语句块。

2. 遍历结构是 range()函数

当需要遍历数字序列时，可以使用 range()函数，它会生成一个数列，其语法格式如下：

```
for i in range(start,end,step):
    语句块
```

其中，start 是计数的起始值，可以省略，省略时从 0 开始计数；end 是计数的结束值，不包括 end 本身，不能省略；step 是步长，即两个数之间的间隔，省略时表示步长为 1。例如，range(0,5)表示 0、1、2、3、4。

下面通过一个示例演示 range()函数的使用。水仙花数指的是一个 3 位数，它的每个位上的数字的 3 次幂之和等于它本身。例如，153 是一个水仙花数，因为 $153=1^3+5^3+3^3$。

在 Chapter03 文件夹中创建一个名为 Narcissi.py 的文件，在该文件中遍历 100～999 的水仙花数，具体代码如文件 3-10 所示。

文件 3-10　Narcissi.py

```
for i in range(100, 1000):
    a =int(i / 100)
    b =int(i %100 / 10)
    c =int(i %10)
    if pow(a, 3) +pow(b, 3) +pow(c, 3) ==i:
        print("水仙花数:",i)
```

在上述代码中，for 语句的循环执行次数是根据遍历结构的元素个数确定的，每次从遍历结构中取出一个元素放在循环变量中，对于每个循环变量只执行一次语句块。pow()函数返回 x^y 的值，判断变量 i 是否等于水仙花数。

遍历输出 100～999 的水仙花数，如图 3-20 所示。

图 3-20　100～999 的水仙花数

由图 3-20 可知，输出的水仙花数为 153、370、371 和 407。文件 3-10 的程序还可以修改如下：

```
for i in range(100, 1000):
    if (i %10) ** 3 + (i // 10 %10) ** 3 + (i // 100) ** 3 ==i:
        print("水仙花数:", i)
```

3.4.3 嵌套循环

Python 允许在一个循环体中嵌入另一个循环，即循环嵌套。例如，在 for 循环中嵌套 while 循环，具体格式如下：

```
for 循环变量 in 遍历结构 :
    语句块
    while 条件:
        循环语句块
```

for 语句开始循环后，每次循环都要执行其缩进中的所有代码，包括 while 循环，while 循环结束后，for 循环的一次循环才算结束。for 循环中嵌套 for 循环、while 循环中嵌套 while 循环以及 while 循环中嵌套 for 循环与此类似。下面以九九乘法表的打印为例，详细介绍循环嵌套的使用。

九九乘法表的每一行的表达式都形如 j×i=i＊j；从第 1 行到第 9 行，i 的值从 1 递增到 9；每一行的 i 值相同，j 值从 1 递增到 i。解题思路如下：

（1）因数从 1 到 9 逐个循环，可以使用循环结构（for 循环、while 循环）。

（2）外层循环使 i 从 1 递增到 9，内层循环表达每行的输出内容，将 j 从 1 递增到 i，打印表达式并用制表符分隔。

（3）每行打印完成后，进行换行。

在 Chapter03 文件夹中创建一个名为 for-for.py 的文件，在该文件中通过 for 循环嵌套结构打印九九乘法表，具体代码如文件 3-11 所示。

文件 3-11 for-for.py

```
1  for i in range(1, 10):
2      for j in range(1, i+1):
3          print('{}x{}={}\t'.format(j, i, i * j), end=' ')
4      print()
```

在上述代码中，第 1～4 行代码为外层 for 循环，其中，第 2、3 行代码为内层 for 循环，变量 i 控制行，变量 j 控制列，乘法表中的每一项可以表示为 i×j = i＊j。使用 print()函数打印结果，使用 format()方法格式化字符串；“\t”代表的是 Tab 键，即 4 个空格；“end= ' '”表示在每次计算结束时加一个空格。执行完一次循环后，用 print()函数换行输出，继续下一次循环，直至输出九行九列的乘法表。

文件 for-for.py 的运行结果如图 3-21 所示。

由图 3-21 可知，输出的九九乘法表为正三角形，直角在左下方。

在 Chapter03 文件夹中创建一个名为 while-while.py 的文件，在该文件中通过 while 循环嵌套结构打印九九乘法表，具体代码如文件 3-12 所示。

文件 3-12 while-while.py

```
i =1
while i <=9:
    j =1
```

```
4       while(j <=i):     #j 的大小是由 i 来控制的
5           print(f'{i} * {j}={i * j}', end='\t')
6           j +=1
7       print('')
8       i +=1
```

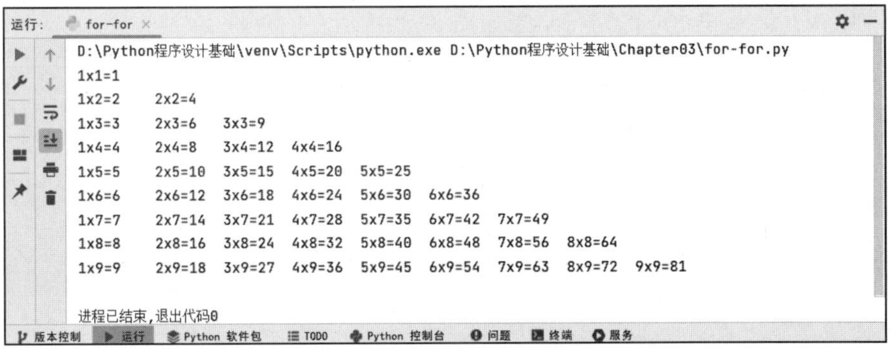

```
运行:   for-for ×
D:\Python程序设计基础\venv\Scripts\python.exe D:\Python程序设计基础\Chapter03\for-for.py
1x1=1
1x2=2	2x2=4
1x3=3	2x3=6	3x3=9
1x4=4	2x4=8	3x4=12	4x4=16
1x5=5	2x5=10	3x5=15	4x5=20	5x5=25
1x6=6	2x6=12	3x6=18	4x6=24	5x6=30	6x6=36
1x7=7	2x7=14	3x7=21	4x7=28	5x7=35	6x7=42	7x7=49
1x8=8	2x8=16	3x8=24	4x8=32	5x8=40	6x8=48	7x8=56	8x8=64
1x9=9	2x9=18	3x9=27	4x9=36	5x9=45	6x9=54	7x9=63	8x9=72	9x9=81

进程已结束,退出代码0
版本控制  运行  Python 软件包  TODO  Python 控制台  问题  终端  服务
```

图 3-21　文件 for-for.py 的运行结果

在上述代码中，第 2～6 行代码为外层 while 循环，第 3、4 行代码为内层 while 循环，其中变量 i 控制行，变量 j 控制列，乘法表中的每一项可以表示为 i×j ＝ i＊j。

文件 while-while.py 的运行结果如图 3-22 所示。

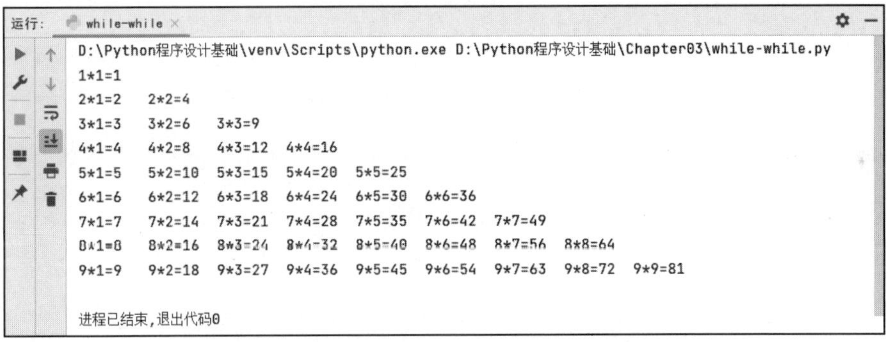

```
运行:   while-while ×
D:\Python程序设计基础\venv\Scripts\python.exe D:\Python程序设计基础\Chapter03\while-while.py
1*1=1
2*1=2	2*2=4
3*1=3	3*2=6	3*3=9
4*1=4	4*2=8	4*3=12	4*4=16
5*1=5	5*2=10	5*3=15	5*4=20	5*5=25
6*1=6	6*2=12	6*3=18	6*4=24	6*5=30	6*6=36
7*1=7	7*2=14	7*3=21	7*4=28	7*5=35	7*6=42	7*7=49
8*1=8	8*2=16	8*3=24	8*4=32	8*5=40	8*6=48	8*7=56	8*8=64
9*1=9	9*2=18	9*3=27	9*4=36	9*5=45	9*6=54	9*7=63	9*8=72	9*9=81

进程已结束,退出代码0
```

图 3-22　文件 while-while.py 的运行结果

由图 3-22 可知，输出的九九乘法表为正三角形，直角在左下方。比较图 3-21 和图 3-22 可知，图 3-21 的第 1 列为 1×j ＝ j，图 3-22 的第 1 列为 i×1＝i。

在 Chapter03 文件夹中创建一个名为 Re-while-while.py 的文件，在该文件中通过使用 while-while 嵌套循环实现倒序打印输出九九乘法表，具体代码如文件 3-13 所示。

文件 3-13　Re-while-while.py

```
i =9
while i >=1:
    j =1
    while j <=i:
        print('{}x{}={}\t'.format(i, j, i * j), end=' ')
        #print(i, "x", j, "=", i * j, end=" ")
```

```
7             j =j +1
8         print()
9         i =i -1
```

在上述代码中，第 2～9 行代码为外层 while 循环，其中，第 4～7 行代码为内层 while 循环，其中变量 i 控制行，变量 j 控制列，乘法表中的每一项可以表示为 i×j = i * j。

文件 Re-while-while.py 的运行结果如图 3-23 所示。

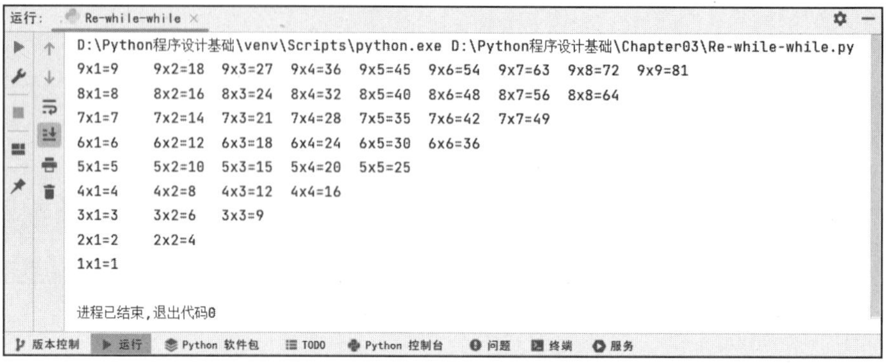

```
运行:  Re-while-while
D:\Python程序设计基础\venv\Scripts\python.exe D:\Python程序设计基础\Chapter03\Re-while-while.py
9x1=9   9x2=18  9x3=27  9x4=36  9x5=45  9x6=54  9x7=63  9x8=72  9x9=81
8x1=8   8x2=16  8x3=24  8x4=32  8x5=40  8x6=48  8x7=56  8x8=64
7x1=7   7x2=14  7x3=21  7x4=28  7x5=35  7x6=42  7x7=49
6x1=6   6x2=12  6x3=18  6x4=24  6x5=30  6x6=36
5x1=5   5x2=10  5x3=15  5x4=20  5x5=25
4x1=4   4x2=8   4x3=12  4x4=16
3x1=3   3x2=6   3x3=9
2x1=2   2x2=4
1x1=1

进程已结束,退出代码0
版本控制  运行  Python 软件包  TODO  Python 控制台  问题  终端  服务
```

图 3-23　文件 Re-while-while.py 的运行结果

由图 3-23 可知，输出的九九乘法表为倒三角形，直角在左上方。

在 Chapter03 文件夹中创建一个名为 while-for.py 的文件，在该文件中通过 while 循环与 for 循环的嵌套结构打印九九乘法表，具体代码如文件 3-14 所示。

文件 3-14　while-for.py

```
1  i =1
2  while i <=9:
3      for j in range(1, i+1):   #range()函数左闭右开
4          print(f'{i} * {j}={i * j}', end=' ')
5      i +=1
6      print()
```

在上述代码中，第 2～6 行代码为外层 while 循环，第 3、4 行代码为内层 for 循环，其中变量 i 控制行，变量 j 控制列，乘法表中的每一项可以表示为 i×j = i * j。

文件 while-for.py 的运行结果如图 3-24 所示。

由图 3-24 可知，输出的九九乘法表为正三角形，直角在左下方。

拓展技能：尝试改变九九乘法表的输出样式

第 1 列均为 1×j=j 的形式，以倒三角形打印九九乘法表，直角在左上方，有几种实现方法？

3.4.4　break 语句

break 语句可以跳出 for 和 while 的循环体，使程序立即退出循环，转而执行该循环外的下一条语句。如果 break 语句出现在嵌套循环中的内层循环，则 break 语句只会跳出当

```
运行:   while-for ×
D:\Python程序设计基础\venv\Scripts\python.exe D:\Python程序设计基础\Chapter03\while-for.py
1*1=1
2*1=2 2*2=4
3*1=3 3*2=6 3*3=9
4*1=4 4*2=8 4*3=12 4*4=16
5*1=5 5*2=10 5*3=15 5*4=20 5*5=25
6*1=6 6*2=12 6*3=18 6*4=24 6*5=30 6*6=36
7*1=7 7*2=14 7*3=21 7*4=28 7*5=35 7*6=42 7*7=49
8*1=8 8*2=16 8*3=24 8*4=32 8*5=40 8*6=48 8*7=56 8*8=64
9*1=9 9*2=18 9*3=27 9*4=36 9*5=45 9*6=54 9*7=63 9*8=72 9*9=81

进程已结束,退出代码0
版本控制  运行  Python 软件包  TODO  Python 控制台  问题  终端  服务
```

图 3-24　文件 while-for.py 的运行结果

前层的循环。

质数又称素数,是指一个大于 1 的自然数,除 1 和它本身外,不能被其他自然数整除的数。下面通过一个示例演示 break 语句的使用。

在 Chapter03 文件夹中创建一个名为 prime.py 的文件,通过 for 循环的嵌套结构实现查询 2 和 9 之间的质数,具体代码如文件 3-15 所示。

文件 3-15　prime.py

```
for n in range(2, 10):
    for x in range(2, n):
        if n %x ==0:
            print(n, 'equals', x, '* ', n//x)
            break
    else:  #循环中没有找到元素
        print(n, 'is a prime number')
```

在上述代码中,使用了 for 循环的嵌套结构,当 n % x == 0 时,执行 break 语句,循环语句中有 else 子句,else 语句在内层 for 循环终止时执行,但循环被 break 终止时不执行。

查询 2 和 9 之间的质数的运行结果如图 3-25 所示。

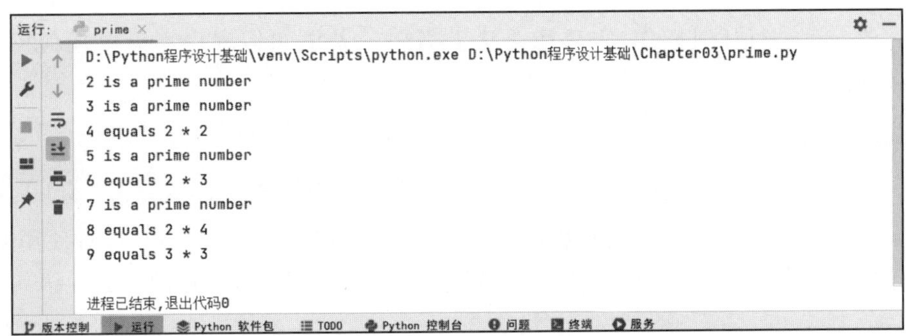

图 3-25　查询 2 和 9 之间的质数的运行结果

由图 3-25 可知,2 和 9 之间的质数有 2、3、5、7,其余的数均可以由两个非 1 和其本身的数相乘得来。

3.4.5 continue 语句

continue 语句可以跳过当前循环中的当次循环，即跳过当前循环体中的剩余语句，然后继续进行下一轮循环。下面通过一个示例演示 continue 语句的使用。

在 Chapter03 文件夹中创建一个名为 even.py 的文件，在该文件中通过 for 循环与 if 语句的嵌套结构实现输出 1 和 10 之间的偶数，具体代码如文件 3-16 所示。

文件 3-16 even.py

```
for i in range(1, 11):
    if i %2 !=0:
        continue
    print(i)
```

在上述代码中，当 i 不是偶数时，通过 continue 语句跳过当前循环并进入下一个循环，因此只有当 i 是偶数时才会输出。

输出 1 和 10 之间的偶数的运行结果如图 3-26 所示。

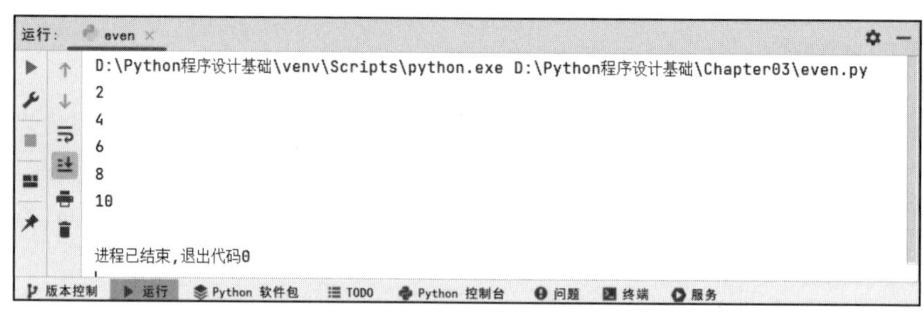

图 3-26 输出 1 和 10 之间的偶数的运行结果

由图 3-26 可知，1 和 10 之间的偶数有 2、4、6、8、10。

思考：如果使用 break 语句，将会如何输出呢？

3.4.6 pass 语句

pass 语句不进行任何操作，它只在语法上需要一条语句但程序不需要任何操作时使用，具体代码如下：

```
while True:
    pass
```

程序将会陷入死循环，只能终止程序，需要单击界面右上角的■按钮，或者使用 Ctrl+C 组合键等待键盘中断，当执行 pass 语句时，程序会忽略该语句，按顺序执行其他语句。

3.5 实验：设计一个简易计算器

【实验目的】

1. 掌握无限循环结构的使用。

2. 掌握 continue 语句与 break 语句跳出循环的方法。

3. 掌握使用 input()函数与 print()函数实现人机对话。

4. 掌握多分支结构的设计。

【实验要求与内容】

编写一个程序,设计简单计算器,实现对数基本的加、减、乘、除运算。简单计算器的开发流程如下:

(1) 欢迎打印菜单,提示用户选择要进行的运算。

(2) 用户选择运算类型。

(3) 接收用户输入的值,用于参与运算。

(4) 输出运算的结果。

设计简易计算器的程序流程图如图 3-27 所示。

由图 3-27 可知,可设计多分支结构来实现简单运算:加、减、乘、除,使用无限循环使计算器可以重复使用,使用 continue 语句跳出所在的分支结构,使用 break 语句跳出无限循环结构,程序结束。

【实验步骤】

1. 设计计算器的多次计算

在 Chapter03 文件夹中创建一个 calculator.py 文件,在该文件中调用 input()方法实现在控制台输入包裹的重量,具体代码如文件 3-17 所示。

文件 3-17 calculator.py

```
1  print("欢迎使用简易计算器!")
2  while True:
3      pass  #计算器的运算
4      choice =input("是否继续使用计算器?(y/n)")
5      if choice =="n":
6          break
```

使用 while 无限循环结构,使计算器可以重复使用,使用 if 语句和 input()函数,在键盘上输入"n"时,使用 break 语句跳出循环,即程序运行结束。第 3 行的 pass 语句表示占位语句,无实际操作。

2. 实现在控制台输入数据与算法

在 calculator.py 文件中调用 input()方法实现数据的输入与算法的选择,具体代码如下:

```
num1 =float(input("请输入第一个数字:"))
op =input("请选择运算符(+,-,*,/):")
num2 =float(input("请输入第二个数字:"))
```

输出两个数字和运算符,其中,两个数字均为浮点型,运算符为字符型。

需要注意的是,由于接受的用户输入是字符串,因此需要将字符串转换为数值类型。

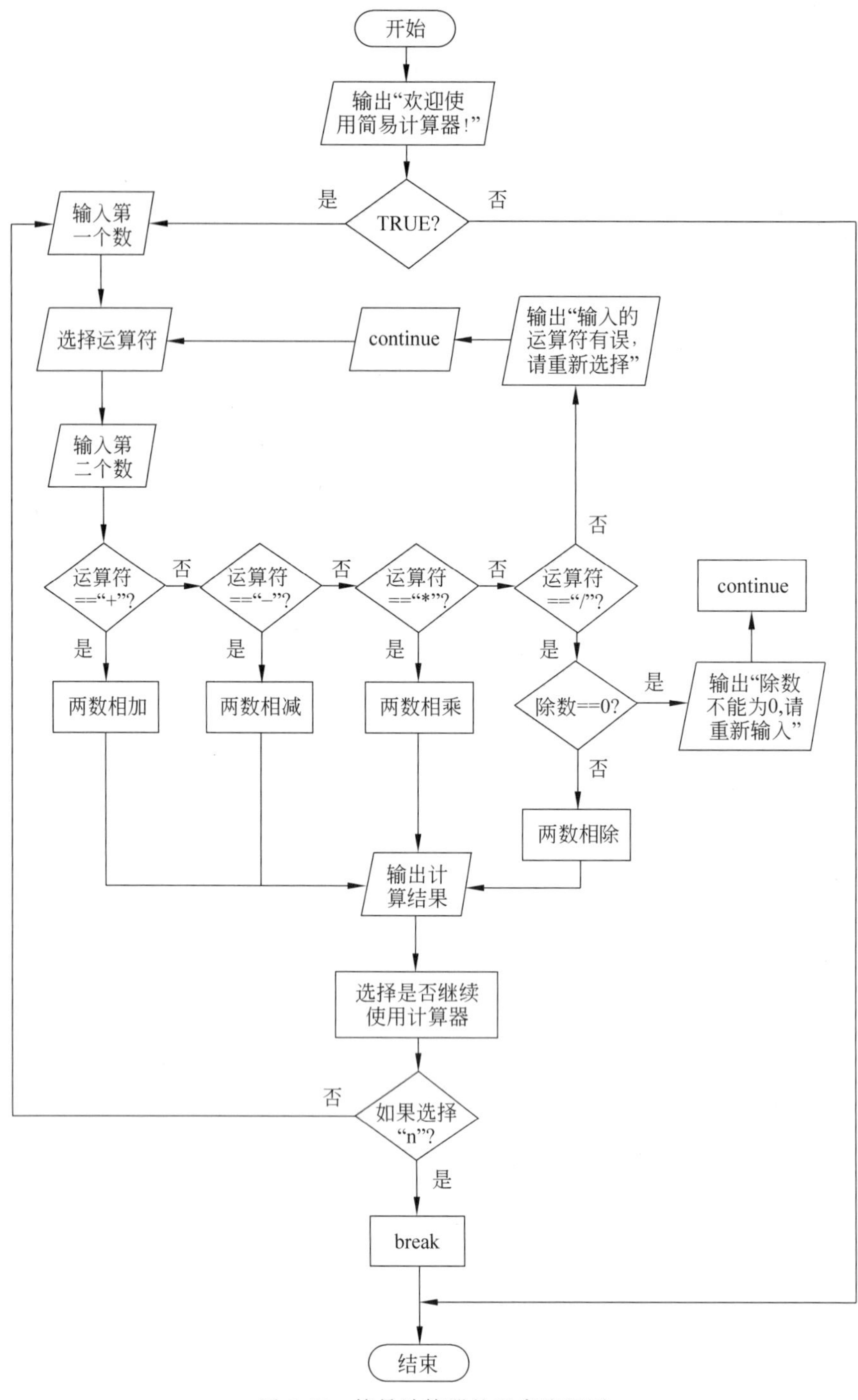

图 3-27　简易计算器的程序流程图

3. 实现计算器的基本功能

在 calculator.py 文件中，使用 if…elif…else 结构与 if…else 结构的嵌套实现计算器的运算，具体代码如下：

```
1  if op =="+":
2      result =num1 +num2
3  elif op =="-":
4      result =num1 -num2
5  elif op ==" * ":
6      result =num1 * num2
7  elif op =="/":
8      if num2 ==0:
9          print("除数不能为 0,请重新输入")
10         continue
11     else:
12         result =num1 / num2
13 else:
14     print("输入的运算符有误,请重新选择")
15     continue
16 print("计算结果为:", result)
```

使用 if…elif…else 多分支结构实现加减乘除运算,当使用除法运算时,因为除数不能为 0,所以要进行分类讨论,即使用嵌套结构。第 10 行使用 continue 语句跳出 if…else 结构。当运算符不是加减乘除中的一种时,需要重新选择运算符,第 15 行使用 continue 语句跳出 if…elif…else 结构。

【实验结果】

设计简易计算器的运行结果如图 3-28 所示。

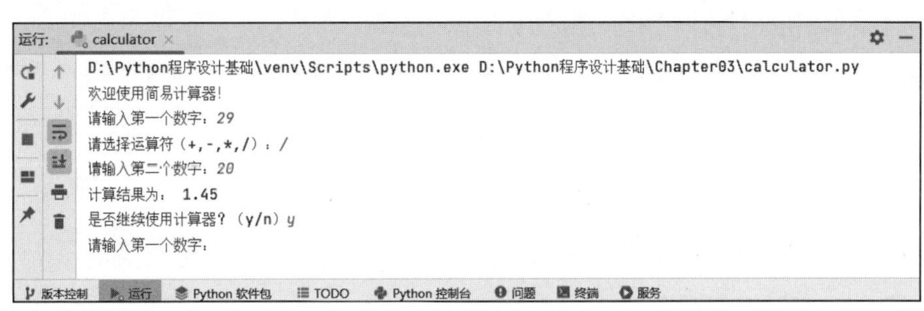

图 3-28　简易计算器的运行结果

由图 3-28 可知,从键盘任意输入的第一个数字为 29,选择除法"/",第二个数字为 20,计算结果为 1.45。选择继续使用计算器,输入"y",就可以继续使用计算器了;如果选择不继续使用计算器,可以输入"n",程序运行结束。

【实验小结】

本实验设计了一个简易计算器,实现了基本的数学运算,包括加法、减法、乘法、除法。此外,读者还可以进一步扩展计算器的功能,比如添加整除、取余数以及开平方根等操作。当需要执行更复杂的运算时,用户可以根据自己的需求进行选择。

3.6 人工智能入门：关注全民健康

人工智能在医疗健康领域有着广泛的应用，其中包括疾病预防、诊断、治疗等方面。当前我国慢性病防治形势复杂，慢性病患者也呈现出年轻化的趋势。其中高血压、糖尿病和心血管疾病等慢性病发病率较高，且易于引发其他并发症。如何对这些慢性病人群进行有效的防治和管理，已经成为一个全民健康问题。

为解决这个问题，可以通过各种传感器和监测设备采集患者的各种生理指标，如血压、血氧、心电图、体重、体温等指标，并将数据上传至云端。下面通过计算 BMI 值以判断身体的胖瘦状况，并制订相应的运动健身计划。

3.6.1 判断身体胖瘦状况

采用多点采集数据的方法，以体重为例进行说明。通过计算 BMI 值，关注全民的健康状况。例如，一个人体重为 55kg，身高为 1.7m，其 BMI 值为 19.03。在国内，如果 BMI<18.5，则属于“偏瘦”；如果 18.5≤BMI<24，则属于“正常”；如果 24≤BMI<28，则属于“偏胖”；如果 BMI≥28，则属于“肥胖”。现在设计程序计算 BMI 值，并输出 BMI 值对应的身体状况。解题思路如下：

(1) 输入体重和身高的数值。

(2) 计算 BMI 值。

(3) 将计算得到的 BMI 值与各个范围进行比较，确定对应的身体状况。

(4) 打印出相应的身体状况信息。

在 Chapter03 文件夹中创建一个名为 BMI.py 的文件，具体代码如文件 3-18 所示。

文件 3-18 BMI.py

```
weight = float(input("请输入您的体重(kg): "))
height = float(input("请输入您的身高(m): "))
bmi = weight / pow(height,2)
print(f"BMI:{bmi:.2f}")
if bmi < 18.5:
    level = "偏瘦,体重太轻了,要增加营养哦"
if 18.5 <= bmi < 24:
    level = "正常,您的身体非常健康,太棒啦"
if 24 <= bmi < 28:
    level = "偏胖,规律作息、合理饮食,会变得健康哦"
if bmi >= 28:
    level = "肥胖,保持健康的身体是爱护自己的表现,要运动起来呀"
print("身体状况为: ", level)
```

在上述代码中，使用 input()函数接收键盘输入的浮点型数据，并计算 BMI 值，使用 if 语句判断 BMI 值的范围，并根据这个范围输出相应的身体状况。

文件 BMI.py 的运行结果如图 3-29 所示。

由图 3-29 可知，输入的体重和身高分别是 60、1.86，经过 BMI 公式的计算，得出的 BMI

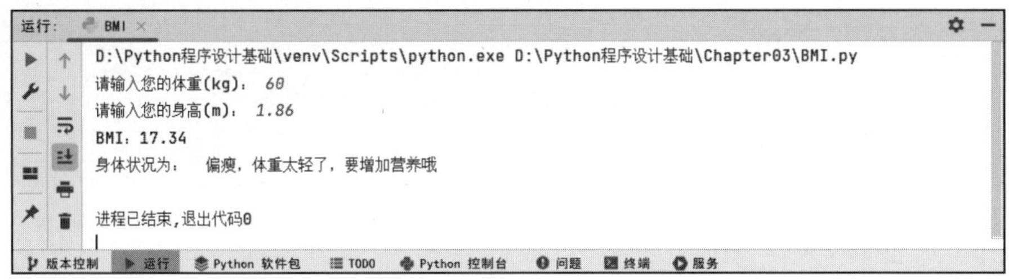

图 3-29 文件 BMI.py 的运行结果

值为 17.34,输出“身体状况为: 偏瘦,体重太轻了,要增加营养哦”。

3.6.2 制订运动健身计划

运动可以促进心血管健康、增强肺部功能、提高免疫力、降低血糖和血脂等生理指标,还能增强身体的耐力、灵敏度和协调性,改善体型,提升心理健康和生活质量。为了维持健康,每个人都应该坚持适量的运动。选择运动的种类和方式可以根据个人的身体状况、年龄、性别和兴趣爱好来决定。

一般来说,当 BMI<18.5 时,需要增肌;当 BMI≥24,尤其是当 BMI≥28 时,需要减重。

常见的运动方式如表 3-2 所示。

表 3-2 常见的运动方式

运动类型	解释说明	运动类型	解释说明
Cardio	有氧运动	Strength Training	肌肉训练
Duration	持续时间	cycling	骑自行车
swimming	游泳	running	跑步
push-ups	俯卧撑	sit-ups	仰卧起坐
plank	平板支撑	squats	蹲起

使用 Python 中的 random 模块,随机选择运动的方式,使用分支结构选择运动的目标,使用 for 循环结构遍历所有运动,并计算每日需要消耗的热量和运动时间。

在 Chapter03 文件夹中创建一个名为 sports_plan.py 的文件,具体代码如文件 3-19 所示。

文件 3-19 sports_plan.py

```
import random
def exercise_plan(height, weight, age, gender, goal):
    if gender == 'male':
        calories_per_day = 10 * weight + 6.25 * height - 5 * age + 5
    elif gender == 'female':
        calories_per_day = 10 * weight + 6.25 * height - 5 * age - 161
    if goal == 'lose weight':
        days_per_week = 6
        minutes_per_day = 60
```

```
        minutes_of_cardio = (calories_per_day * 0.6) / (days_per_week * minutes_per_day)
        minutes_of_strength_training = (calories_per_day * 0.4) / (days_per_week * minutes_per_day)
    elif goal == 'build muscle':
        days_per_week = 4
        minutes_per_day = 75
        minutes_of_cardio = 0
        minutes_of_strength_training = (calories_per_day * 0.7) / (days_per_week * minutes_per_day)
    cardio_exercise = ['running', 'cycling', 'swimming', 'jumping rope']
    strength_training = ['push-ups', 'sit-ups', 'squats', 'lunges', 'plank']
    exercise_plan = []
    for i in range(days_per_week):
        random_cardio = random.choice(cardio_exercise)
        random_strength = random.choice(strength_training)
        exercise_plan.append({'day': i+1, 'cardio': random_cardio, 'strength_training': random_strength,
            # 'duration_cardio': round(random.uniform(minutes_of_cardio * 8, minutes_of_cardio * 12),2),
            'duration_cardio': round(random.uniform(minutes_of_cardio * 8, minutes_of_cardio * 12), 2),
            'duration_strength_training': round(random.uniform(minutes_of_strength_training * 8, minutes_of_strength_training * 12), 2)})
    print(f'Your exercise plan for the week:')
    print(f"{'Day':<10} {'Cardio':<20} {'Strength Training':<30} {'Duration (min)':<25}")
    for exercise in exercise_plan:
        print(f"{exercise['day']:<10} {exercise['cardio']:<20} {exercise['strength_training']:<30} {exercise['duration_cardio']:<15} {exercise['duration_strength_training']:<10}")
exercise_plan(170, 60, 25, 'male', 'lose weight')
```

在上述代码中，制订了一个简单的运动计划。首先，导入 random 模块，用于随机选择运动的方式；其次，定义一个函数 exercise_plan()，使用分支结构选择运动计划的目标，输入用户的基本信息及运动计划的目标（减重或增肌），使用 for 循环结构遍历所有运动，并计算每日需要消耗的热量和运动时间。

随机生成每周的运动计划，包括运动类型、强度、时长等详细信息，输出整个运动计划的表格，方便用户参考和执行。

```
exercise_plan(170, 60, 25, 'male', 'lose weight')
```

制订一周运动计划的运行结果如图 3-30 所示。

由图 3-30 可知，该计划是为一个 25 岁、体重 60kg、身高 170cm 的男性设计的，运动目标是减肥。计划每周进行 6 天的运动，每天进行 30 分钟的有氧运动和 20 分钟的力量训练。当天的运动类型和时长可以结合个人喜好灵活调整。

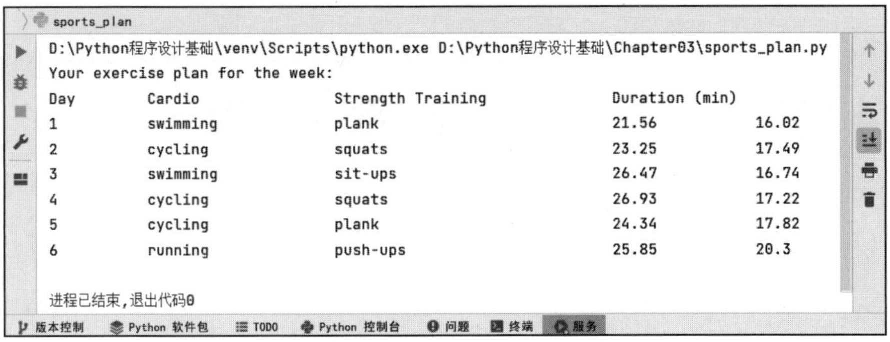

```
D:\Python程序设计基础\venv\Scripts\python.exe D:\Python程序设计基础\Chapter03\sports_plan.py
Your exercise plan for the week:
Day        Cardio               Strength Training              Duration (min)
1          swimming             plank                          21.56           16.02
2          cycling              squats                         23.25           17.49
3          swimming             sit-ups                        26.47           16.74
4          cycling              squats                         26.93           17.22
5          cycling              plank                          24.34           17.82
6          running              push-ups                       25.85           20.3

进程已结束,退出代码0
```

图 3-30　制订一周运动计划

3.7　本章小结

本章首先介绍了程序的表示方法,包括程序流程图和 N-S 图等;其次,介绍了分支结构,包括单分支、多分支、嵌套分支等;接着,介绍了循环结构,包括 for 循环、while 循环和嵌套循环,以及跳出循环的语句;最后,介绍了 Python 在人工智能领域的应用,特别是与全民运动与健康相关的知识。通过本章内容的学习,希望读者能够灵活选择并运用程序结构和流程图来设计程序。

第4章 数据结构

观看视频

在线答题

学习目标

- 掌握 Python 字符串的格式化与常用操作，能够灵活使用字符串描述文本
- 掌握通用序列的索引、切片和序列操作，能够对多个数据进行管理
- 掌握 Python 列表的创建与常见操作，能够灵活处理不同类型的数据
- 掌握 Python 元组的性质与常见类型，能够描述元组与列表的区别
- 掌握 Python 字典的创建与常见操作，能够通过名字来引用值
- 掌握 Python 集合的常见操作，能够实现对数据去重
- 掌握 Python 的列表推导式，能够描述元组、字典与集合的推导式

数据结构是计算机科学中用于组织和存储数据的一种方式，它涉及数据元素之间的关系、操作和存取方法。在 Python 中，最基本的数据结构是序列，每种序列都有其特点和用途。不同的数据结构在不同的场景中发挥着不同的作用，选择合适的数据结构有助于提高程序的效率和性能。通过本章的学习，希望读者能够掌握不同序列的操作，为开发 Python 项目打下坚定的基础。

4.1 Python 序列的通用操作

序列指的是一块可存放多个值的连续内存空间，这些值按一定顺序排列，可通过每个值所在位置的编号即索引进行访问。为了更形象地认识序列，可以将它看作一家旅店，店中的每个房间就如同序列存储数据的一个个内存空间，每个房间所特有的房间号就相当于索引值。也就是说，通过房间号(索引)可以找到这家旅店(序列)中的每个房间(内存空间)。在 Python 中，序列类型包括字符串、列表、元组、集合和字典，这些序列支持几种通用的操作，但要注意，集合和字典不支持索引、切片、相加和相乘操作。本节将针对 Python 序列的通用操作进行讲解。

4.1.1 索引

索引指的是按一定系统组织起来的记录和指引文献事项或单元知识的检索工具。序列中的每一个元素都有编号，即索引。在 Python 中，该索引既可以从前往后索引，也可以从后往前索引，既可以是正数，也可以是负数。

下面以字符串“www/qfedu/com”的索引为例，该字符串的索引分布如图 4-1 所示。

当从前往后索引时，下标从 0 开始。当从后往前索引时，下标从 -1 开始，即最后一个

str	w	w	w	/	q	f	e	d	u	/	c	o	m
index	0	1	2	3	4	5	6	7	8	9	10	11	12
	−13	−12	−11	−10	−9	−8	−7	−6	−5	−4	−3	−2	−1

图 4-1　字符串的索引分布

元素的索引为−1。

使用索引获取序列中的字符，在 Python 中，使用索引可以访问序列中的任意元素。例如，字符串中的字符可以通过索引来提取，可以从前往后索引，也可以从后往前索引。使用索引获取序列中的元素的语法格式如下：

```
序列[索引]
```

索引是由数字表示的，代表所要索引的字符在序列中的位置。

例如，使用索引获取"www/qfedu/com"中的字符"q"并打印输出，具体代码如下：

```
word ="www/qfedu/com"
word[4] #正向索引   #或者 word[-9]负向索引
print(word[4])  #或者 print(word[-9])
```

4.1.2　切片

切片是访问序列中元素的另一种方法，它可以访问一定范围内的元素，通过切片操作可以生成一个新的序列。使用序列实现切片操作的语法格式如下：

```
序列[前索引:后索引:步长]
```

切片操作访问序列的范围不包括后索引对应的元素，如果省略设置步长的值，则最后一个冒号就可以省略。以字符串切片为例，字符串切片指的是从字符串中截取部分字符组成新的字符串，并且不会使原字符串发生变化。下面通过一个示例演示字符串切片的使用。

在创建好的"Python 程序设计基础"项目中创建 Chapter04 文件夹，在 Chapter04 文件夹中创建一个名为 strSection.py 的文件，获取字符串"www/qfedu/com"中的某些字符，具体代码如文件 4-1 所示。

文件 4-1　strSection.py

```
1  str="www/qfedu/com"
2  print(str[:2])
3  print(str[::2])
4  print(str[:])
```

在上述代码中，第 2 行代码获取索引区间为[0,2]的字符串，即取前两个元素"ww"；第 3 行代码的步长为 2，即从左到右，每隔一个字符取值；第 4 行代码获取整个序列的所有元素，此时[]中只需一个冒号即可。

文件 strSection.py 的运行结果如图 4-2 所示。

由图 4-2 可知，字符串切片时，第 2 行代码获取前两个元素"ww"；第 3 行代码从左到

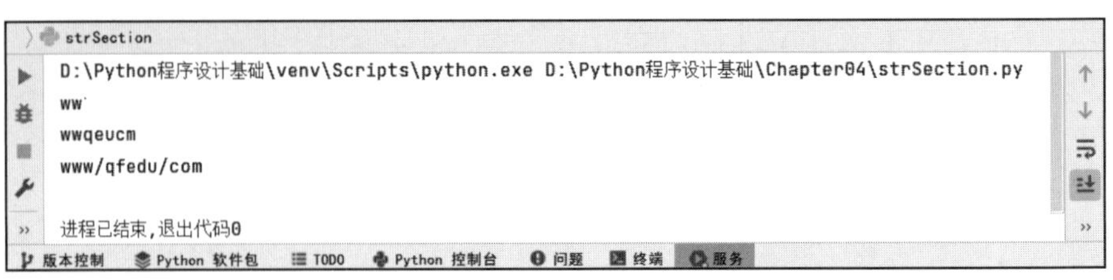

图 4-2　文件 strSection.py 的运行结果

右,每隔一个字符取值,获取的字符串为"wwqeucm";第 4 行代码获取整个序列的所有元素"www/qfedu/com"。

4.1.3　序列相加

在 Python 中,支持两种类型相同的序列使用"+"运算符进行相加操作,它会将两个序列进行连接,但不会去除重复的元素。下面通过两个示例演示序列相加的操作。

1. 多个字符串相加

在 Chapter04 文件夹中创建一个名为 Seqadd-str.py 的文件,将多个字符串相加,具体代码如文件 4-2 所示。

文件 4-2　Seqadd-str.py

```
str1="初心至善"
str2="--"
str3="匠心育人"
str4="www/qfedu/com"
print(str1+str2+str3+str4)  #字符串相加
```

文件 Seqadd-str.py 的运行结果如图 4-3 所示。

图 4-3　文件 Seqadd-str.py 的运行结果

数据类型相同指的是"+"运算符的两侧序列可以都是列表、元组或字符串等类型。

2. 两个列表相加

在 Chapter04 文件夹中创建一个名为 Seqadd-list.py 的文件,将两个列表相加,具体代码如文件 4-3 所示。

文件 4-3　Seqadd-list.py

```
list1 = [0,1,2]
list2 = ["字符串:","www/qfedu/com"]
print(list1+list2)
```

文件 Seqadd-list.py 的运行结果如图 4-4 所示。

图 4-4　文件 Seqadd-list.py 的运行结果

由图 4-4 可知,将两个列表相加后,list1 中的元素在左,list2 中的元素在右。

集合和字典不支持索引、切片、相加和相乘操作。

4.1.4　序列相乘

在 Python 中,支持两种类型相同的序列使用"＊"运算符进行相乘操作,使用数字 n 乘以一个序列会生成新的序列,其内容为原来的序列被重复 n 次的结果。下面通过一个示例演示序列相乘的操作。

在 Chapter04 文件夹中创建一个名为 Seqmulti.py 的文件,将两个序列相乘,具体代码如文件 4-4 所示。

文件 4-4　Seqmulti.py

```
str="社会主义核心价值观"
list =["*",5,"#"]
tuple =(1,3)
print(str*3)
print(list*2)
print(tuple*6)
```

在上述代码中,字符串、列表、元组经过相乘,分别重复 3、2、6 次。

文件 Seqmulti.py 的运行结果如图 4-5 所示。

图 4-5　文件 Seqmulti.py 的运行结果

由图 4-5 可知,字符串、列表、元组均支持序列相乘,使用数字 n 乘以一个序列会生成新的序列,其内容为原来的序列被重复 n 次的结果。

4.1.5　检查元素是否包含在序列中

在 Python 中,可以使用 in 关键字检查某元素是否为序列的成员,其语法格式如下:

```
元素 in 序列
```

检查字符"c"是否包含在字符串"www/qfedu/com"中:

```
str="www/qfedu/com"
print('c' in str)
```

运行结果如下：

```
True
```

运行结果为 True，表示字符“c”包含在字符串“www/qfedu/com”中，若运行结果为 False，则表示不在字符串中。

not in 关键字和 in 关键字的用法相同，用来检查某个元素是否不包含在指定的序列中。

拓展阅读：和序列相关的内置函数

Python 提供了几个内置函数，可用于实现与序列相关的一些常用操作，和序列相关的内置函数如表 4-1 所示。

表 4-1　和序列相关的内置函数

函　　数	说　　明
len()	计算序列的长度，即返回序列中包含多少个元素
max()	找出序列中的最大元素。注意，使用 sum()函数时，序列中的元素必须都是数字类型；如果包含字符或字符串，将抛出异常，因为解释器无法判定是要进行连接操作（+ 运算符可以连接两个序列）还是加和操作
min()	找出序列中的最小元素
list()	将序列转换为列表形式
str()	将序列转换为字符串形式
sum()	计算序列中元素的总和
sorted()	对序列中的元素进行排序，并返回一个新排序后的序列
reversed()	反向遍历序列中的元素
enumerate()	将序列组合为一个索引序列，多用在 for 循环中

说明：部分序列类型不能应用所有内置函数，例如字典类型不能直接使用 list()函数进行转换。

Python 提供了 len()函数来计算字符串的长度，其语法格式如下：

```
len(string)
```

其中，string 为要进行长度计算的字符串。例如，计算字符串“www/qfedu/com”的长度，具体代码如下：

```
print(len("www/qfedu/com"))
```

运行结果如下：

```
13
```

len()函数在计算字符串长度时，不区分字母、汉字、数字、标点和特殊字符等。例如，对于字符串“学习 Python 使我快乐！# ￥”，使用 len()函数计算其长度时，“学”“P”“！”“#”等各占一位，字符串的总长度为 15。

4.1.6 查找与统计元素个数

index()方法可以查找序列中第一次出现某个元素的索引，如果序列中没有此元素，则报错。其语法格式如下：

```
序列.index(x[,i[,j]])
```

该语句返回序列 seq 中从位置 i 到 j(不包含 j)第 1 次出现元素 x 的索引。

count()方法可以统计序列中出现某个元素的次数。其语法格式如下：

```
序列.count(x)
```

该语句返回序列 seq 中出现元素 x 的总次数。

下面通过查找与统计元素个数的示例演示 count()方法的使用。

在 Chapter04 中创建一个名为 seek-count.py 的文件，具体代码如文件 4-5 所示。

文件 4-5 seek-count.py

```
list01 =["hello",123,"Python",123]
print("列表中第一次出现元素 123 的索引为：",list01.index(123))
print("列表中出现 123 的总次数为：",list01.count(123))
print("列表中第一次出现元素‘123’的索引为：",list01.index('123'))
```

文件 seek-count.py 的运行结果如图 4-6 所示。

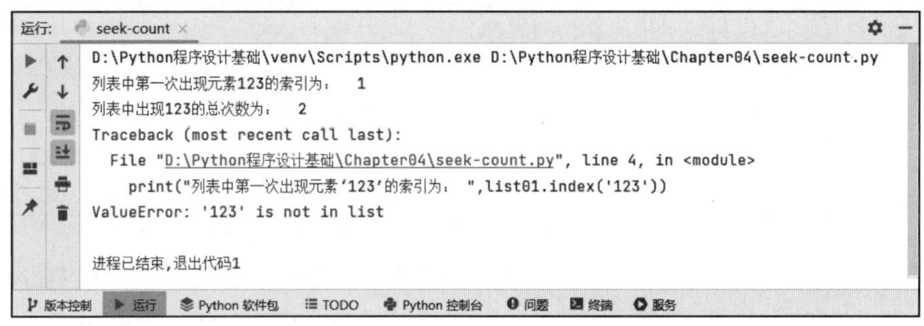

图 4-6 文件 seek-count.py 的运行结果

由图 4-6 可知，index()函数的作用是查找序列中第一次出现元素 123 的索引。count()方法用于统计序列中某个元素出现的次数，list01.count(123)的作用是统计元素 123 出现的次数；在给定的列表 list01 中，只含有数字 123 而没有字符串"123"，故使用 index()方法找不到字符串"123"，程序会发生异常。

4.2 Python 字符串

字符串是许多单个子串组成的序列，主要用来表示文本。例如，登录网站时输入的用户名与密码等。灵活地使用与处理字符串，对于 Python 程序员来说非常重要。本节将从字符串的格式化、拼接、重复、f 字符串及常用操作等方面进行讲解。

4.2.1 字符串的格式化

字符串的格式化指的是预先制定一个带有空位的模板，然后根据需要对空位进行填充。例如，预先制定一个模板"_年的_学期我学习了_门课程"，然后在下画线的位置填充内容，可以用以下代码来实现：

```
print("{}年{}学期我学习了{}门课程".format(2023,"上",20))
```

输出结果如下：

```
2023年上学期我学习了20门课程
```

1. 转义字符

字符串中除可以包含数字字符、字母字符或特殊字符外，还可以包含转义字符。转义字符以反斜杠"\"开头，后跟若干字符。转义字符具有特定的含义，不同于字符原有的意义，故称为转义字符。常用的转义字符及含义如表 4-2 所示。

表 4-2 常用的转义字符及含义

转义字符	说明
\(在行尾时)	续行符
\\	反斜杠符
\n	回车换行
\t	横向制表符
\b	退格
\r	回车
\f	换页
\'	单引号符
\"	双引号符
\a	鸣铃
\ddd	1～3 位八进制数所代表的字符
\xhh	1～2 位十六进制数所代表的字符

在表 4-2 中，\ddd 和\xhh 都是用 ASCII 码表示一个字符，如\101 和\x41 都表示字符 A。转义字符在输出中有许多应用，例如，想在单引号标识的字符串中包含单引号，可以使用\'，具体代码如下：

```
str ='I\'ll do my best.'
```

当解释器遇到这个转义字符时，就可以理解这不是字符串的结束标记。如果想禁用字符串中的反斜杠转义功能，可以在字符串前面添加一个字符 r，具体代码如下：

```
print(r'\n 表示回车换行')    #输出\n 表示回车换行
```

2. format()方法

字符串格式化指的是按照指定的规则连接、替换字符串并返回新的符合要求的字符串。字符串格式化的语法格式如下：

```
模板字符串.format(参数列表)
```

模板字符串中有一系列用{}表示的空位，format()方法可以将以逗号间隔的参数列表按照对应关系替换到这些空位上。如果{}中没有序号，则按照出现的顺序进行替换。format()方法空位无参数序号如图 4-7 所示。

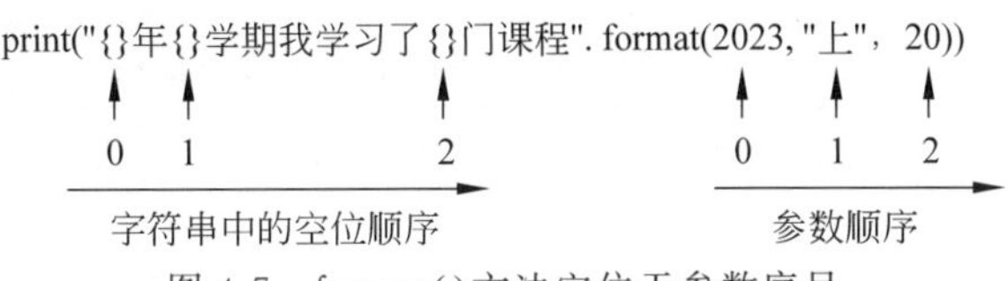

图 4-7　format()方法空位无参数序号

如果{}中指定了参数序号，则会按照从 0 开始的序号替换对应的参数。format()方法空位有参数序号如图 4-8 所示。

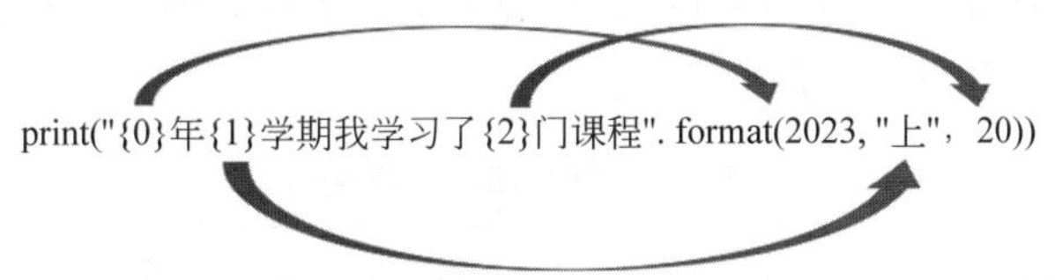

print("{0}年{1}学期我学习了{2}门课程". format(2023, "上", 20))

图 4-8　format()方法空位有参数序号

由图 4-8 可知，此时的参数编号与图 4-7 中的 format()方法空位无参数序号默认的输出相同，当改变参数编号时，对应位置的数据将发生变化。

3. 格式化符号

format()方法的模板字符串的空位中不仅可以填写参数序号，还可以包含其他格式处理选项。这些格式处理选项要按照以下顺序使用。

(1) 填充：填充单个字符，不指定时用空格填充。

(2) 对齐：<为左对齐，>为右对齐，^为居中对齐。

(3) 符号：+表示在正数前显示加号，负数前显示负号；－表示正数不变，在负数前显示负号；空格表示在正数前加空格，负数前加负号。

(4) 宽度：指定空位所占的宽度。

(5) 分隔符：使用逗号作为千位分隔符，适用于整数和浮点数。

(6) 精度：用.precision 指定浮点数的精度或字符串输出的最大长度，如.5。

(7) 类型：用于指定输出的类型。

常用的格式化符号如表 4-3 所示。

表 4-3　常用的格式化符号

格式化符号	说　　明
%c	格式化字符
%s	格式化字符串
%d	格式化整数
%u	格式化无符号整型
%o	格式化无符号八进制数
%x	格式化无符号十六进制数(十六进制字母小写)
%X	格式化无符号十六进制数(十六进制字母大写)
%f 或%F	格式化浮点数,可指定小数点后的精度
%e	用科学记数法格式化浮点数(e 使用小写显示)
%E	用科学记数法格式化浮点数(E 使用大写显示)
%g	由 Python 根据数字的大小自动判断转换为%e 或%f
%G	由 Python 根据数字的大小自动判断转换为%E 或%F
%%	输出%

除表 4-3 中的格式化符号外,有时还需要调整格式化符号的显示样式,例如是否显示正值符号"+",辅助格式化符号如表 4-4 所示。

表 4-4　辅助格式化符号

辅助格式化符号	说　　明
*	定义宽度或小数点的精度
-	左对齐
+	对正数输出正值符号"+"
#	在八进制数前显示 0,在十六进制数前显示 0x 或 0X
m.n	m 是显示的最大总宽度,n 是小数点后的位数
<sp>	数字的大小不满足 m.n 时,用空格补位
0	数字的大小不满足 m.n 时,用 0 补位

下面通过两个示例演示使用 format()方法进行格式化处理的方法。

1) 使用 format()方法对序列进行填充、对齐与设置宽度等格式化操作

在 Chapter04 中创建一个名为 OutputStu.py 的文件,具体代码如文件 4-6 所示。

文件 4-6　OutputStu.py

```
name, age, id, score ="小千", 23, 10, 99
print("学号:%d\n 姓名:%s\n 年龄:%d\n 成绩:%f"\
      %(id, name, age, score))
```

文件 OutputStu.py 用于格式化输出学生的学号、姓名、年龄与成绩等信息。

文件 OutputStu.py 的运行结果如图 4-9 所示。

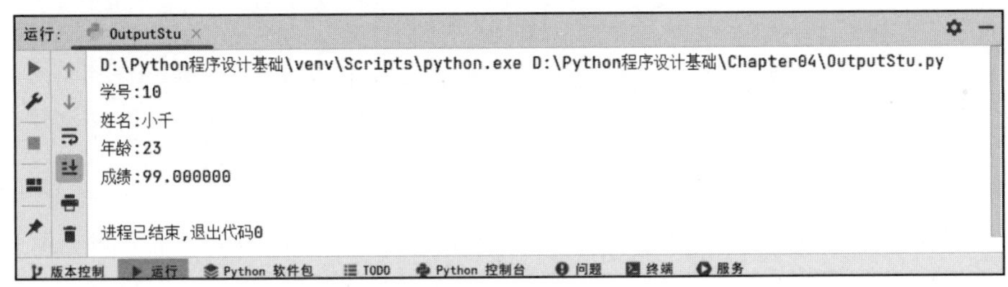

图 4-9　文件 OutputStu.py 的运行结果

由图 4-9 可知,%d 表示格式化整数;%s 表示格式化字符串;%f 表示格式化浮点数字,可指定小数点后的精度,默认情况下,保留小数点后 6 个数字;\n 表示换行符;\表示续航符,用于格式化输出数据后换行。

2) 使用 format()方法对序列进行设置分隔符、精度与类型等格式化操作

在 Chapter04 中创建一个名为 OutputKC.py 的文件,具体代码如文件 4-7 所示。

文件 4-7　OutputKC.py

```
1  exercise =310
2  calories =3220.123638
3  print("卡路里为{0:*>20,}".format(calories))
4  print("我运动了{0:.1f}分钟,消耗了{1:,.2f}卡路里".format(exercise, calories))
```

文件 OutputKC.py 用于格式化输出运动时长和消耗卡路里等信息。第 3 行代码表示将“卡路里为”格式化输出到右侧,并使用星号 * 分隔。第 4 行代码表示将变量 exercise 转换为一位精度的浮点数,并设置变量 calories 的精度为两位,.1f 表示格式化输出为浮点型数据,保留小数点后 1 个数字;同样,.2f 表示格式化输出为浮点型数据,保留小数点后 2 个数字。

文件 OutputKC.py 的运行结果如图 4-10 所示。

图 4-10　文件 OutputKC.py 的运行结果

由例 4-10 可知,文件 4-7 的运行结果为“卡路里为********3,220.123638”,使用星号间隔;“我运动了 310.0 分钟,消耗了 3,220.12 卡路里”的数据精度分别是一位和两位。

4. f 字符串

f-strings 即 f 字符串,其格式化处理与 format()方法类似,但语法比其简洁。Python 3.6 及以后的版本推荐使用 f 字符串进行字符串的格式化。f 字符串用花括号“{}”表示被替换的字段。下面通过一个示例演示 f 字符串的使用。

在 Chapter04 中创建一个名为 OutputStuInfo.py 的文件，使用 f 字符串的方法格式化输出学生信息，具体代码如文件 4-8 所示。

文件 4-8 OutputStuInfo.py

```
name ="小千"
studentId ="202305"
print(f"我叫{name},学号为{studentId}")
```

在上述代码中，使用变量存储字符串内容，f 字符串使用{}表示被替换的字段，使用变量名 studentId 获取字段内容。

文件 OutputStuInfo.py 的运行结果如图 4-11 所示。

图 4-11 文件 OutputStuInfo.py 的运行结果

由图 4-11 可知，使用 f 字符串格式化处理字符串，结果为"我叫小千，学号为 202305"。

拓展阅读：Python 3.9 以来的新特性

Python 3.9 将两个新函数添加到 str 对象中，具体代码如下：

```
str.removeprefix(prefix)          #用于删除前缀
str.removesuffix(suffix)          #用于删除后缀
```

4.2.2 常用方法

字符串的常用方法包括字符大小写转换、判断字符内容、分割和合并字符串、检索子串、替换子串、去除空格及计算字符串的长度等。

1. 字符大小写转换

Python 有部分方法可以实现字符串的大小写转换。字符串大小写转换方法如表 4-5 所示。

表 4-5 字符串大小写转换方法

方法	说明
sname.title()	将字符串中的每个单词首字母大写
sname.upper()	将字符串中所有字母转为大写
sname.lower()	将字符串中所有字母转为小写

在表 4-5 中，使用 sname 来表示字符串或字符串变量，其中的方法均返回一个新的字符串，原字符串不变。下面通过一个示例演示字符大小写转换方法的使用。

在 Chapter04 中创建一个名为 str-transform.py 的文件，对字符进行首字母大写、每个字符大写及每个字符小写等操作，具体代码如文件 4-9 所示。

文件 4-9　str-transform.py

```
1  str ="Life rarely gives you a chance to reverse a past regret!(不问遗憾，勇敢前行!)"
2  print("str.title():",str.title())
3  print("str.upper():",str.upper())
4  print("str.lower():",str.lower())
```

在上述代码中，第 2 行代码使用 str.title()方法将字符串的每个单词的首字母大写；第 3 行代码使用 str.upper()方法将字符串每个单词的每个字符大写；第 4 行代码使用 str.lower()方法将字符串的每个单词的所有字符小写。

文件 str-transform.py 的运行结果如图 4-12 所示。

图 4-12　文件 str-transform.py 的运行结果

由图 4-12 可知，第 1 行将首字母大写；第 2 行将字符串每个单词的每个字符大写；第 3 行将字符串的每个单词的所有字符小写。

2. 判断字符内容

Python 提供了判断字符串中是否包含某些字符的方法，以下用 sname 来表示字符串或字符串变量，判断字符串内容的方法如表 4-6 所示。

表 4-6　判断字符串内容的方法

方　法	说　明
sname.isupper()	当字符串中所有字符都是大写时返回 True，否则返回 False
sname.islower()	当字符串中所有字符都是小写时返回 True，否则返回 False
sname.isalpha()	当字符串中所有字符都是字母或中文字时返回 True，否则返回 False
sname.isnumeric()	当字符串中所有字符都是数字时返回 True，否则返回 False
sname.isspace()	当字符串中所有字符都是空格时返回 True，否则返回 False

下面通过一个示例演示判断字符内容的方法。

在 Chapter04 中创建一个名为 str-password.py 的文件，判断密码内容是否为字符串且同时包含数字与字母，具体代码如文件 4-10 所示。

文件 4-10　str-password.py

```
password =input("请输入您的密码(必须包含数字与字母):")
print("密码是否全是字母:",password.isalpha())
print("密码是否全是数字:",password.isnumeric())
```

文件 str-password.py 的运行结果如图 4-13 所示。

图 4-13　文件 str-password.py 的运行结果

在图 4-13 中,输入的密码为 qf1234,判断的结果为密码内容既不全是字母,又不全是数字。因此,可以验证密码是否符合要求。

3. 分隔和合并字符串

字符串可以用特定字符分隔为列表形式,列表及其他的可迭代对象也可以合并为一个字符串。其中列表是一个可变的容器,以符号"[]"进行定义,内部的元素可以是任意类型,用逗号分隔,例如 list01 = ["我","用","Python"]。字符串分隔和合并方法如表 4-7 所示。

表 4-7　字符串分隔和合并方法

方　　法	说　　明
sname.split(sep=None, maxsplit=-1)	字符串用 sep 分隔后以列表形式返回
sname.join(iterable)	将可迭代对象 iterable 用字符 sname 拼接在一起,返回一个合并后的新字符串

下面通过一个示例演示分隔与合并字符串的方法。

在 Chapter04 中创建一个名为 Divide-merge-str.py 的文件,具体代码如文件 4-11 所示。

文件 4-11　Divide-merge-str.py

```
sname ="Life-rarely-gives-you-a-chance-to-reverse-a-past-regret!"
list01 =sname.split("-")            #将 sname 字符串以"-"分隔
print(list01)
join_str ="~ ".join(list01)         #用"~ "将 list01 列表中的元素连接起来
print(join_str)
```

在上述代码中,将字符串使用 sname.split()方法分隔,使用 sname.join()方法合并,将字符串"Life-rarely-gives-you-a-chance-to-reverse-a-past-regret!"分隔后返回列表,"~".join()方法使用"~"符号将列表 list01 中的元素连接起来,并打印连接后的字符串。

文件 Divide-merge-str.py 的运行结果如图 4-14 所示。

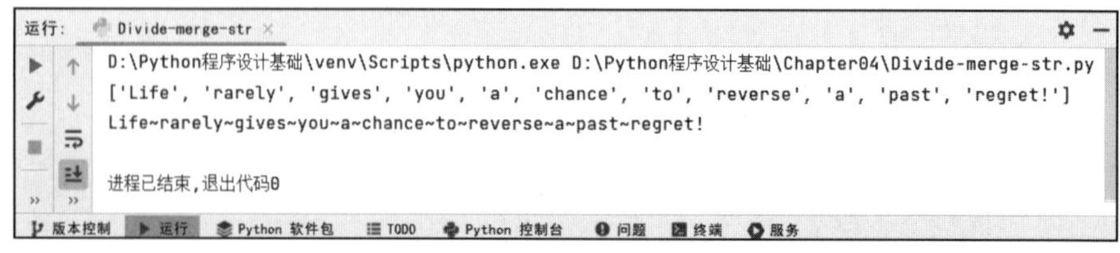

图 4-14　文件 Divide-merge-str.py 的运行结果

在图 4-14 中，将字符串以“-”分隔后以列表形式返回，使用“～”将列表中的元素连接起来后，返回的是新的字符串。

4. 检索子串

Python 提供了多种方法查找、统计字符串中的特定内容。字符串检索方法如表 4-8 所示。

表 4-8 字符串检索方法

方　法	说　明
sname.count(sub[,start[,end]])	返回 sname[start:end]中 sub 子串出现的次数，如果字符串中没有 sub 子串，则返回 0
sname.find(sub[,start[,end]])	返回 sname[start:end]中首次出现 sub 子串的索引，如果字符串中没有 sub 子串，则返回－1
sname.index(sub[,start[,end]])	返回 sname[start:end]中首次出现 sub 子串的索引，如果字符串中没有 sub 子串，则报错
sname.startswith(prefix[,start[,end]])	检测 sname[start:end]是否以 prefix 子串开头，如果是，则返回 True，否则返回 False
sname.endswith(suffix[,start[,end]])	检测 sname[start:end]是否以 suffix 子串结尾，如果是，则返回 True，否则返回 False

下面通过一个示例演示检索字符串的方法。

在 Chapter04 中创建一个名为 retrieval-str.py 的文件，具体代码如文件 4-12 所示。

文件 4-12　retrieval-str.py

```
sname ="count 方法的用处是返回 sname[start:end]中 sub 子串出现的次数"
print("sname 中 s 出现的次数是: ",sname.count("s"))
print("sname 中 count 子串的索引是: ",sname.find("count"))
print("sname 中 '返回 '子串的索引是: ",sname.index("返回"))
print("sname 是以 '方法 '为开头吗: ",sname.startswith("方法"))
print("sname 是以 '次数 '为结尾吗: ",sname.endswith("次数"))
```

在上述代码中，调用了表 4-8 中的方法，对字符串“count 方法的用处是返回 sname[start:end]中 sub 子串出现的次数”进行了检索。

文件 retrieval-str.py 的运行结果如图 4-15 所示。

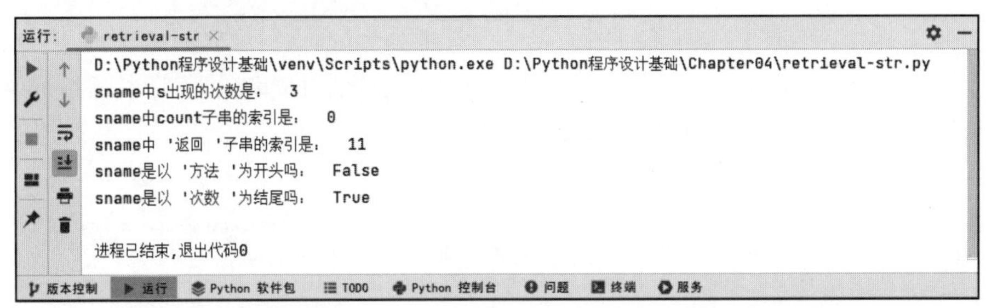

图 4-15　文件 retrieval-str.py 的运行结果

由图 4-15 可知，打印字符串中字符 s 出现的次数为 3，子串的索引为 0，子串“返回”的索引为 11,子串不是以“方法”开头,但是以“次数”结尾。

在文件 retrieval-str.py 中,使用 index()方法时,没有检索到子串时会报错,具体代码如下:

```
sname = "Python"
sname.index("c")
```

此时在单词“Python”中没有检索到子串“c”,程序发生异常,异常类型为 ValueError,表示传入了无效的参数,异常类型为 ValueError 的异常信息如图 4-16 所示。

图 4-16　异常类型为 ValueError 的异常信息

5. 替换子串

文字处理软件一般会有查找并替换的功能。在 Python 程序中,可以通过 rcplace()方法来实现字符串的替换,其语法格式如下:

```
sname.replace(old,new[,count])
```

在上述语句中,sname 为字符串或字符串变量,sname 中所有的 old 子串被替换为 new,如果传入参数 count,则前 count 个 old 子串被替换。例如,在一个字符串中出现了错别字,可以利用 replace()方法进行错别字替换,返回新的字符串,原字符串不变。下面通过一个示例演示替换字符串子串的方法。

在 Chapter04 中创建一个名为 replace-str.py 的文件,具体代码如文件 4-13 所示。

文件 4-13　replace-str.py

```
sname = "林花谢了春红,太葱葱,无奈朝来寒雨晚来风。"
new_str = sname.replace("葱葱","匆匆")
print("错别字替换后的字符串为: ",new_str)
```

在上述代码中,调用 sname.replace()方法替换错别字,并将结果字符串赋给 new_str。

文件 replace-str.py 的运行结果如图 4-17 所示。

图 4-17　文件 replace-str.py 的运行结果

由图 4-17 可知，将字符串“林花谢了春红，太葱葱，无奈朝来寒雨晚来风。”中的子串“葱葱”替换为“匆匆”。

6. 去除特定字符

字符串中有时会出现多余的空格或空白行。此时，为了获取字符串中有效的内容，可以对其中的多余字符进行去除，返回新的字符串，原字符串不变。

字符串去除多余字符的方法如表 4-9 所示。

表 4-9　字符串去除多余字符的方法

方　法	说　明
sname.strip([chars])	在字符串左侧和右侧去除 chars 中列出的字符
sname.lstrip([chars])	在字符串左侧去除 chars 中列出的字符
sname.rstrip([chars])	在字符串右侧去除 chars 中列出的字符

在表 4-9 中，chars 为可选参数，用于指定需要去除的字符，可以指定多个。例如，设置 chars 为 &#，则会对字符串左侧或右侧的 & 和 # 进行去除。如果不指定此参数，则默认去除空格、制表符\t、回车符\r 和换行符\n 等。下面通过一个示例演示去除字符串左侧与右侧字符的方法。

在 Chapter04 中创建一个名为 remove-str.py 的文件，调用 sname.strip()方法去除多余字符，具体代码如文件 4-14 所示。

文件 4-14　remove-str.py

```
sname ="#山外青山楼外楼 寄意寒星荃不察,我以我血荐轩辕*"
new_str =sname.strip("#*")          #去掉多余字符#和*,将新字符串赋给 new_str
print(new_str,end ="")              #设置 end 为空,使打印结果不换行
```

文件 remove str.py 的运行结果如图 4-18 所示。

图 4-18　文件 remove-str.py 的运行结果

在图 4-18 中，成功去除字符串“#山外青山楼外楼 寄意寒星荃不察，我以我血荐轩辕*”左侧和右侧的字符“#”和“*”。

4.2.3　正则表达式

在实际开发中，经常需要处理字符串，例如验证用户输入的信息是否规范(如验证电子邮箱、身份证信息等)，或从网页标签中提取文本值或属性值等信息。对于这类问题，使用字符串操作虽然也可以解决，但是会非常麻烦。这类问题最好的解决方案是使用正则表达式。

正则表达式(Regular Expression，RE)是文本处理方面功能十分强大的工具之一。正则表达式是由一些普通字符(纯文本)和有特殊含义的特殊字符(元字符)构成的高度简练的

字符串，用来描述或匹配一系列符合某种规则的字符串。例如，一个正则表达式“\d{15}$|^\d{17}(\d|x|X)$”能够描述或匹配满足这样规则的一系列字符串：15 位数字或 17 位数字，后面紧跟一个数字或一个字母 x 或 X，所以 130203750812001、35010020191224002 及 37010520050601075X 都能匹配。

一个正则表达式通常称为一个模式(Pattern)，通常使用正则表达式完成字符串的搜索、替换和分隔操作。

Python 语言对正则表达式的支持功能都包含在 re 模块中，使用时需要导入 re 模块，re 模块使 Python 语言拥有全部的正则表达式功能。re 模块也提供了与这些方法功能完全一致的函数，这些函数使用一个模式字符串作为它们的第一个参数。下面将针对 re 模块常见的 6 种函数进行介绍。

1. re.match()函数

re.match()函数尝试从字符串的起始位置匹配一个模式，如果不是起始位置匹配成功，则返回 none。re.match()函数的语法如下：

```
re.match(pattern, string, flags=0)
```

在参数中，pattern 指的是匹配的正则表达式；string 指的是要匹配的字符串；flags 指的是标志位，用于控制正则表达式的匹配方式，如是否区分大小写、多行匹配等，正则表达式常见的 flags 如表 4-10 所示。

表 4-10　正则表达式常见的 flags

flags	说　　明
re.I(re.IGNORECASE)	使匹配对大小写不敏感
re.M(MULTILINE)	多行匹配，影响^和 $
re.S(DOTALL)	使 . 匹配包括换行在内的所有字符
re.X(VERBOSE)	正则表达式可以是多行，忽略空白字符，并可以加入注释

正则表达式修饰符使用“-”作为选项标志，正则表达式可以包含一个可选的修饰符来控制匹配的各个方面。下面通过一个示例演示正则表达式匹配字符串左侧与右侧字符的方法。

在 Chapter04 中创建一个名为 regular-match-str.py 的文件，具体代码如文件 4-15 所示。

文件 4-15　regular-match-str.py

```
import re
print(re.match('http', 'http://www.fengyunedu.con').span())#在起始位置匹配
print(re.match('con', 'http://www.fengyunedu.con'))      #不在起始位置匹配
```

在上述代码中，通过 span()获取匹配的位置，返回一个元组包含匹配“(开始，结束)”的位置，取值区间左闭右开，即返回的是范围。

文件 regular-match-str.py 的运行结果如图 4-19 所示。

```
运行:  regular-match-str ×
D:\Python程序设计基础\venv\Scripts\python.exe D:\Python程序设计基础\Chapter04\regular-match-str.py
(0, 4)
None

进程已结束,退出代码0
```

图 4-19 文件 regular-match-str.py 的运行结果

由图 4-19 可知,返回(0, 4)表示正则表达式匹配成功,返回 None 表示正则表达式匹配失败。

修饰符被指定为一个可选的标志。可以使用异或提供多个修饰符(|),还可以使用 group(num)或 groups()方法匹配对象函数来获取匹配表达式。下面通过一个示例演示 re.match()方法匹配模式的使用方法。

在 Chapter04 中创建一个名为 re-match.py 的文件,具体代码如文件 4-16 所示。

文件 4-16 re-match.py

```
1  import re
2  line ="Cats are smarter than dogs"
3  matchObj =re.match( r'(.*) are (.*?) .*', line, re.M|re.I)
4  if matchObj:
5      print ("matchObj.group() : ", matchObj.group())
6      print ("matchObj.group(1) : ", matchObj.group(1))
7      print ("matchObj.group(2) : ", matchObj.group(2))
8  else:
9      print ("No match!!")
```

在上述代码中,第 3 行代码中,r 表示字符串为非转义的原始字符串,让编译器忽略反斜杠,即忽略转义字符,当字符串中没有反斜杠时,r 可有可无,(.*)为第一个匹配分组,.* 代表匹配除换行符之外的所有字符;(.*?)为第二个匹配分组,.* 后面多个问号,代表非贪婪模式,即只匹配符合条件的最少字符,后面的一个.* 没有括号包围,因此不是分组,匹配效果和第一个一样,但是不计入匹配结果中。使用异或符号 | 提供多个修饰符,即 re.I 和 re.M,表示使匹配对大小写不敏感并且多行匹配,影响^和 $ 符号。

文件 re-match.py 的运行结果如图 4-20 所示。

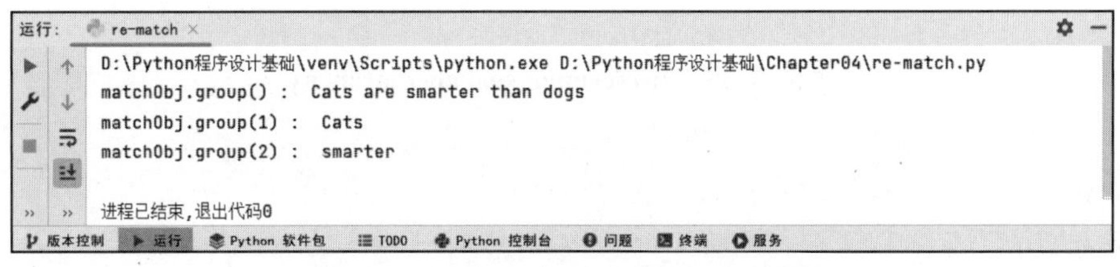

图 4-20 文件 re-match.py 的运行结果

由图 4-20 可知,matchObj.group()等同于 matchObj.group(0),表示匹配到完整的文本字符;matchObj.group(1)得到第一组匹配结果,即(.*)匹配到的,结果为 Cats;matchObj.group(2)得到第二组匹配结果,即(.*?)匹配到的,结果为 smarter。

因为匹配结果中只有两组，所以如果填 3，就会报错。

2. re.search()函数

re.search()函数用于扫描整个字符串并返回第一个成功的匹配，其语法结构如下：

```
re.search(pattern, string, flags=0)
```

re.search()函数返回一个匹配的对象，如果没有找到匹配项，则返回 None。也可以使用 group(num)或 groups()匹配对象函数来获取匹配的表达式。下面通过一个示例演示 re.search()函数匹配模式的使用方法。

在 Chapter04 中创建一个名为 re-search.py 的文件，具体代码如文件 4-17 所示。

文件 4-17　re-search.py

```
import re
line ="Cats are smarter than dogs";
searchObj =re.search( r'(.*) are (.*?) .* ', line, re.M|re.I)
if searchObj:
    print ("searchObj.group() : ", searchObj.group())
    print ("searchObj.group(1) : ", searchObj.group(1))
    print ("searchObj.group(2) : ", searchObj.group(2))
else:
    print("Nothing found!!")
```

文件 re-search.py 的运行结果如图 4-21 所示。

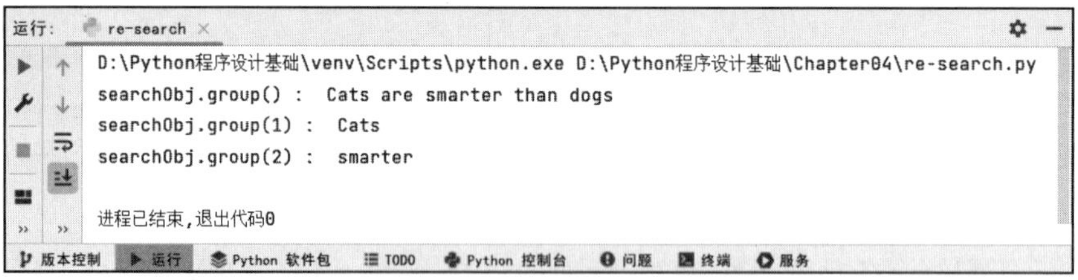

```
运行:  re-search
D:\Python程序设计基础\venv\Scripts\python.exe D:\Python程序设计基础\Chapter04\re-search.py
searchObj.group() :  Cats are smarter than dogs
searchObj.group(1) :  Cats
searchObj.group(2) :  smarter

进程已结束,退出代码0
```

图 4-21　文件 re-search.py 的运行结果

比较图 4-20 与图 4-21 可知，运行结果相同。下面通过一个示例演示两者的具体区别。

在 Chapter04 中创建一个名为 difference-search-match.py 的文件，具体代码如文件 4-18 所示。

文件 4-18　difference-search-match.py

```
import re
line ="Cats are smarter than dogs";
matchObj =re.match( r'dogs', line, re.M|re.I)
if matchObj:
    print ( "match -->matchObj.group() : ", matchObj.group())
else:
    print ( "No match!!")
searchObj =re.search( r'dogs', line, re.M|re.I)
```

```
if searchObj:
    print ( "search -->searchObj.group() : ", searchObj.group())
else:
    print ( "Nothing found!!")
```

文件 difference-search-match.py 的运行结果如图 4-22 所示。

```
运行: difference-search-match
D:\Python程序设计基础\venv\Scripts\python.exe D:\Python程序设计基础\Chapter04\difference-search-match.py
No match!!
search --> searchObj.group() :  dogs

进程已结束,退出代码0
版本控制  运行  Python 软件包  TODO  Python 控制台  问题  终端  服务
```

图 4-22 文件 difference-search-match.py 的运行结果

由图 4-22 可知，re.match()函数与 re.search()函数对于同一个字符串“Cats are smarter than dogs”进行模式匹配，re.match()函数只匹配字符串的开始，故匹配字符串“dogs”失败，返回 None；而 re.search()函数匹配整个字符串，故匹配字符串“dogs”成功，返回匹配的对象。

3. re.compile()函数

compile()函数用于编译正则表达式，生成一个正则表达式对象，使用 re.compile()函数可以提高程序的效率，尤其是在需要多次使用同一正则表达式进行匹配时，语法结构如下：

```
re.compile(pattern[, flags])
```

下面通过一个示例演示 re.compile()函数的使用。登录邮箱时，首先需要验证输入的邮箱地址是否符合一定的格式要求，包括字符、特殊字符和可选字符等内容。

在 Chapter04 中创建一个名为 mail.py 的文件，使用 re.compile()函数匹配邮箱格式，具体代码如文件 4-19 所示。

文件 4-19 mail.py

```
import re
email = "example@test.com"
pattern = re.compile(r'\w+@\w+\.[a-z]{2,3}') #将正则表达式匹配为邮箱格式
if re.match(pattern, email):
    print("邮箱格式正确")
else:
    print("邮箱格式错误")
```

在上述代码中，定义了一个正则表达式，它可以匹配重复的单词。然后使用 re.compile()函数将正则表达式编译成一个 pattern 对象，在后续的匹配操作中，直接使用 pattern 对象进行匹配操作。re.compile(r '\w+@\w+\.[a-z]{2,3} ')中的“\w”表示匹配非特殊字符，即 a～z、A～Z、0～9、_、汉字；“@\w”表示将“@”加入可匹配的字符；“\.[a-z]{2,3}”表示一个点号后跟 2～3 个小写字母，以匹配邮箱域名后缀，如“.com”。另外，re.compile()还支持一些可选参数，包括 re.DEBUG、re.IGNORECASE、re.MULTILINE、re.DOTALL。

使用 re.compile()函数匹配邮箱格式的运行结果如图 4-23 所示。

图 4-23　使用 re.compile()函数匹配邮箱格式的运行结果

由图 4-23 可知,使用 re.compile()函数匹配到的邮箱格式正确。

4. re.findall()函数

使用 re.findall()函数搜索整个字符串,并返回一个列表,语法结构如下:

```
re.findall(pattern, string, flags=0)
```

返回字符串中所有模式的非重叠匹配项,作为字符串列表返回。匹配项按照在字符串中从左到右出现的顺序排列。下面通过一个示例演示 re.findall()函数的使用。

在 Chapter04 中创建一个名为 Extract html.py 的文件,使用 re.findall()函数提取 HTML 文件中所有的超链接,具体代码如文件 4-20 所示。

文件 4-20　Extract html.py

```
1  import re
2  html ='<a href="http://www.fengyunedu.cn/">锋云智慧</a>, <a href="http://oa.1000phone.net/">OA</a>'
3  pattern =re.compile(r'<a.*? href="(.*?)".*? >(.*?)</a>')
4  matches =pattern.findall(html)
5  print(matches)
6  for match in matches:
7      print(match[0], match[1])
```

在上述代码中,定义了一个正则表达式,可以匹配超链接,然后使用 re.compile()将正则表达式编译成一个 pattern 对象,返回字符串中所有模式的非重叠匹配项,作为字符串列表。

文件 Extract html.py 的运行结果如图 4-24 所示。

图 4-24　文件 Extract html.py 的运行结果

由图 4-24 可知,re.findall()函数从左到右搜索整个字符串,返回的数据是列表类型,由第 6 行代码可知,将分别打印列表的两个元素,即返回的数据为两组。

5. re.sub()函数

Python 的 re 模块提供了 re.sub()函数用于替换字符串中的匹配项，其语法结构如下：

```
re.sub(pattern, repl, string, count=0, flags=0)
```

re.sub()函数的 pattern、repl、string 参数为必选参数，count=0 与 flags=0 参数为可选参数。其中，pattern 为正则中的模式字符串；repl 为替换的字符串，也可为一个函数；string 为要被查找替换的原始字符串；count 为模式匹配后替换的最大次数，默认为 0，表示替换所有的匹配；flags 为编译时使用的匹配模式，flags=0 表示使用默认的匹配模式，默认的匹配模式是区分大小写的，^和 $ 分别匹配字符串的开头和结尾。

下面通过一个示例演示使用 re.sub()函数替换匹配的字符串。由于工作人员录入习惯的不同，文件存储的电话号码可能会有差异，为了统一，需要删除注释、移除非数字内容等，才能为人们所用。

在 Chapter04 中创建一个名为 phone.py 的文件，使用正则表达式匹配所有的数字，具体代码如文件 4-21 所示。

文件 4-21　phone.py

```
1  import re
2  phone ="2023-959-559"                #这是一个电话号码
3  num =re.sub(r'#.*$', "", phone)  #删除注释
4  print ("电话号码 : ", num)
5  num =re.sub(r'\D', "", phone)        #移除非数字的内容
6  print ("电话号码 : ", num)
```

在上述代码中，使用 re.sub()函数替换匹配的字符串。第 3 行代码删除了#符号及之后的字符串，而#符号及之后的字符串属于注释，这等价于删除了第 2 行代码的注释；第 5 行代码删除所有非数字的内容，即删除连接符-。

文件 phone.py 的运行结果如图 4-25 所示。

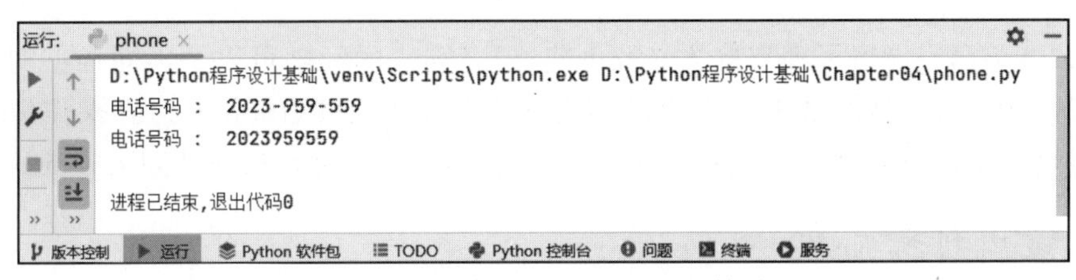

图 4-25　文件 phone.py 的运行结果

由图 4-25 可知，使用 re.sub()函数删除注释后的字符串为“电话号码 ：2023-959-559 ”；移除非数字的内容后，字符串为“电话号码 ：2023959559”。

6. re.split()函数

split()函数按照能够匹配的子串将字符串按照正则表达式匹配的结果进行分隔，返回列表类型。其语法结构如下：

```
re.split(pattern, string[, maxsplit=0, flags=0])
```

参数 maxsplit 表示分隔次数，当 maxsplit=1 时，分隔一次；默认值为 0，即不限制次数。下面通过一个示例演示 re.split()函数的使用。

在 Chapter04 中创建一个名为 split-time.py 的文件，使用 re.split()函数将一个包含不同格式日期的字符串按照年月日顺序进行分隔，并使用正则表达式匹配所有的数字，具体代码如文件 4-22 所示。

文件 4-22　split-time.py

```
import re
date_time ='2023.05.01/12-30-00'
pattern ='[./-]'
result =re.split(pattern, date_time)
print(result)
```

在上述代码中，正则表达式模式[./-]匹配字符串中的"."" /"和"-"，调用 re.split()函数实现分隔字符串的效果。

文件 split-time.py 的运行结果如图 4-26 所示。

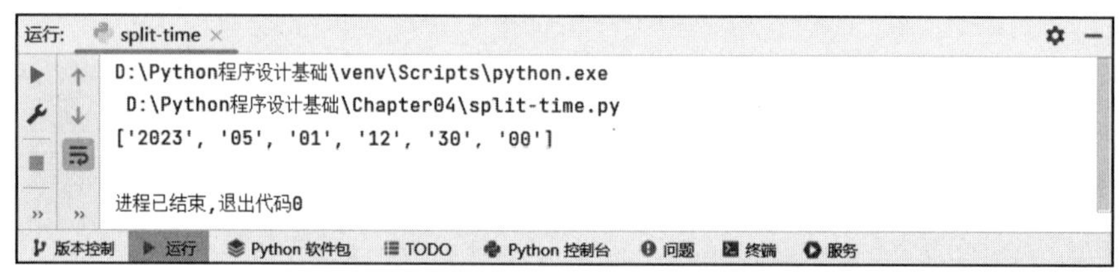

图 4-26　文件 split-time.py 的运行结果

由图 4-26 可知，正则表达式模式分隔得到的子字符串分别为 2023、05、01、12、30 和 00，去除正则表达式中的连接符号后，返回的是列表型数据。

4.3　Python 列表

在 2.2.2 节已经学习了列表的含义及创建方法，列表的元素可以是不同类型的数据，这使得程序处理不同类型的数据变得更加容易。本节主要对 Python 的列表操作进行讲解，包括访问列表元素、遍历列表、对列表进行操作、对列表元素进行操作及列表推导式等内容。

4.3.1　访问列表元素

列表同字符串一样，支持双向索引，既可以用非负数表示索引，又可以用负数表示索引。列表索引如图 4-27 所示。

list1=[	1,	2,	3,	4,	5,	6,	7,	8]
index	0	1	2	3	4	5	6	7
	−8	−7	−6	−5	−4	−3	−2	−1

图 4-27　列表索引

1. 通过索引访问列表中的一个元素

在 list1=[1,2,3,4,5,6,7,8]中，第 4 个元素为 list1[3]，因为第 4 个元素也是倒数第 5

个元素，所以也可以通过 list[−5]访问。如果指定下标不存在，则会抛出异常。

2. 通过切片索引访问列表中的多个元素

列表的切片可以从列表中取得多个元素并组成一个新列表。下面通过一个示例演示列表切片的使用。

在 Chapter04 中创建一个名为 split-list.py 的文件，使用列表的切片索引访问多个列表元素，具体代码如文件 4-23 所示。

文件 4-23　split-list.py

```
list1 = [1, 2, 3, 4, 5, 6, 7, 8]
print(list1[2:6])
print(list1[2:6:2])
print(list1[:6])
print(list1[2:])
print(list1[-6:-2])
print(list1[-6:-2:2])
print(list1[::-2])
```

文件 split-list.py 的运行结果如图 4-28 所示。

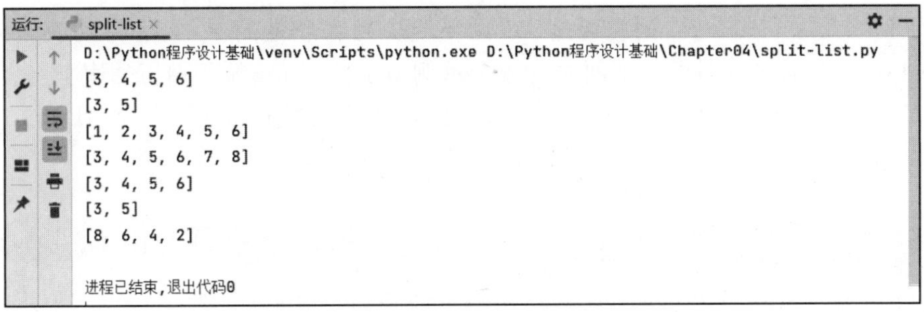

```
运行:  split-list ×
D:\Python程序设计基础\venv\Scripts\python.exe D:\Python程序设计基础\Chapter04\split-list.py
[3, 4, 5, 6]
[3, 5]
[1, 2, 3, 4, 5, 6]
[3, 4, 5, 6, 7, 8]
[3, 4, 5, 6]
[3, 5]
[8, 6, 4, 2]

进程已结束,退出代码0
```

图 4-28　文件 split-list.py 的运行结果

由图 4-28 可知，对原列表 list1 进行切片操作后返回一个新列表，原列表并没有发生任何变化。

4.3.2　遍历列表

列表的遍历即获取列表中每一个元素的值，常用的遍历方式有 4 种：while 循环直接遍历、for 循环直接遍历、range()函数索引遍历以及 enumerate()函数遍历。

1. while 循环直接遍历

通过 while 循环遍历列表，需要使用 len()函数，该函数可以获取序列中元素的个数。下面通过一个示例演示 len()函数在 while 循环遍历中的使用方法。

在 Chapter04 中创建一个名为 while-list.py 的文件，具体代码如文件 4-24 所示。

文件 4-24　while-list.py

```
list = ['积极培育和践行社会主义核心价值观:', '富强、民主、文明、和谐,', '自由、平等、公正、法治,', '爱国、敬业、诚信、友善']
length, i = len(list), 0
```

```
while i < length:
    print(list[i])
    i += 1
```


在上述代码中，将使用 len()函数获取列表的个数作为 while 循环的条件，while 循环通过控制变量 i 来遍历列表中的元素，最终完成对列表中所有的元素的访问。

文件 while-list.py 的运行结果如图 4-29 所示。

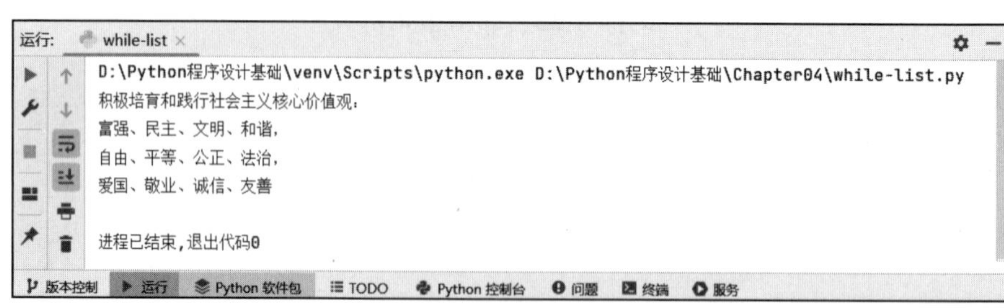

图 4-29　文件 while-list.py 的运行结果

由图 4-29 可知，列表中的每个元素被换行打印。

2. for 循环直接遍历

由于列表是序列的一种，因此通过 for 循环遍历列表非常简单，只需将列表名放在 for 语句中的 in 关键词之后即可。下面通过一个示例演示使用 for 循环遍历列表。

在 Chapter04 中创建一个名为 for-list.py 的文件，具体代码如文件 4-25 所示。

文件 4-25　for-list.py

```
list = ['积极培育和践行社会主义核心价值观:','富强、民主、文明、和谐,', '自由、平等、公正、法治,', '爱国、敬业、诚信、友善']
for value in list:
    print(value)
```

在上述代码中，for 循环依次将列表中的元素赋值给 value 并通过 print()函数输出。

文件 for-list.py 的运行结果如图 4-30 所示。

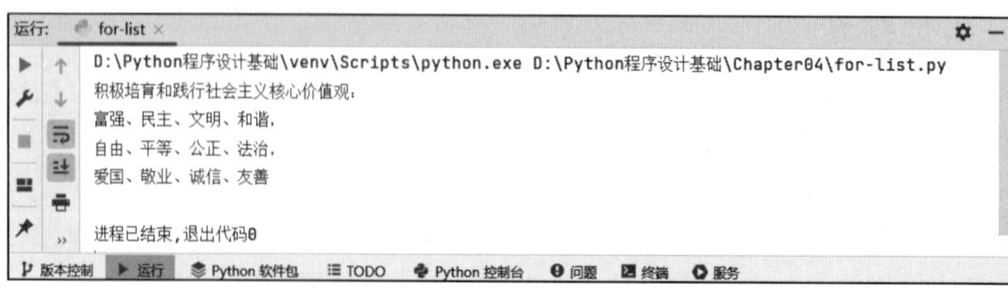

图 4-30　文件 for-list.py 的运行结果

在图 4-30 中，for 循环遍历列表并通过 print()函数输出。

3. range()函数索引遍历

使用 range()函数进行列表的索引遍历，可以分解为以下 3 步：

(1) 通过 len(list)获取列表 list 的长度。

(2) 通过 range(len(list))获取列表 list 的所有索引,从 0 到 len(list)－1。

(3) 通过 for 循环获取 list 中的每个索引对应的元素。

下面通过一个示例演示使用 range()函数进行列表的索引遍历。

在 Chapter04 中创建一个名为 for-range-list.py 的文件,具体代码如文件 4-26 所示。

文件 4-26　for-range-list.py

```
fruit_list = ["苹果","香蕉","橘子","芒果"]
for i in range(len(fruit_list)):
    print(f"索引为{i}的元素是{fruit_list[i]}")
```

在上述代码中,可以通过 range()函数进行列表的索引遍历,包括使用 len(list)函数获取列表的长度,通过 range(len(list))获取列表 list 的所有序列,通过 for 循环获取 list 中的每个索引对应的元素。

文件 for-range-list.py 的运行结果如图 4-31 所示。

图 4-31　文件 for-range-list.py 的运行结果

由图 4-31 可知,遍历获取了索引为 0～3 的元素,并换行打印。

4. enumerate()函数遍历

enumerate()函数用于将一个可遍历的数据对象,如列表、元组、字符串等,变为一个索引序列,同时输出索引和元素内容,一般与 for 循环一起使用。下面通过一个示例演示 enumerate()函数的使用。

在 Chapter04 中创建一个名为 enumerate-list.py 的文件,具体代码如文件 4-27 所示。

文件 4-27　enumerate-list.py

```
fruit_list = ["苹果","香蕉","橘子","芒果"]
for index, item in enumerate(fruit_list):
    print(f"索引为{index}的元素是{item}")
```

在上述代码中,使用 enumerate()函数将列表变为一个索引序列,同时输出索引和元素内容。

文件 enumerate-list.py 的运行结果如图 4-32 所示。

由图 4-32 可知,分别换行打印了索引为 0～3 的元素内容。

4.3.3　对列表进行操作

1. 对列表进行运算

列表与字符串类似,也可以进行一些运算,列表的运算如表 4-11 所示。

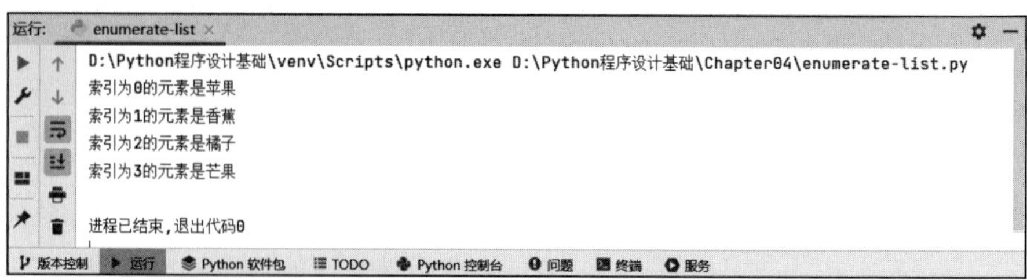

图 4-32　文件 enumerate-list.py 的运行结果

表 4-11　列表的运算

运　算　符	说　　明
+	列表连接
*	重复列表元素
[]	索引列表中的元素
[:]	对列表进行分片
in	如果列表中包含给定元素，则返回 True
not in	如果列表中包含给定元素，则返回 False

需要注意的是，列表属于序列，列表的运算与序列相同。

2. 对列表进行排序

开发者可以使用 sort()函数对列表进行永久排序或使用 sorted()函数对列表进行临时排序。下面通过一个示例演示使用 sort()函数进行排序的方法。

在 Chapter04 中创建一个名为 ageSort.py 的文件，使用 sort()函数对年龄列表进行排序，具体代码如文件 4-28 所示。

文件 4-28　ageSort.py

```
age_list =[17,16,18,19,16,18]
age_list.sort()                    #从小到大进行排序
print(age_list)
age_list.sort(reverse=True)        #从大到小进行排序
print(age_list)
```

文件 ageSort.py 的运行结果如图 4-33 所示。

图 4-33　文件 ageSort.py 的运行结果

由图 4-33 可知，对年龄列表 age_list 进行排序时，使用 sort()函数后，排序结果无法恢复到原来的顺序，如果想将年龄从大到小排序，则需要用到 reverse 参数。sort()函数默认从小到大排序，传递参数 reverse=True 时，即可实现从大到小排序。下面通过一个示例演示 sorted()函数的使用。

在 Chapter04 中创建一个名为 sortedage.py 的文件，使用 sorted()函数实现临时从小到大进行排序，具体代码如文件 4-29 所示。

文件 4-29 sortedage.py

```
age_list =[17,16,18,19,16,18]
sort_list =sorted(age_list)
print("排序后的列表: ",sort_list)
print("原列表: ",age_list)
```

在上述代码中，使用 sorted()函数对年龄从小到大进行了排序。

文件 sortedage.py 的运行结果如图 4-34 所示。

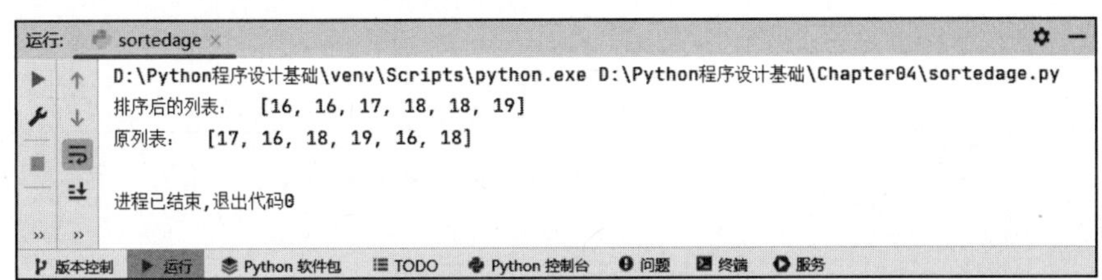

图 4-34 文件 sortedage.py 的运行结果

由图 4-34 可知，使用 sorted()函数后，原列表的顺序没有发生改变，sorted()函数也可以传入参数 reverse=True，可以对年龄从大到小进行排序。

4.3.4 对列表元素进行操作

列表是灵活可变的，列表创建后可以进行元素的添加、修改和删除操作。

1. 添加列表元素

列表对象提供了 3 个方法实现添加列表元素，分别为 append()方法、extend()方法和 insert()方法。append()方法与 extend()方法用于在列表的末尾追加元素，可以是单个元素，也可以是列表、元组等。insert()方法可以将指定对象插入列表的指定位置，当插入列表或元组时，insert()会将它们视为一个整体，作为一个元素插入列表中。下面通过一个示例演示使用 append()方法与 extend()方法添加列表元素的方法。

在 Chapter04 中创建一个名为 append.py 的文件，具体代码如文件 4-30 所示。

文件 4-30 append.py

```
list =['Python', 'C++', 'Java']
list1 =["爱国","敬业","诚信"]
list.append('PHP')                  #追加元素
list1.extend("友善")                 #追加元素
print(list)
print(list1)
```

```
t =('JavaScript', 'C#', 'Go')
t1 =["富强","民主","文明","和谐"]
list.append(t)                                         #追加元组
list1.extend(t1)                                       #追加元组
print(list)
print(list1)
list.append(['Ruby', 'SQL'])                           #追加列表
list1.extend(['自由',"平等" ,"公正",'法治'])            #追加列表
print(list)
print(list1)
```

在上述代码中,可使用 append()方法与 extend()方法在列表的末尾追加元素,元素可以是单个元素、元组、列表等。添加单个元素时,两者的作用相同。append()方法追加元组,整个元组被当成一个元素,追加列表,整个列表也被当成一个元素;而 extend()方法追加元组与列表时,不会把列表或元组视为一个整体,而是把它们包含的元素逐个添加到列表中。

文件 append.py 的运行结果如图 4-35 所示。

```
运行:  append
D:\Python程序设计基础\venv\Scripts\python.exe D:\Python程序设计基础\Chapter04\append.py
['Python', 'C++', 'Java', 'PHP']
['爱国', '敬业', '诚信', '友', '善']
['Python', 'C++', 'Java', 'PHP', ('JavaScript', 'C#', 'Go')]
['爱国', '敬业', '诚信', '友', '善', '富强', '民主', '文明', '和谐']
['Python', 'C++', 'Java', 'PHP', ('JavaScript', 'C#', 'Go'), ['Ruby', 'SQL']]
['爱国', '敬业', '诚信', '友', '善', '富强', '民主', '文明', '和谐', '自由', '平等', '公正', '法治']

进程已结束,退出代码0
```

图 4-35　文件 append.py 的运行结果

下面通过一个示例演示 insert()方法的使用。

在 Chapter04 中创建一个名为 insert.py 的文件,使用 insert()方法对列表添加元素,具体代码如文件 4-31 所示。

文件 4-31　insert.py

```
list =["富强","文明","和谐"]
list.insert(1, "民主")
print ('列表插入元素后为 : ', list)
```

文件 insert.py 的运行结果如图 4-36 所示。

图 4-36　文件 insert.py 的运行结果

由图 4-36 可知,可使用 insert()方法对列表插入元素,并通过指定索引确定插入的

位置。

2. 修改列表元素

修改列表中的元素就是将元素重新赋值，可以通过直接赋值的方法替换某个索引位置或某个切片位置的元素。下面通过一个示例演示修改列表中的元素的方法。

在 Chapter04 中创建一个名为 replace-list.py 的文件，替换列表元素，具体代码如文件 4-32 所示。

文件 4-32　replace-list.py

```
list =["富强","爱国","文明","和谐"]
list[1]="民主"
print ('列表替换索引位置元素后为 : ', list)
```

文件 replace-list.py 的运行结果如图 4-37 所示。

图 4-37　文件 replace-list.py 的运行结果

由图 4-37 可知，可使用替换索引位置的元素替换列表元素。

3. 删除列表元素

删除列表中的元素有 3 种方式，分别是 pop()方法、remove()方法和 del 语句。下面通过一个示例演示删除列表中的元素的方法。

在 Chapter04 中创建一个名为 del-list.py 的文件，使用 del 语句删除列表中的元素，具体代码如文件 4-33 所示。

文件 4-33　del-list.py

```
list =['Python', 'C++', 'Java', 'PHP', ('JavaScript', 'C#', 'Go'), ['Ruby', 'SQL']]
del list[4]
print(list)
```

文件 del-list.py 的运行结果如图 4-38 所示。

图 4-38　文件 del-list.py 的运行结果

由图 4-38 可知，使用 del 语句删除了列表中索引为 4 的元素，即删除了列表中的元组。

4.3.5 列表推导式

Python 推导式是一种独特的数据处理方式，可以从一个数据序列构建另一个新的数据序列的结构体。Python 支持各种数据结构的推导式，如列表(list)推导式、字典(dict)推导式。

Python 列表推导式是一种简洁的写法，用于快速创建列表。它通常由一组方括号和一个表达式组成，表达式用于生成列表元素，其基本语法如下：

```
[表达式 for 变量 in 列表]
```

或者

```
[表达式 for 变量 in 列表 if 条件]
```

其中，表达式是生成列表元素的表达式，可以是有返回值的函数；变量是在迭代中获取的变量，可以是列表、元组、字符串、集合等可迭代对象；if 条件语句可以过滤列表中不符合条件的值。下面通过一个示例演示列表推导式的使用。

在 Chapter04 中创建一个名为 listcom.py 的文件，创建 1～10 的整数的平方组成的列表，具体代码如文件 4-34 所示。

文件 4-34 listcom.py

```
list = []
for x in range(1,11):
    list.append(item **2)
print(list)
```

在上述代码中，通过 for 循环遍历 1～10 的整数并计算出平方值，然后添加到列表 list 中。文件 listcom.py 中的代码有更简单的写法，即列表推导式。下面用列表推导式生成此列表，具体代码如下：

```
list = [x**2 for x in range(1, 11)]
print(list )
```

在上述代码中，list 是最终要生成的列表；x**2 是表达式，用于生成要存储到列表中的值；for 循环用于给表达式提供值，for x in range(1,11)将值 1～10 提供给表达式 x**2。

文件 listcom.py 的运行结果如图 4-39 所示。

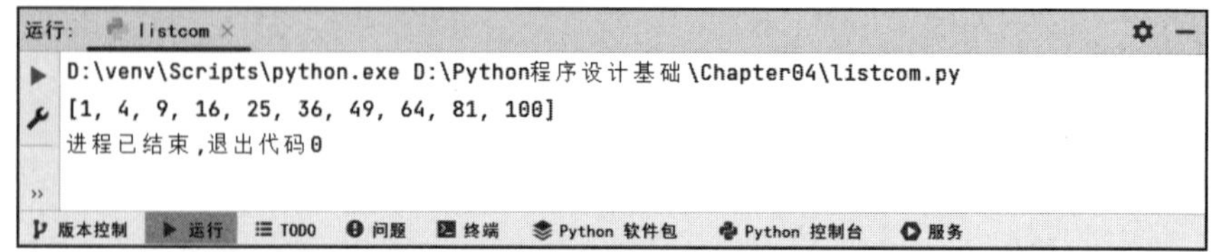

图 4-39 文件 listcom.py 的运行结果

由图 4-39 可知，创建 1～10 的整数的平方组成的列表，结果为[1, 4, 9, 16, 25, 36,

49，64，81，100]。

列表推导式提供了一种创建列表的简洁方法，通常是操作某个序列的每个元素，并将其结果作为新列表的元素，或者根据判定条件创建子序列。列表推导式一般由表达式及 for 语句构成，其后还可以有零到多个 for 子句或 if 子句，返回结果是表达式在 for 语句和 if 语句的操作下生成的列表。下面通过一个示例演示包含条件表达式的列表推导式的使用。

在 Chapter04 中创建一个名为 listcom2.py 的文件，用于创建一个由 1～10 的奇数平方组成的列表，具体代码如文件 4-35 所示。

文件 4-35　listcom2.py

```
new_list =[x**2 for x in range(1, 11) if x %2 !=0]
print(new_list)
```

在上述代码中，表达式是 x**2，变量是 x in range(1,11)，条件表达式是 if x % 2 != 0，表示仅选择奇数。

运行结果如图 4-40 所示。

图 4-40　创建了一个由 1～10 的奇数平方组成的列表

由图 4-40 可知，变量 new_list 的输出结果是[1，9，25，49，81]，分别为 1、3、5、7 和 9 的平方。

总之，Python 的列表推导式是一种快速构建列表的方法，其语法简单而强大，很容易根据需求实现元素的筛选和变换。

4.4　实验：模拟评委评分

【实验目的】

1. 掌握列表的创建方法。
2. 掌握列表排序的方法。
3. 掌握去除列表指定元素的方法。
4. 掌握计算平均值的方法。

【实验要求与内容】

假设有 5 名评委对一位选手的表现进行评分，评分标准为 0～10 分，要求去掉一个最高分和一个最低分，求该选手的最终得分。具体步骤如下：

1. 创建包含评委评分的列表。
2. 将列表的元素从小到大进行排序。

3. 去除最大值与最小值。

4. 计算剩余数据的平均值。

5. 打印最终评分。

模拟评委评分的程序流程图如图 4-41 所示。

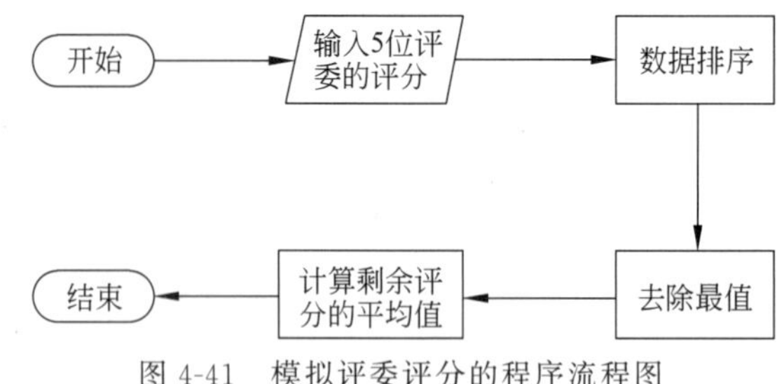

图 4-41 模拟评委评分的程序流程图

由图 4-41 可知，使用顺序结构便可以实现模拟评委评分的系统。

【实验步骤】

1. 生成 5 个随机数作为评委的评分

在 Chapter04 文件夹中创建一个名为 Mock-judging.py 的文件，使用列表存储 5 个浮点型数据，具体代码如文件 4-36 所示。

文件 4-36 Mock-judging.py

```
scores =[7.8, 8.2, 8.3, 7.9, 8.6]
```

2. 去掉一个最高分和一个最低分

在 Mock-judging.py 文件中，先对列表元素从小到大进行排序，再去掉第 1 个和最后 1 个元素，即去除最低分和最高分，具体代码如下：

```
scores.sort()                          #先对列表进行排序
scores =scores[1:-1]                   #去掉第一个元素(最低分)和最后一个元素(最高分)
```

3. 计算平均分

在 Mock-judging.py 文件中，对剩余的列表元素求平均值，具体代码如下：

```
avg_score =sum(scores) / len(scores)
print("去掉一个最高分和一个最低分后的评委评分:", scores)
print("该选手的最终得分为:%.2f" %avg_score)
```

使用%.2f 格式化输出选手的平均分并保留小数点后两位数字。

【实验结果】

文件 Mock-judging.py 的运行结果如图 4-42 所示。

由图 4-42 可知，该选手的最终得分为 8.13 分，去除了一个最高分和一个最低分，在剩下的 3 位评委的评分中取平均值，保留两位小数。

图 4-42　文件 Mock-judging.py 的运行结果

【实验小结】

本实验设计了模拟评分系统,涉及列表的创建、排序、删除指定元素等知识,还使用了除法算数运算符/求平均值。

改进实验：还可以将评委的得分使用 input()函数手动输入,并实现评分系统的多次使用。

思考：利用所学的知识,自己尝试还可以使用哪些方法去除最低分和最高分。

4.5　Python 元组

在 2.2.2 节已经学习了元组的含义及创建方法,元组也是一种序列,元组中的元素不能被改变。本节主要从访问元组的元素和元组的运算两方面进行讲解。

4.5.1　访问元组的元素

元组和列表一样,既可以使用索引访问元组中的某个元素,得到一个元素的值,又可以使用切片访问元组中的一组元素,得到一个新的子元组。

1. 通过索引访问元组中的一个元素

在 tuple=(1,2,3,4,5,6,7,8)中,第 4 个元素为 tuple[3],因为第 4 个元素也是倒数第 5 个元素,所以也可以通过 tuple[−5]访问。如果指定下标不存在,则抛出异常。

2. 通过切片索引访问元组中的一组元素

元组的切片也可以从元组中取得一组元素并组成一个新元组。下面通过一个示例演示元组切片的使用。

在 Chapter04 中创建一个名为 tuple01.py 的文件,具体代码如文件 4-37 所示。

文件 4-37　tuple01.py

```
1   tuple =('有情怀', '有良心', '有品质')
2   print(tuple[0])
3   tuple1 =tuple[0:-1]
4   print(tuple1)
5   tuple2 =tuple[1:]
6   print(tuple2)
```

在上述代码中,第 2 行代码通过索引访问元组中的一个元素,返回的是元组中的元素,即字符串类型的数据;第 3、5 行代码通过切片索引访问元组中的一组元素,返回的是元组数据。

文件 tuple01.py 的运行结果如图 4-43 所示。

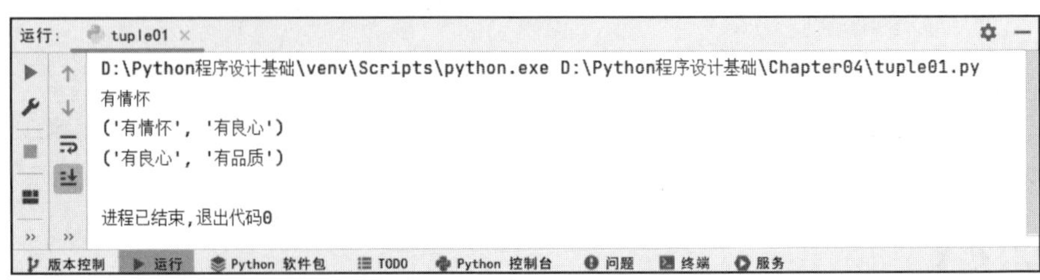

图 4-43　文件 tuple01.py 的运行结果

元组与列表不同，元组不能通过下标索引修改元组中的元素，具体代码如下：

```
tuple[0] ='www/qfedu/com'
```

上述语句运行时会报错，因为元组中的元素不能被修改。

元组与列表相比，主要有以下优点。

- 元组的速度比列表快。如果定义了一系列常量值，而所做的操作仅仅是对它进行遍历，那么一般使用元组而不是列表。
- 元组对需要修改的数据进行写保护，这样将使得代码更加安全。
- 一些元组可用作字典键。

3. 遍历元组

元组的遍历方式和列表相同，包括 while 循环直接遍历、for 循环直接遍历、range()函数索引遍历以及 enumerate()函数遍历。下面通过一个示例演示使用 for 循环遍历元组的方法。

在 Chapter04 中创建一个名为 tuple02.py 的文件，具体代码如文件 4-38 所示。

文件 4-38　tuple02.py

```
tuple =('有情怀', '有良心', '有品质')
for x in tuple:
    print(x)
```

文件 tuple02.py 的运行结果如图 4-44 所示。

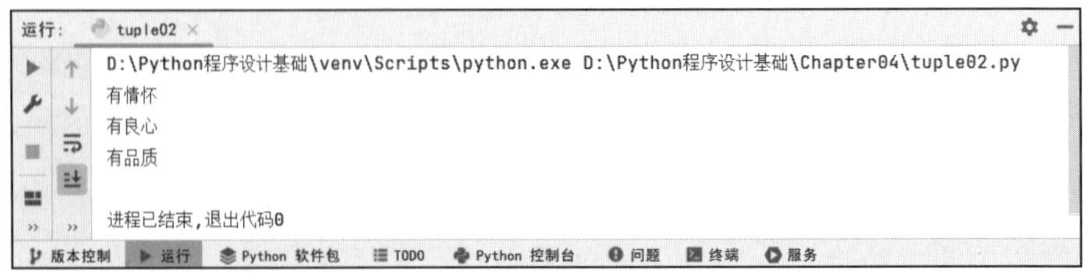

图 4-44　文件 tuple02.py 的运行结果

由图 4-44 可知，使用 for 循环依次将元组中的元素赋值给 x 并通过 print()函数输出，输出元组元素的数据类型，即字符串。

4.5.2 元组的运算

元组与字符串一样,元组之间可以使用+、+=和 * 号进行运算,即元组可以组合和复制,运算后会生成一个新的元组。元组运算符如表 4-12 所示。

表 4-12 元组运算符

Python 表达式	结 果	描 述
len((1,2,3))	3	计算元素的个数
(1,2,3) + (4,5,6)	(1, 2, 3, 4, 5, 6)	连接
(("学习",) * 4)	('学习', '学习', '学习', '学习')	复制
3 in (1,2,3)	True	元素是否存在
for x in (1,2,3):print(x,end=" ")	1 2 3	迭代

元组是不可替代的,有以下 3 方面的原因:

- 元组可以在字典中作为键使用,列表则不能作为字典中的键。
- 元组比列表访问和处理速度快。如果只需要访问元素,而不需要修改元素,建议使用元组。
- 元组可以作为很多内置函数和方法的返回值。

另外,list()函数可以将元组转换为列表,而 tuple()函数可以将列表转换为元组。

4.6 Python 字典

在 2.2.2 节已经学习了字典的含义及创建方法,字典使用词-语义进行数据的构建,以键-值对的形式,通过键可以快速找到对应的值。通过字典可以方便地查找某个学生的成绩,并进行增加、删除、修改等操作。本节主要介绍 Python 访问字典、遍历字典、对字典进行操作、对字典元素进行操作、字典推导式及有序字典等方面的内容。

4.6.1 访问字典

列表和元组是通过下标索引访问元素值的,访问字典元素的值可以通过元素的键,也可以使用 get()方法。下面通过一个示例演示通过键访问字典元素的方法。

在 Chapter04 中创建一个名为 dict01.py 的文件,在其中创建一个字典,包含两个键,分别是水果和蔬菜,并访问对应的值,具体代码如文件 4-39 所示。

文件 4-39 dict01.py

```
dict ={'水果': '苹果', '蔬菜': '土豆'}
print(dict['水果'])
print(dict['蔬菜'])
```

文件 dict01.py 的运行结果如图 4-45 所示。

由图 4-45 可知,打印输出字典的键“水果”和“蔬菜”对应的值,分别是苹果和土豆。

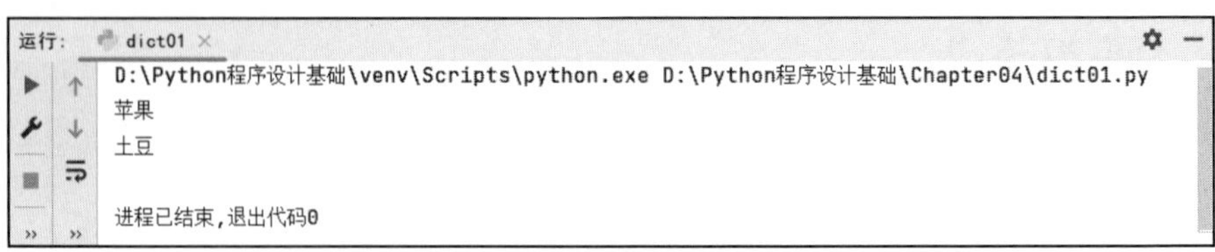

图 4-45　文件 dict01.py 的运行结果

不确定字典中是否存在某个键而又想访问该键对应的值时，可以使用 get()方法。下面通过一个示例演示通过 get()方法访问字典元素的方法。

在 Chapter04 中创建一个名为 dict02.py 的文件，在其中创建一个字典，包含 name、stu_id 和 grade 三个键，具体代码如文件 4-40 所示。

文件 4-40　dict02.py

```
student_dict ={"name":"小千", "stu_id":"202305", "grade":"大四"}
score_value =student_dict.get("score","此键不存在")
print(score_value)
```

在上述代码中，当字典中含有键 score 时，则返回与之对应的值；如果没有，则返回指定的值“此键不存在”，不会报错。

文件 dict02.py 的运行结果如图 4-46 所示。

图 4-46　文件 dict02.py 的运行结果

在不确定指定的键是否存在时，建议使用 get()方法，而不是直接通过键访问值。

4.6.2　遍历字典

字典中往往有多个键-值对，为了获取字典中的内容，可以对字典进行遍历。字典的特殊之处在于其每个元素都含有一个键和一个值。这就决定了字典的遍历的特殊性，其遍历方式包括遍历所有的键-值对、遍历所有的键以及遍历所有的值。

1. 遍历所有的键-值对

可以用 items()方法获取字典的键-值对元组。下面通过一个示例演示获取键-值对的方法，将星座存储在字典中并进行遍历。

在 Chapter04 中创建一个名为 dict03.py 的文件，遍历星座信息字典，具体代码如文件 4-41 所示。

文件 4-41　dict03.py

```
C_dict ={
    "小千":"狮子座",
```

```
3        "小锋":"金牛座",
4        "小扣":"金牛座",
5        "小丁":"处女座",
6        }
7    for item in C_dict.items():
8        print(item)
9    for key, value in C_dict.items():
10       print(f"{key}的星座是{value}")
```

在上述代码中，第 1～6 行代码定义了一个字典，在左花括号后按 Enter 键，下一行缩进 4 个空格，指定第一个键-值对，在其后加上逗号，在最后一个键-值对的下一行添加右花括号，并缩进 4 个空格，使其与键对齐，最后一个键-值对的逗号可以保留，为以后添加键-值对做准备；第 7、8 行代码是字典的遍历，其中 items()方法可以获取字典中的每个键-值对，并赋值给 item，第 7、8 行代码分别获取每个键-值对中的键和值。

文件 dict03.py 的运行结果如图 4-47 所示。

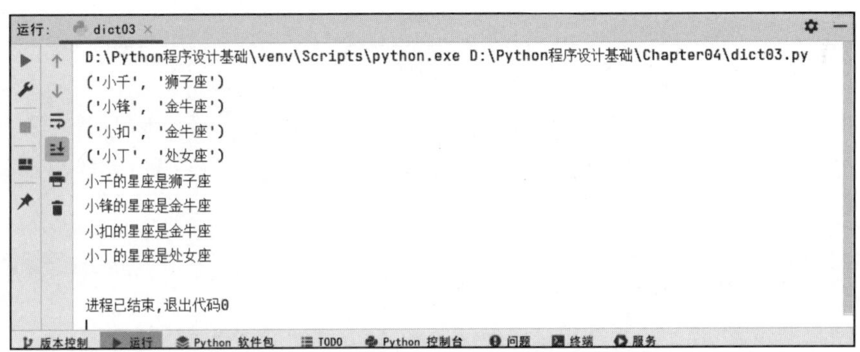

图 4-47　文件 dict03.py 的运行结果

在图 4-47 中，第 1～4 行打印字典中的元素，第 5～8 行使用 f 字符串打印字典的键和值。

2. 遍历所有的键与值

keys()方法可以获取字典中所有的键，values()方法可以遍历字典中所有的值。下面通过一个示例演示 keys()方法获取字典中的键与值的方法。

在 Chapter04 中创建一个名为 dict04.py 的文件，遍历星座信息字典，获取所有的键和值，具体代码如文件 4-42 所示。

文件 4-42　dict04.py

```
C_dict ={
    "小千":"狮子座",
    "小锋":"金牛座",
    "小扣":"金牛座",
    "小丁":"处女座",
    }
for name in C_dict.keys():
    print(name)
```

```
9   for cons in C_dict.values():
10      print(cons)
```

在上述代码中，第 1～6 行代码定义了一个字典；第 7、8 行代码获取字典的所有键；第 9、10 行代码获取字典的所有值，其中 keys()方法可以获取字典中的每个键，并赋值给变量 name，values()方法可以获取字典中的每个值，并赋值给变量 cons。

文件 dict04.py 的运行结果如图 4-48 所示。

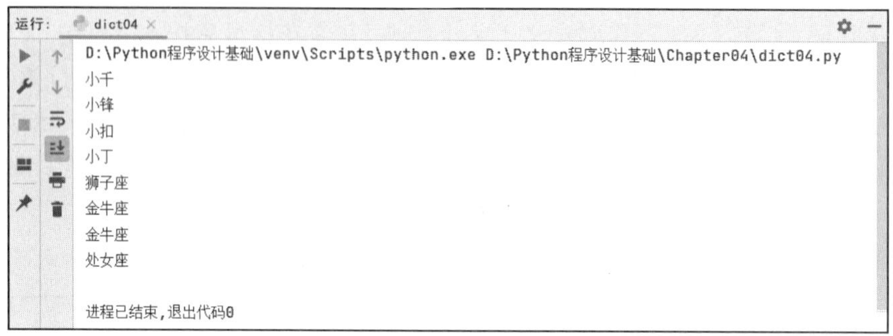

图 4-48　文件 dict04.py 的运行结果

由图 4-48 可知，第 1～4 行为遍历字典的键，第 5～8 行为遍历字典的值。

文件 dict04.py 的第 7 行代码还可以写成如下形式，不使用 keys()方法也能遍历字典的键。

```
for name in C_dict:
```

运行结果与文件 dict03.py 相同，但使用 keys()方法更容易理解。

4.6.3　对字典进行操作

字典是 Python 语言重要的数据类型，能够使数据表示更加完整，是应用最广的一种数据类型。想要熟练运用字典，就必须熟悉字典中常用的操作。

1. 删除字典

del 语句能删除字典中的一组键-值对，也可以用来删除整个字典。另外，使用 clear()也能删除字典。下面通过一个示例演示如何使用 clear()方法删除字典。

在 Chapter04 中创建一个名为 dict05.py 的文件，使用 del 语句删除字典及字典元素，具体代码如文件 4-43 所示。

文件 4-43　dict05.py

```
dict ={'Name': 'qfedu', 'Age': 12, 'Date': 202305}
del dict['Name']                    #删除键'Name'
dict.clear()                        #删除字典
del dict                            #删除字典
print ("dict['Age']: ", dict['Age'])
print ("dict['Date']: ", dict['Date'])
```

文件 dict05.py 的运行结果如图 4-49 所示。

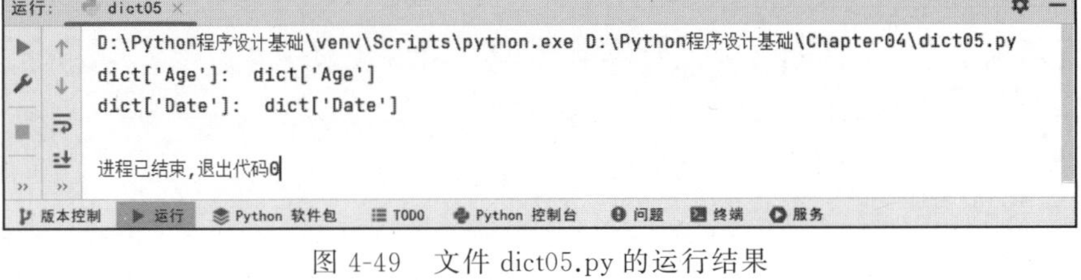

图 4-49　文件 dict05.py 的运行结果

由图 4-49 可知,del 语句既可以删除字典中的一组键-值对,也可以用来删除整个字典。clear()方法可以删除整个字典。

2. 复制字典

copy()方法可以实现字典的复制。它会创建一个新的字典对象,并将原始字典中的所有键-值对复制到新字典中。修改新字典不会影响原始字典,反之亦然。下面通过一个示例演示如何使用 copy()方法复制字典。

在 Chapter04 中创建一个名为 dict06.py 的文件,通过 copy()方法实现字典的复制,具体代码如文件 4-44 所示。

文件 4-44　dict06.py

```
1   std = {'name': '小千', 'score': 100}
2   st = std.copy()
3   del st['score']
4   print(st)
5   print(std)
```

在上述代码中,第 2 行代码用于实现字典的复制,第 3 行代码用于实现字典元素的删除。

文件 dict06.py 的运行结果如图 4-50 所示。

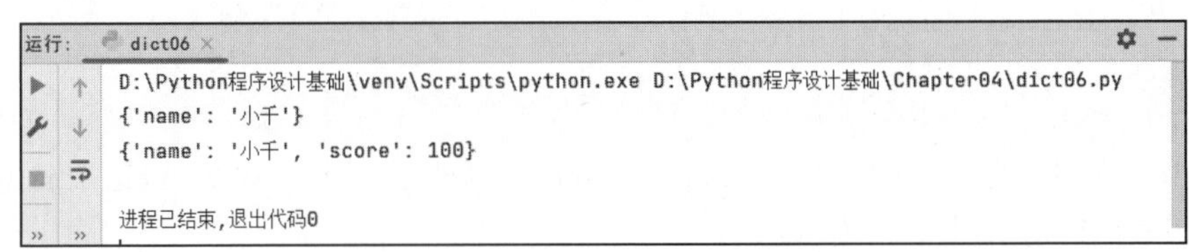

图 4-50　文件 dict06.py 的运行结果

由图 4-50 可知,程序对字典 st 的操作并不会影响字典 std。

3. 合并字典

合并两个字典有多种方式,下面介绍 3 种方式: update()方法、{**d1, **d2}方法以及“|”和“|=”运算符。

1) update()方法

update()方法可以将一个字典合并到另一个字典中。下面通过一个示例演示如何使用 update()方法合并字典。

在 Chapter04 中创建一个名为 dict07.py 的文件,通过 update()方法实现字典的合并,具体代码如文件 4-45 所示。

文件 4-45　dict07.py

```
dict1 ={"a": 1, "b": 2}
dict2 ={"b": 3, "c": 4}
dict1.update(dict2)
print(dict1)
```

在上述代码中，使用 update()方法将 dict2 中的{ 'b': 3, 'c': 4}合并到 dict1 中，dict1 中原有的{'b': 2}被更新为{'b': 3}。如果需要将多个字典合并，可以依次调用 update()方法。

文件 dict07.py 的运行结果如图 4-51 所示。

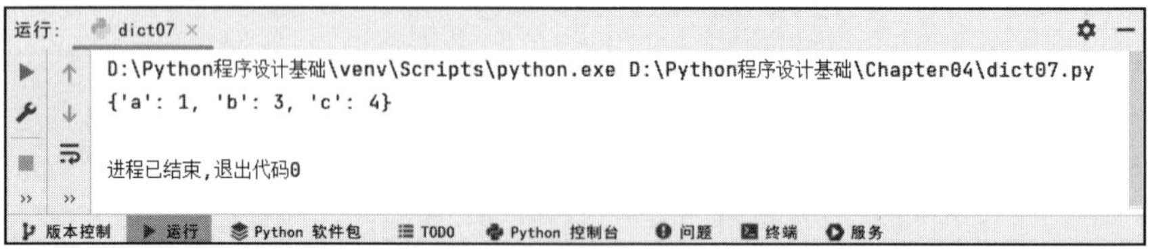

```
运行:  dict07 ×
D:\Python程序设计基础\venv\Scripts\python.exe D:\Python程序设计基础\Chapter04\dict07.py
{'a': 1, 'b': 3, 'c': 4}

进程已结束,退出代码0
版本控制  运行  Python 软件包  TODO  Python 控制台  问题  终端  服务
```

图 4-51　文件 dict07.py 的运行结果

由图 4-51 可知，输出字典{'a': 1, 'b': 3, 'c': 4}，这是两个字典合并后的结果。

2) {**d1, **d2}方法

如果想要创建一个新的字典，而不改变原有的字典，可以采用{**d1, **d2}方法。下面通过一个示例演示如何使用{**dict1, **dict2}方法合并字典。

在 Chapter04 中创建一个名为 dict08.py 的文件，具体代码如文件 4-46 所示。

文件 4-46　dict08.py

```
dict1 ={"a": 1, "b": 2}
dict2 ={"b": 3, "c": 4}
dict3 ={"d": 5}
merged_dict ={**dict1, **dict2, **dict3}
print(merged_dict)
```

在上述代码中，使用{**dict1, **dict2, **dict3}创建了一个新的字典，这个新的字典包含 dict1、dict2 和 dict3 中的所有元素。

文件 dict08.py 的运行结果如图 4-52 所示。

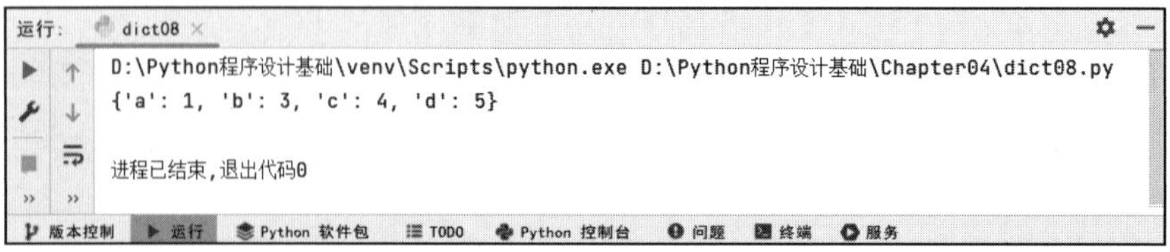

```
运行:  dict08 ×
D:\Python程序设计基础\venv\Scripts\python.exe D:\Python程序设计基础\Chapter04\dict08.py
{'a': 1, 'b': 3, 'c': 4, 'd': 5}

进程已结束,退出代码0
版本控制  运行  Python 软件包  TODO  Python 控制台  问题  终端  服务
```

图 4-52　文件 dict08.py 的运行结果

由图 4-52 可知，输出字典{'a': 1, 'b': 3, 'c': 4, 'd': 5}，是 3 个字典合并的结果。

3) "|"和"|="运算符

Python 3.9 新增了"|"和"|="运算符，用于字典的合并。"|"运算符与{**d1, **d2}方

法类似，会将两个字典合并成一个新的字典，两个字典有相同的键时，以第 2 个字典的值进行填充。下面通过一个示例演示如何使用运算符合并字典。

在 Chapter04 中创建一个名为 dict09.py 的文件，通过使用运算符的方法实现字典的合并，具体代码如文件 4-47 所示。

文件 4-47　dict09.py

```
dict01 ={"a":1,"b":2}
dict02 ={"a":3,"d":4}
dict03 =dict01 |dict02
print(dict03)
dict01 |=dict02
print(dict01)
```

文件 dict09.py 的运行结果如图 4-53 所示。

```
运行:  dict09
D:\Python程序设计基础\venv\Scripts\python.exe D:\Python程序设计基础\Chapter04\dict09.py
{'a': 3, 'b': 2, 'd': 4}
{'a': 3, 'b': 2, 'd': 4}

进程已结束,退出代码0
版本控制  运行  Python 软件包  TODO  Python 控制台  问题  终端  服务
```

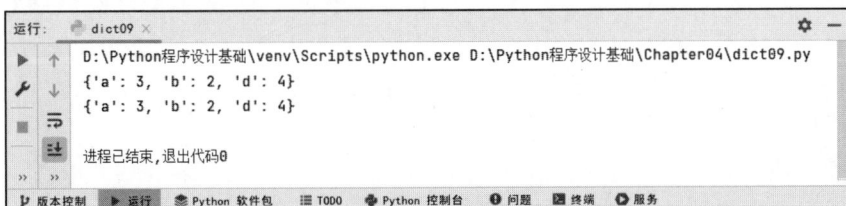

图 4-53　文件 dict09.py 的运行结果

由图 4-53 可知，“|＝”运算符可以将第 2 个字典合并到第 1 个字典中，两个字典有相同的键时，以第 2 个字典的值进行填充。

4.6.4　对字典元素进行操作

字典是可变的，可以对字典的元素进行修改、添加和删除。

1. 添加字典元素

向字典添加新内容的方法是增加新的键-值对，具体代码如下：

```
person_dict ={"name":"小千","age":20}
person_dict["grade"] ="大四"
print(person_dict)
```

向字典添加新内容的运行结果如图 4-54 所示。

图 4-54　向字典添加新内容的运行结果

由图 4-54 可知，字典 person_dict 中不存在键 grade，此时对键 grade 赋值字符串“大四”，该键-值对会被直接添加到字典中。

还可以通过 setdefault()方法添加字典元素，具体代码如下：

```
person_dict = {"name":"小千","age":20}
value =person_dict.setdefault("grade","大四")
print(f"返回值:{value},字典: {person_dict}")
```

通过 setdefault()方法添加字典元素的运行结果如图 4-55 所示。

图 4-55　通过 setdefault()方法添加字典元素的运行结果

由运行结果可知，如果字典中已存在此键，setdefault()方法不会修改该键对应的值。如果该键在字典中不存在，setdefault()方法就会向字典中添加该键，并以第 2 个参数作为该键的值，在没有指定第 2 个参数的情况下，键的值默认是 None。setdefault()方法会返回设置的键对应的值。

2. 修改字典元素

字典元素的修改是通过键来完成的，修改字典元素的具体代码如下：

```
person_dict = {"name":"小千","age":20}
person_dict["name"] ="小锋"
print(person_dict)
```

修改字典元素的运行结果如图 4-56 所示。

图 4-56　修改字典元素的运行结果

由图 4-56 可知，将字典中的键 name 对应的值“小千”修改为了“小锋”。

4.6.5　字典推导式

Python 的字典推导式允许读者快速创建新字典，其中每个元素都是按照某种规则从另一个字典或序列中生成的。字典推导式类似于列表推导式，但生成的对象是字典而不是列表。

从另一个字典中创建一个新字典，其中每个键都是原始字典的值，每个值都是该值的长度，具体代码如下：

```
my_dict = {"apple": "red", "banana": "yellow", "grape": "purple"}
```

```
new_dict ={value: len(value) for value in my_dict.values()}
print(new_dict)
```

从另一个字典中创建一个新字典的运行结果如图 4-57 所示。

图 4-57　从另一个字典中创建一个新字典的运行结果

使用字典推导式创建新字典的键和值，键分别为 0～9 中的偶数，值为键的平方数，具体代码如下：

```
new_dict ={x: x**2 for x in range(10) if x%2==0}
print(new_dict)
```

其运行结果如图 4-58 所示。

图 4-58　字典推导式创建新字典的键和值的运行结果

利用列表和字典推导式创建新字典，每个键都是列表中的偶数，值是该偶数的平方，具体代码如下：

```
my_list =[1, 2, 4, 7, 10]
new_dict ={x: x**2 for x in my_list if x %2 ==0}
print(new_dict)
```

其运行结果如图 4-59 所示。

图 4-59　列表和字典推导式创建新字典的运行结果

总而言之，字典推导式是一种非常方便和灵活的语法，可以快速、轻松地创建新字典。字典推导式类似于列表推导式，但生成的对象是字典而不是列表。

4.6.6 有序字典

有序字典(Ordered Dict)指的是读取数据创建 n 个键-值对，将其排序后放入有序字典并输出。Python 中的有序字典是使用 collections 模块中的 OrderedDict 类实现的。有序字典与默认的字典不同，有序字典会记住插入元素的顺序，并在遍历时按照插入顺序返回键和值。

下面通过一个示例演示有序字典的操作。在 Chapter04 中创建一个 dict11.py 文件，演示有序字典的创建、添加元素、按照插入顺序遍历字典、反转有序字典、按照值排序有序字典等操作，具体代码如文件 4-48 所示。

文件 4-48 dict11.py

```
1   from collections import OrderedDict
2   ordered_dict = OrderedDict()          #创建新的有序字典
3   ordered_dict['a'] = 1                 #添加元素
4   ordered_dict['b'] = 2
5   ordered_dict['c'] = 3
6   #按照插入顺序遍历字典
7   for key, value in ordered_dict.items():
8       print(key, value)
9   #反转有序字典
10  reversed_dict = OrderedDict(reversed(list(ordered_dict.items())))
11  for key, value in reversed_dict.items():
12      print(key, value)
13  #按照值排序有序字典
14  sorted_dict = OrderedDict(sorted(ordered_dict.items(), key=lambda t: t[1]))
15  for key, value in sorted_dict.items():
16      print(key, value)
```

在上述代码中，第 2～5 行代码使用 OrderedDict()方法创建了一个有序字典，并添加了 3 个元素；第 7～8 行代码在遍历字典时，按照插入顺序来返回键和值；第 10～12 行代码使用 reversed()方法使得有序字典中的元素反转；第 14～16 行代码使用 sorted()方法按照值进行排序。lambda 函数被作为 key 参数传递给了 sorted()函数，用于指定排序的依据，"lambda t：t[1]"表示按照元组 t 的第 2 个元素进行排序。

文件 dict11.py 的运行结果如图 4-60 所示。

图 4-60 文件 dict11.py 的运行结果

在图 4-60 中，第 1～3 行为遍历字典后，分别打印的 3 个插入字典的键与值；第 4～6 行为反转有序字典后，分别打印的 3 个插入字典的键与值；第 7～9 行为按照值排序有序字典后，分别打印的 3 个插入字典的键与值。

4.7 实验：修改配置文件

【实验目的】

1. 掌握字典的创建方法。
2. 掌握字典的基本操作：删除和遍历。
3. 掌握字典元素的操作方法：添加、修改和删除。

【实验要求与内容】

Python 字典可以非常方便地存储配置信息，以键-值对的形式存储数据。

1. 创建包含各种配置信息的字典，包含数据信息和用户信息等。
2. 遍历配置信息，查看此时的字典信息。
3. 修改配置信息，修改配置项的值并添加新的配置项。
4. 删除配置信息，修改配置项的键和值。

【实验步骤】

1. 创建字典保存配置信息

在 Chapter04 文件夹中创建一个名为 saveconf.py 的文件，创建包含各种配置信息的字典，具体代码如文件 4-49 所示。

文件 4-49　saveconf.py

```
config ={
    "database": {
        "host": "localhost",
        "port": 3306,
        "username": "admin",
        "password": "123456"
    },
    "app": {
        "title": "My App",
        "version": "1.0"
    }
}
```

在字典 config 中，包含两个键，即 database 和 app，对应的值也为字典，database 键对应的字典包含 host、port、username 和 password 键，即主机、端口、用户名和密码；app 键对应的字典包含 title 和 version 键，即标题和版本信息。

2. 遍历配置信息

在 saveconf.py 文件中遍历配置信息，具体代码如下：

```
for item in config.items():
    print(item)
```

使用 items()方法遍历字典，将打印字典的所有内容。

3. 修改配置信息

在 saveconf.py 文件中修改配置项的值，并添加新的配置项，具体代码如下：

```
1  config["database"]["port"] =3307 #修改配置项的值
2  config["debug_mode"] =True         #添加新的配置项
```

在上述代码中，第 1 行代码将字典中的 port 键对应的值修改为 3307，第 2 行代码向字典 config 中添加了一个新的键-值对，其中键为 debug_mode，对应的值为 True。

4. 删除配置信息

在 saveconf.py 文件中删除配置项，并删除字典中的键，具体代码如下：

```
del config['app']['title']          #删除配置项,删除'title'
for item in config.items():
    print(item)
config.clear()                      #删除字典
print(config)
```

在上述代码中，首先使用 del 语句删除了字典的 title 键，然后遍历配置信息并打印输出，最后使用 clear()方法删除了字典中的所有剩余项。

【实验结果】

文件 saveconf.py 的运行结果如图 4-61 所示。

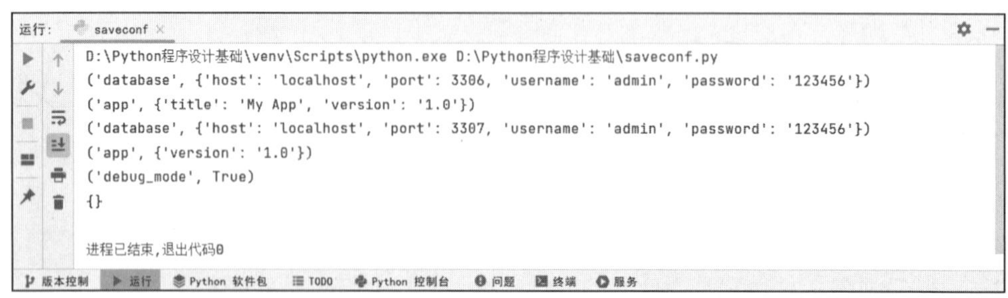

图 4-61　文件 saveconf.py 的运行结果

由图 4-61 可知，通过字典的方式访问配置项的值非常简单，同时也很容易修改和添加新的配置项。

【实验小结】

Python 字典可以非常方便地存储配置信息，以键-值对的形式存储数据。

4.8 Python 集合

在 2.2.2 节已经学习了集合的含义、两种创建方法以及去重的功能。本节主要介绍 Python 集合的遍历，集合中元素的常见操作，集合的交集、并集与差集运算，以及集合运算符的使用等内容。

4.8.1 遍历集合

在 Python 中，使用 set()函数或者{}创建集合。例如，set1 = set([1, 2, 3])，set2 = {1, 2, 3}。在 Python 中，集合可以使用循环语句遍历。常用的遍历方式有 for 循环和 while 循环，使用 for 循环遍历集合的语法格式如下：

```
for item in set:
    代码块
```

参数 set 表示要遍历的集合，item 表示集合中每个元素的变量名，代码块表示具体要执行的代码。下面通过一个示例演示 for 循环遍历集合的操作。

在 Chapter04 中创建一个名为 set01.py 的文件，具体代码如文件 4-50 所示。

文件 4-50　set01.py

```
set1 = {1, 2, 3, 4}
for num in set1:
    print(num, end = '')
```

在上述代码中，通过 for 循环遍历一个集合，并打印集合中的每个元素。

文件 set01.py 的运行结果如图 4-62 所示。

图 4-62　文件 set01.py 的运行结果

由图 4-62 可知，遍历集合元素的结果为“1 2 3 4”。

4.8.2 对集合元素进行操作

集合中的元素可以修改，下面将介绍添加和删除集合元素的操作。

1. 添加集合元素

可以使用 add()和 update()函数向集合中添加元素，例如 set1.add(4)。下面通过一个示例演示添加集合元素的操作方法。

在 Chapter04 中创建一个名为 set02.py 的文件，通过 add()和 update()函数向集合中添加元素，具体代码如文件 4-51 所示。

文件 4-51　set02.py

```
1  set1, set2 ={"汉语","英语","法语"}, {"俄语","西班牙语"}
2  set1.add("日语")
3  print(set1)
4  set1.update(set2)
5  print(set1)
```

在上述代码中，第 2 行代码通过 add()函数将字符串“日语”添加到集合 set1 中；第 4 行代码通过 update()函数将集合 set2 中的元素添加到集合 set1 中。

文件 set02.py 的运行结果如图 4-63 所示。

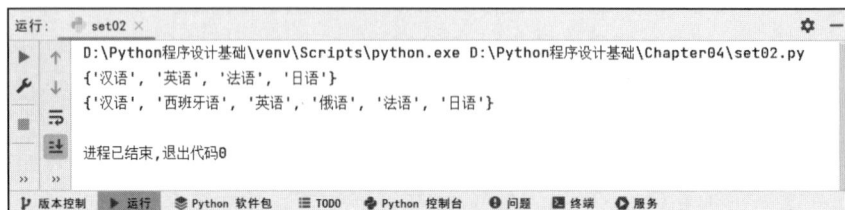

```
运行:  set02
D:\Python程序设计基础\venv\Scripts\python.exe D:\Python程序设计基础\Chapter04\set02.py
{'汉语', '英语', '法语', '日语'}
{'汉语', '西班牙语', '英语', '俄语', '法语', '日语'}

进程已结束,退出代码0
版本控制  运行  Python 软件包  TODO  Python 控制台  问题  终端  服务
```

图 4-63　文件 set02.py 的运行结果

由图 4-63 可知，添加“日语”到集合 set1 后，“日语”在集合的最后一个元素；将集合 set2 添加到集合 set1 后，集合 set1 的元素是无序的。

2. 删除集合元素

可以使用 remove()和 discard()方法删除集合中的元素。使用 remove()方法删除元素时，如果元素不存在，则会产生 KeyError 异常；而使用 discard()方法删除元素时，如果元素不存在，则不会报错。下面通过一个示例演示删除集合元素的操作。

在 Chapter04 中创建一个名为 set03.py 的文件，通过 remove()和 discard()方法删除集合元素，具体代码如文件 4-52 所示。

文件 4-52　set03.py

```
set1 ={1, 2, 3, 4}
set1.remove(3)                  #删除不存在的元素时报错
set1.discard(4)                 #删除不存在的元素时不会报错
set1.discard(5)
print(set1)
set1.clear()                    #清空集合
print(set1)
```

文件 set03.py 的运行结果如图 4-64 所示。

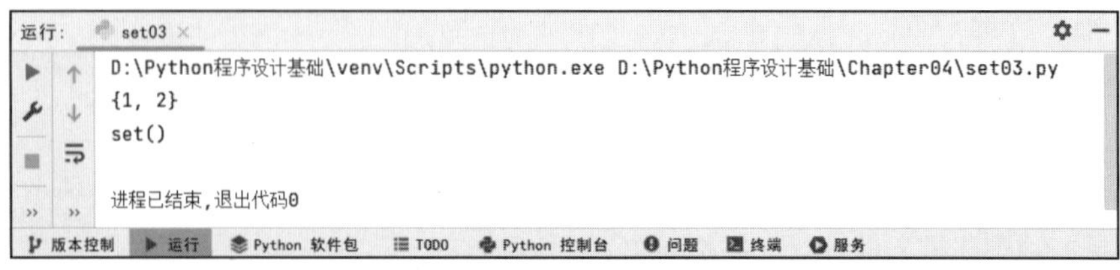

图 4-64　文件 set03.py 的运行结果

由图 4-64 可知，使用 remove()方法删除不存在的元素时会报错，而使用 discard()方法删除不存在的元素时不会报错，删除元素后会打印集合，而清空集合后，会打印空集合。

注意 remove()和 discard()方法的区别。

4.8.3 集合的运算

在 Python 中，集合可以参与多种运算，集合运算符如表 4-13 所示。

表 4-13 集合运算符

运　　算	说　　明	运　　算	说　　明
x in set1	检测 x 是否在集合 set1 中	set1 | set2	并集
set1 == set2	判断集合是否相等	set1 & set2	交集
set1 <= set2	判断 set1 是否为 set2 的子集	set1 - set2	差集
set1 < set2	判断 set1 是否为 set2 的真子集	set1 ^ set2	对称差集
set1 >= set2	判断 set1 是否为 set2 的超集	set1 |= set2	将 set2 的元素并入 set1 中
set1 < set2	判断 set1 是否为 set2 的真超集		

1. 交集、并集和差集运算

集合的 3 种基本操作为交集(&)、并集(|)和差集(-)，它们与数学中的定义相同，如图 4-65 所示。

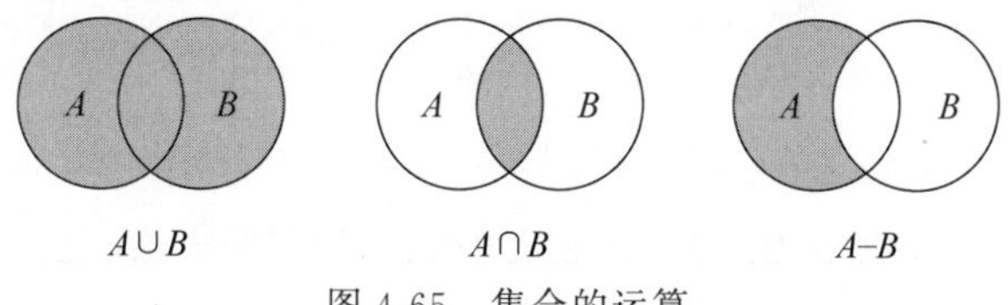

图 4-65 集合的运算

下面通过一个示例演示集合的运算操作。

在 Chapter04 中创建一个名为 set04.py 的文件，实现集合的差集、并集与交集运算，具体代码如文件 4-53 所示。

文件 4-53 set04.py

```
set1 ={1, 2, 3, 4}
set2 ={3, 4, 5, 6}
print(set1.union(set2))            #并集
print(set1.intersection(set2))     #交集
print(set1.difference(set2))       #差集
```

在上述代码中，分别通过 union()、intersection()与 difference()函数实现集合的并集、交集与差集运算。

文件 set04.py 的运行结果如图 4-66 所示。

由图 4-66 可知，集合的并集运算结果为{1,2,3,4,5,6}，集合的交集运算结果为{3,4}，集合的差集运算结果为{1,2}。

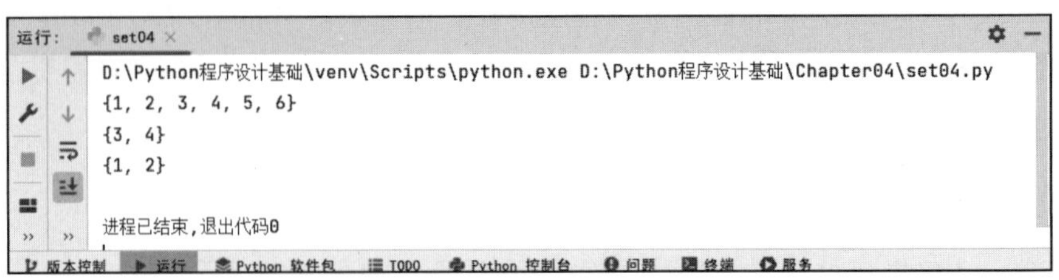

图 4-66　文件 set04.py 的运行结果

2. 判断子集和超集

使用 issubset()方法判断一个集合是否为另一个集合的子集,使用 issuperset()方法判断一个集合是否为另一个集合的超集。下面通过一个示例演示判断子集和超集的操作。

在 Chapter04 中创建一个名为 set05.py 的文件,具体代码如文件 4-54 所示。

文件 4-54　set05.py

```
set1 ={1, 2, 3}
set2 ={1, 2}
print(set2.issubset(set1))          #判断 set2 是否为 set1 的子集
print(set1.issuperset(set2))        #判断 set1 是否为 set2 的超集
```

文件 set05.py 的运行结果如图 4-67 所示。

图 4-67　文件 set05.py 的运行结果

在上述代码中,运算结果为 True,表示 set2 是 set1 的子集,set1 是 set2 的超集。

4.8.4　集合推导式

Python 集合推导式提供了一种简洁而高效的方法来创建集合。它可以快速地生成一个新的集合,而无须使用循环语句等烦琐的操作。集合推导式的语法格式如下:

```
new_set ={表达式 for 变量 in iterable}
```

在集合推导式的参数中,表达式为集合中每个元素的表达式;变量为可迭代对象中每个元素的变量名;iterable 表示可迭代对象,如列表、元组、字典、字符串等。

例如,通过集合推导式生成一个由 1～10 的平方组成的新集合,具体代码如下:

```
squares ={x**2 for x in range(1, 11)}
print(squares)
```

运行代码,输出结果如下:

```
{1, 4, 9, 16, 25, 36, 49, 64, 81, 100}
```

此外,集合推导式还支持添加条件表达式,可以根据条件过滤元素。例如,下面的代码通过集合推导式生成一个由 1～10 的平方中的所有偶数组成的新集合,具体代码如下:

```
even_squares = {x**2 for x in range(1, 11) if x**2 % 2 == 0}
print(even_squares)
```

运行代码,输出结果如下:

```
{4, 16, 36, 64, 100}
```

总的来说,集合推导式可以大大简化集合的创建过程,提高代码的可读性和可维护性。在实际开发中,应该充分利用集合推导式的优势,让代码更加简洁高效。

下面通过一个示例演示集合的去重功能。

在 Chapter04 中创建一个 setcom.py 文件,具体代码如文件 4-55 所示。

文件 4-55　setcom.py

```
set_a = {value for value in'初心至善,匠心育人'}
print(set_a)
```

文件 setcom.py 的运行结果如图 4-68 所示。

图 4-68　文件 setcom.py 的运行结果

由图 4-68 可知,遍历一个可迭代对象生成集合,集合是无序且不重复的,因此会自动去掉重复的元素,并且每次运行显示的顺序不一样。集合推导式就是将列表推导式的[]换成{},字典推导式就是推导出两个值并构建成键-值对。

另外,无论是字典推导式还是集合推导式,都可以像列表推导式一样接 if 条件语句、嵌套循环等。

4.9　数据科学入门:大数定律与中心极限定律

某学校想获得本省 18 岁男生的平均身高,这时显然不会也不可能真的去统计全省所有 18 岁男生的身高,然后求平均值。因此,一般会去找一些样本,即找一部分本省 18 岁的男生,取他们身高的平均值,用这个样本的平均值来近似地估计所有 18 岁男生的平均身高。大数定律与中心极限定律都是在阐述样本均值的性质,随着样本量(n)的增大,大数定律认为样本均值几乎必然等于均值;中心极限定律认为样本均值越来越趋近于正态分布,并且这个正态分布的方差越来越小。

例如，在制造业中，可以通过抽取一定数量的产品进行检验，并计算产品的平均值和标准差，再利用中心极限定理推算出产品性能指标的概率分布，以判断产品是否合格，或者是否需要进行进一步的改进和控制。下面通过两个示例体现大数定律与中心极限定律在工业生产实践上的作用。

4.9.1 大数定律

大数定律是一个非常底层的基础性原理，大量的机器学习理论和算法实际上都建立在这个基础之上。大数定律认为如果统计数据足够大，那么事物出现的频率就能无限接近它的期望值。样本量(n)只要越来越大，把这 n 个独立同分布的数加起来除以 n，得到的这个样本均值会依概率收敛到真值 u，但是样本均值的分布是未知的。

假设某公司通过调查发现，某种产品的平均使用寿命为 5000 小时。为了验证这一结论，该公司对 100 个样本进行了测试，得到这些样本的使用寿命如下：

4800，5100，4900，5200，5100，4900，4600，4800，5100，5000，5200，5000，4900，5000，4900，4800，5000，4900，5100，5000，4700，5000，4900，5100，4700，5100，4800，5200，5000，5100，5200，4800，4900，5000，4900，4800，5200，5000，5100，4800，5000，4900，5100，4800，5000，4900，5000，4700，5200，4900，4700，4600，5000，4900，4700，5200，4800，4900，5000，4700，5000，4900，4800，4900，5000，5100，4800，5000，4700，4900，4800，5100，4700，5000，4800，5000，4700，4900，5000，5100，4700，4900，5000，4900，5100，4900，5300，5000，4800，5100，4900，4800，5000，4900，5100，5300，5000，5100，4800，5100，4700，5000，4800，5300，5000，4800，5100

现在，公司想要通过这些数据来验证产品的平均使用寿命是否真的为 5000 小时，可以使用 Python 编写如下代码：

```
import numpy as np
data =np.array([4800, 5100, 4900, 5200, 5100, 4900, 4600, 4800, 5100, 5000,
 5200, 5000, 4900, 5000, 4900, 4800, 5000, 4900, 5100, 5000, 4700, 5000, 4900,
 5100, 4700, 5100, 4800, 5200, 5000, 5100, 5200, 4800, 4900, 5000, 4900, 4800,
 5200, 5000, 5100, 4800, 5000, 4900, 5100, 4800, 5000, 4900, 5000, 4700, 5200,
 4900, 4700, 4600, 5000, 4900, 4700, 5200, 4800, 4900, 5000, 4700, 5000, 4900,
 4800, 4900, 5000, 5100, 4800, 5000, 4700, 4900, 4800, 5100, 4700, 5000, 4800,
 5000, 4700, 4900, 5000, 5100, 4700, 4900, 5000, 4900, 5100, 4900, 5300, 5000,
 4800, 5100, 4900, 4800, 5000, 4900, 5100, 5300, 5000, 5100, 4800, 5100, 4700,
 5000, 4800, 5300, 5000, 4800, 5100])
sample_size =10                        #选择样本的大小
sample_means =[]
for i in range(100):
    samples =np.random.choice(data, sample_size)
    sample_means.append(np.mean(samples))
print("样本均值:", np.mean(sample_means))
```

在上述代码中：

(1) 导入 NumPy 库，并将样本数据转换为 array 数据。

(2) 使用 NumPy 库中的随机选择函数，即 np.random.choice()函数来进行样本选择，并使用循环遍历 100 次，使用 np.mean()函数每次计算出一个采样样本的平均值，并使用 append()函数将采样样本的平均值存储在 sample_means 数组中。

(3) 使用 np.mean()函数计算出 100 个采样样本的平均值，即为样本均值。

执行上述代码后，可以得到样本均值为 4948.2，非常接近但略小于总体均值 5000。

大数定律指出，当独立随机变量的样本数量足够大时，样本平均值逐渐接近总体的平均值，即样本的平均数越来越接近期望值。在生产过程中，可以利用大数定律估计某种产品的平均质量或某项生产指标的平均水平，从而评估生产流程的稳定性和品质水平。

拓展阅读：NumPy 库

NumPy 是 Python 的一个科学计算库，它主要用于快速地处理大型数组和矩阵运算，并提供了各种科学计算所需的基础函数和算法。

NumPy 最重要的功能是提供了一个高效的多维数组对象 numpy.ndarray。该对象可以进行快速的元素级别的数值运算、数学函数运算和逻辑运算，同时支持基于数组的索引、分片、迭代和布尔运算等常用操作。同时，NumPy 还提供了许多高级的线性代数、傅里叶变换、统计分析和随机数生成等函数和工具，可以方便地进行各种科学计算。

除 numpy.ndarray 外，NumPy 还提供了很多其他的数据类型和函数，例如 numpy.matrix、numpy.random。同时，NumPy 还与其他科学计算库和可视化库(如 SciPy、Matplotlib)紧密配合，为科学计算和数据分析提供了强有力的支持。

由于 NumPy 具有高效、灵活、易于使用和扩展等优点，成为 Python 在科学计算和数据分析领域的重要基础库之一。

4.9.2 中心极限定律

中心极限定律指的是任何一个样本的平均值将会约等于其所在总体的平均值。n 越来越大时，这 n 个数的样本均值会趋近于正态分布，且此正态分布以 μ 为均值，以 $\frac{\sigma^2}{n}$ 为方差。

假设某电商网站每天有 1000 人访问，其中 10%的人会购买商品，现在想要确定一天结束后，购买商品的人数的概率分布。可以使用 Python 编写如下代码：

```
import numpy as np
import matplotlib.pyplot as plt
n =1000                                    #总人数
p =0.1                                     #购买商品的概率
num_samples =1000                          #采样次数
#使用二项分布模拟采样
samples =np.random.binomial(n, p, num_samples)
#绘制样本分布图像
plt.hist(samples, bins=20, density=True, alpha=0.5, color='c')
#计算均值和标准差
mean =np.mean(samples)
std =np.std(samples)
#使用正态分布拟合样本分布
x =np.linspace(samples.min(), samples.max(), 1000)
y =1/(std * np.sqrt(2 * np.pi)) * np.exp(-(x-mean)**2/(2 * std**2))
plt.plot(x, y,'r-', linewidth=2)
```

```
plt.rcParams['font.sans-serif']=['SimHei'] #用来正常显示中文标签
plt.rcParams['axes.unicode_minus']=False    #用来正常显示负号
plt.xlabel('购买商品的人数')
plt.ylabel('概率密度')
plt.title('购买商品的人数的概率分布')
plt.show()
```

在上述代码中，首先使用 NumPy 库中的二项分布 np.random.binomial()函数模拟采样，以便在总人数和购买商品的概率已知的情况下，产生符合条件的随机数据；然后使用 plt.hist()函数绘制样本分布的直方图，并使用 np.mean()函数与 np.std()函数分别计算出均值和标准差；最后使用中心极限定律，将样本分布拟合成正态分布，并绘制拟合曲线。

执行上述代码后，可以得到一个类似于正态分布的概率密度曲线。一天结束后，购买商品的人数的概率分布如图 4-69 所示。

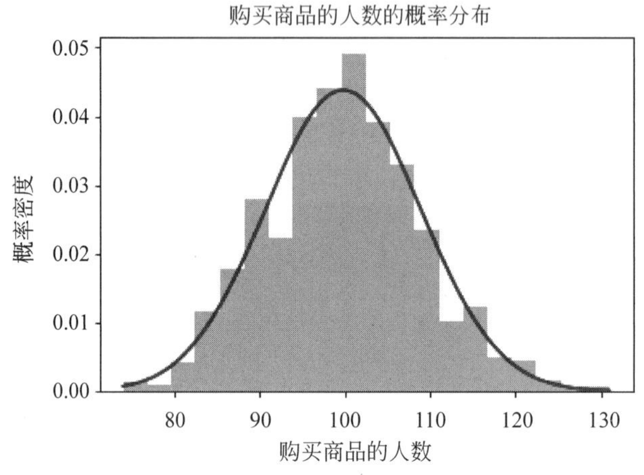

图 4-69　一天结束后购买商品的人数的概率分布

中心极限定律指出，对于任何分布，当样本数量足够大时，样本平均值的分布会趋近于正态分布。在生产实践中，中心极限定律可以帮助企业利用样本均值和标准差来预测生产过程中某些指标的概率分布，评估生产流程的可控性和稳定性，以及制定相应的生产控制策略。

在实际应用中，需要根据具体的问题和数据特点选择合适的概率分布和统计方法，以达到更准确和有效的预测和控制效果。无论是大数定律还是中心极限定律，都是提高生产质量和效率的有力工具。

拓展阅读：二项分布模拟采样

二项分布是一种离散概率分布，表示在 n 个相互独立的重复试验中，恰好 k 次成功的概率。其中，成功的概率为 p，失败的概率为 $1-p$。

可以使用 SciPy 库中的 binom.rvs()方法进行二项分布模拟采样。除 SciPy 库外，NumPy 也提供了二项分布模拟采样的方法。可以使用 numpy.random.binomial()方法进行采样。具体步骤如下：

(1) 导入 NumPy 库，具体代码如下：

```
import numpy as np
```

(2) 调用 numpy.random.binomial()方法进行采样,该方法需要传入 3 个参数: n 表示重复试验的次数,p 表示成功的概率,size 表示输出的采样样本数量,具体代码如下:

```
n =10
p =0.5
size =1000
samples =np.random.binomial(n, p, size=size)
```

以上代码表示进行 10 次独立重复试验,成功的概率为 0.5,共进行 1000 个样本采样。

(3) 统计采样结果的频数,绘制频数分布直方图,具体代码如下:

```
import matplotlib.pyplot as plt
freqs, bins, _ =plt.hist(samples, bins=n+1, range=[0,n], density=True)
plt.show()
```

以上代码利用 Matplotlib 库绘制了采样结果的频数分布直方图。其中,bins 定义了数据的分箱范围,表示直方图中各个立柱的边界值;freqs 则表示直方图中每个立柱的频率密度,即每个区间内样本出现的相对频率。

4.10 本章小结

本章首先介绍了 Python 语言的序列的通用操作,包括索引、切片、相加、相乘以及检测元素是否在序列中的操作等,然后介绍了字符串、列表、元组、字典与集合的常用操作;最后介绍了大数定律与中心极限定律在生产中的实践应用。通过本章内容的学习,读者能够学会不同类型数据的操作,熟练掌握各种数据类型的使用方法,为灵活存储与处理不同类型的数据奠定基础。

第 5 章　Python 函数

观看视频

学习目标

在线答题

- 了解 Python 函数的定义与返回值，能够正确书写函数
- 掌握 Python 函数的参数传递，能够编写自定义函数来满足特定需求
- 掌握作用域与全局变量、局部变量的使用，能够应用变量的作用域
- 了解 Python 的 3 种命名空间的作用，能够理解变量的生命周期
- 掌握 Python 函数的嵌套调用，能够创建函数嵌套结构
- 掌握 Python 函数的递归调用，能够灵活地应用函数递归

Python 函数是一段可重复使用的代码块，是 Python 编程中基本的构建块，可以帮助读者更好地组织和管理代码，减少重复的工作，提高编程的效率和代码的可读性、可维护性。本章从认识 Python 函数的定义与返回值、函数参数、函数调用及变量的作用域进行讲解。

5.1　认识 Python 函数

2.3 节已经介绍过函数的定义与几种常见的内置函数，本节将针对 Python 函数的定义与调用及返回值进行讲解。

5.1.1　Python 函数的定义

Python 中的函数分为内置函数和自定义函数。下面对内置函数、自定义函数和函数调用进行介绍。

1. 内置函数

Python 的内置函数可以直接在代码中使用，无须导入任何模块，如 print()函数、input()函数等。常见的内置函数如表 5-1 所示。

表 5-1　常见的内置函数

abs()	dict()	help()	min()	setattr()
all()	dir()	hex()	next()	slice()
any()	divmod()	id()	object()	sorted()
ascii()	enumerate()	input()	oct()	staticmethod()
bin()	eval()	int()	open()	str()

续表

bool()	exec()	isinstance()	ord()	sum()
bytearray()	filter()	issubclass()	pow()	super()
bytes()	float()	iter()	print()	tuple()
callable()	format()	len()	property()	type()
chr()	frozenset()	list()	range()	vars()
classmethod()	getattr()	locals()	repr()	zip()
compile()	globals()	map()	reversed()	set()
complex()	hasattr()	max()	round()	hash()
delattr()	memoryview()			

Python 的内置函数可以提供快捷的解决方案，灵活、准确地使用内置函数可以大大提高代码的复用性和可读性。

2. 自定义函数

Python 的自定义函数是将一段有规律的、可复用的代码定义成函数，从而达到一次编写、多次复用的目的。在 Python 中，函数声明以 def 关键字开头，后跟函数名称和必要的参数列表：

```
def function_name(parameters):
    #函数体
    #执行的代码块
```

在程序中，如果需要实现多次输出"拼搏到无能为力，坚持到感动自己！"文本的功能，则可以将这个功能写成一个函数，具体代码如下：

```
def output():
    print('拼搏到无能为力，坚持到感动自己！')
```

当需要使用该函数时，则可以进行多次调用，调用函数的语句具体如下：

```
output()
```

自定义函数可以减少程序中的代码冗余，提升代码的可维护性。

3. 函数调用

定义一个函数需要为函数指定名称，并设计函数内所包含的参数和代码块结构。函数的基本结构完成以后，可以通过另一个函数调用此函数，也可以借助 Python 提示符执行此函数。使用函数一般包含两个步骤，具体如下：

(1) 定义函数，用于封装独立的功能。

(2) 调用函数，用于享受封装的结果。

下面通过一个示例演示自定义函数的定义与调用。

在创建好的"Python 程序设计基础"项目中创建 Chapter05 文件夹,在 Chapter05 文件夹中创建一个名为 squareS.py 的文件,计算已知边长的长方形的面积,具体代码如文件 5-1 所示。

文件 5-1　squareS.py

```
1  def square(length,width):
2      return length * width
3  print(square(5,6))
```

在上述代码中,第 1、2 行代码为自定义函数 square(),包含面积的计算公式;第 3 行代码为函数调用,向函数 square()传递两个参数,分别为数字 5、6。square()函数的功能是计算 5 * 6 的值,并打印出函数的返回值。

文件 squareS.py 的运行结果如图 5-1 所示。

图 5-1　文件 squareS.py 的运行结果

由图 5-1 可知,函数的返回值为 30,即计算出的长方形面积为 30。

5.1.2　Python 函数的返回值

在 Python 中,使用 def 语句创建函数时,可以使用 return 语句指定函数的返回值,该返回值可以是任意数据类型。需要注意的是,return 语句在同一函数中可以出现多次,但只要满足一次执行条件,函数就会返回执行结果,并结束执行。含有返回值的函数可作为一个值赋给指定变量。return 语句的语法结构如下:

```
def function_name(parameters):
    #函数体
    #执行的代码块
    return [返回值]
```

return 语句只有一个参数,返回值是可选的,可以指定具体值,也可以省略不写,省略时将返回空值 None。

下面通过一个示例演示函数的返回值。在 Chapter05 文件夹中创建一个名为 returnS.py 的文件,计算两个数的和并打印和的值,具体代码如文件 5-2 所示。

文件 5-2　returnS.py

```
def return_sum(x,y):
    c =x + y
    return c
```

```
4  res =return_sum(4,5)
5  print(res)
```

在上述代码中，第 1～3 行代码为自定义函数 return_sum()，用于计算两个数之和，并返回结果；第 4 行代码为函数调用，使用变量 res 接收函数的返回结果，并向函数 return_sum()传递了两个参数，分别为数字 4、5；第 5 行代码用于打印函数的返回值。

文件 returnS.py 的运行结果如图 5-2 所示。

图 5-2　文件 returnS.py 的运行结果

由图 5-2 可知，函数的返回值为 9，即两个数的和为 9。

下面通过一个示例演示函数返回空值 None 时 return 语句的使用。

在 Chapter05 文件夹中创建一个名为 returnN.py 的文件，用于计算两个数的值但不返回数值，具体代码如文件 5-3 所示。

文件 5-3　returnN.py

```
def empty_return(x,y):
    c =x + y
    return
res =empty_return(4,5)
print(res)
```

文件 returnN.py 的运行结果如图 5-3 所示。

图 5-3　文件 returnN.py 的运行结果

由图 5-3 可知，函数的返回值为 None，函数计算两个数的和后，不返回数值，因此调用此函数时返回 None。

拓展阅读：Python 的常量 None

在 Python 中，有一个特殊的常量 None(N 必须大写)。None 和 False 不同，既不表示 0，也不表示空字符串，而是表示没有值，即空值。None 有自己的数据类型，属于 NoneType 类型。

需要注意的是，None 是 NoneType 数据类型的唯一值，即不能再创建其他 NoneType 类型的变量，但是可以将 None 赋值给任何变量。如果希望避免变量中存储的数据与任何其他数据混淆，就可以使用 None。

除此之外，None 常用于 assert、判断及函数无返回值的情况。

例如，使用 print()函数输出数据时，该函数的返回值就是 None，因为 print()函数的功能是在屏幕上显示文本，根本不需要返回任何值，所以 print()返回 None。

另外，对于所有没有 return 语句的函数定义，Python 都会在末尾加上 return None，使用不带值的 return 语句，即只有 return 关键字本身，那么该函数就会返回 None。

5.2　Python 函数的参数传递

在学习定义一个函数时，可能会设置多个形式参数，此时在调用函数时也会传递多个实际参数。本节将从函数参数及传递实际参数两方面进行讲解。

5.2.1　函数参数

1. 函数参数的分类

通常情况下，定义函数时都会选择有参数的函数形式，函数参数的作用是向函数传递数据，使函数对接收的数据进行具体的处理。函数参数可以是一个，也可以是多个。多个参数被称为参数列表，参数之间需要用逗号进行间隔。

Python 中的函数传递参数的形式主要有 4 种，分别为位置传递、关键字传递、默认值传递和不定参数传递。

2. 形式参数与实际参数

在定义函数时，函数名后紧跟着的括号中的参数称为形式参数；在调用函数时，函数名后紧跟着的括号中的参数称为实际参数，即函数的调用者传递给函数的参数；实际参数可以向形式参数传递数据，形式参数接收实际参数的值。下面通过一个示例演示函数的形式参数与实际参数的含义。

在 Chapter05 文件夹中创建一个名为 demo.py 的文件，具体代码如文件 5-4 所示。

文件 5-4　demo.py

```
1   def demo(obj):
2       print(obj)
3   obj ="动辄不衰,用则不退,生命在于运动。"
4   demo(obj)
```

在上述代码中，第 1 行代码中的 obj 为形式参数，而第 4 行代码中的 obj 为实际参数。文件 demo.py 的运行结果如图 5-4 所示。

图 5-4　文件 demo.py 的运行结果

由图 5-4 可知，调用函数后，执行函数 demo()的 print(obj)语句，打印的结果是传递实际参数值后的形式参数。

3. 函数参数的传递方式

在 Python 中，根据实际参数的类型不同，函数参数的传递方式可分为两种，分别为值传递和引用（地址）传递。值传递适用于实际参数类型为不可变类型的情况，如字符串、数字、元组等；引用（地址）传递适用于实际参数类型为可变类型的情况，如列表与字典等。下面通过一个示例演示函数参数的值传递与引用传递的过程。

在 Chapter05 文件夹中创建一个名为 demo01.py 的文件，定义函数 demo()后调用函数，采用不同的参数传递方式并查看执行函数的结果，具体代码如文件 5-5 所示。

文件 5-5　demo01.py

```
1   def demo(obj):
2       obj +=obj
3       print(obj)
4   print("______值传递______")
5   a =" 健康的身体乃是灵魂的客厅,有病的身体则是灵魂的禁闭室。"
6   print("形式参数:",a)
7   demo(a)
8   print("实际参数:",a)
9   print("______引用传递______")
10  a= [1,"跑步",3,"游泳"]
11  print("形式参数:",a)
12  demo(a)
13  print("实际参数:",a)
```

在上述代码中，第 5 行代码中的变量 a 传递的数据类型是字符串，属于不可变类型，因此第 7 行代码调用函数时为值传递，第 10 行代码中的变量存储的数据类型是列表，属于可变类型，因此第 12 行代码调用函数时为引用传递。

文件 demo01.py 的运行结果如图 5-5 所示。

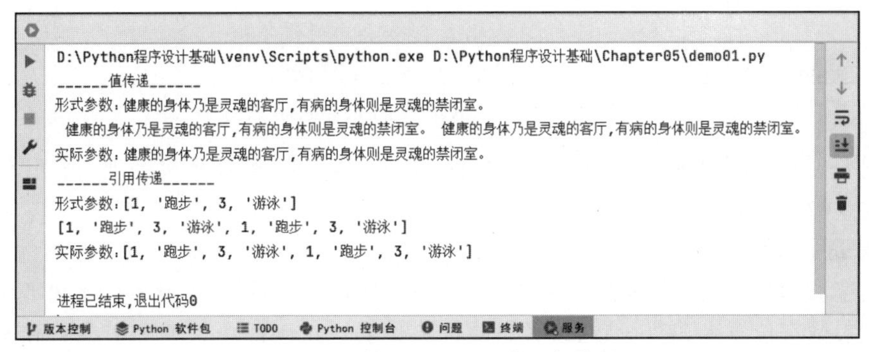

图 5-5　文件 demo01.py 的运行结果

由图 5-5 可知，在执行值传递时，读者将形式参数的值由字符串“健康的身体乃是灵魂的客厅，有病的身体则是灵魂的禁闭室。”修改为字符串“健康的身体乃是灵魂的客厅，有病的身体则是灵魂的禁闭室。健康的身体乃是灵魂的客厅，有病的身体则是灵魂的禁闭室。”后，实际参数并不会发生改变，依然是“健康的身体乃是灵魂的客厅，有病的身体则是灵魂的禁闭室。"；而在进行引用传递时，读者将形式参数的值由列表"[1,"跑步",3,"游泳"]"修改为列表"[1,"跑步",3,"游泳",1,"跑步",3,"游泳"]"后，实际参数也会发生同样的改变。

5.2.2 传递实际参数

实际参数的传递方式包括位置参数传递，要求实际参数的顺序与形式参数的顺序相同；关键字参数传递，实际参数由变量名和值组成；除此之外，还可以通过参数的包裹传递来传递任意个数的参数等。下面对位置参数、关键字参数、默认值参数以及包裹参数 4 种参数传递方式进行讲解。

1. 位置参数

位置参数也称必备参数，是函数参数中最常用的形式。位置参数要求，调用函数时，Python 必须将函数调用中的每个实际参数都关联到函数定义中的一个形式参数，即调用函数时传入实际参数的数量和位置都必须和定义函数时的形式参数保持一致，否则 Python 解释器会抛出 TypeError 异常，并提示缺少必要的位置参数。下面通过一个示例演示函数的位置参数的使用。

在 Chapter05 文件夹中创建一个名为 locationP.py 的文件，具体代码如文件 5-6 所示。

文件 5-6　locationP.py

```
def print_Course(a, b, c, d):
    print("Course: {} {} {} {}".format(a, b, c, d))
print_Course("语文", "高等数学", "计算机基础", "物理")
```

在上述代码中，a、b、c、d 是位置参数。

文件 locationP.py 的运行结果如图 5-6 所示。

图 5-6　文件 locationP.py 的运行结果

由图 5-6 可知，将实际参数的字符串数据"语文、高等数学、计算机基础、物理"依次传递给了形式参数 a、b、c、d。

2. 关键字参数

关键字参数指的是使用形式参数的名字来确定输入的参数值。此方式不再要求实际参数与形式参数在位置上完全一致，读者只要将参数名写正确即可。关键字参数和函数调用的关系十分紧密，函数调用需要使用关键字参数来确定传入的参数值。下面通过一个示例演示函数的关键字参数的使用。

在 Chapter05 文件夹中创建一个名为 keyP.py 的文件，具体代码如文件 5-7 所示。

文件 5-7　keyP.py

```
def printinfo(name, age):
```

```
2     print("名字: ", name)
3     print("年龄: ", age)
4     return
5 printinfo(age=50, name="小千")
```

在上述代码中，第 5 行代码在传递实际参数时，使用关键字参数调换了参数的顺序，导致实际参数与形式参数的顺序不同。

文件 keyP.py 的运行结果如图 5-7 所示。

图 5-7　文件 keyP.py 的运行结果

由图 5-7 可知，打印的参数与形式参数的顺序一致。

使用关键字参数允许函数调用时参数的顺序与声明时不一致，因为 Python 解释器能够用参数名匹配参数值。混合传参时，关键字参数必须位于所有的位置参数之后。

3. 默认值参数

定义 Python 函数时，可给每个形式参数指定默认值。在调用函数时，如果读者为形式参数提供实际参数，Python 将优先使用指定的实际参数值；否则，将使用形式参数的默认值。给形式参数指定默认值后，可省略函数调用中相应的实际参数传递。使用默认值不仅可以简化函数调用，还可以清楚地指出函数的典型用法。下面通过一个示例演示函数的默认值参数的使用。

在 Chapter05 文件夹中创建一个名为 defaultP.py 的文件，比较使用默认值参数时形式参数的值，具体代码如文件 5-8 所示。

文件 5-8　defaultP.py

```
1 def printinfo(name, age=35):
2     print("名字: ", name)
3     print("年龄: ", age)
4     return
5 printinfo(age=15, name="小千")
6 print("-----------------------")
7 printinfo(name="小千")
```

由文件 defaultP.py 可知，定义函数时，形式参数 age 设置了默认值；第 5 行代码调用函数时指定了实际参数的值，当定义一个有默认值参数的函数时，有默认值的参数必须位于所有无默认值参数的后面；第 7 行代码调用函数时仅指定了实际参数 name，而没有指定 age。

文件 defaultP.py 的运行结果如图 5-8 所示。

由图 5-8 可知，调用函数时指定了实际参数值，因此使用指定的值，如果没有传递实际参数，则会使用参数默认值。

图 5-8　文件 defaultP.py 的运行结果

4. 包裹参数

当一个函数接收的参数数量超出已声明的参数数量时，Python 提供了能够接收任意数量实际参数的传参方式，这些参数叫作包裹参数。在包裹参数中，需要使用 * args 接收实际参数传递参数时转换为元组的形式，**kwargs 接收实际参数传递参数时转换为字典的形式。下面通过一个示例演示函数的包裹参数的使用。

在 Chapter05 文件夹中创建一个名为 Variable-lengthP.py 的文件，展示使用包裹参数时参数的传递情况，具体代码如文件 5-9 所示。

文件 5-9　Variable-lengthP.py

```
1  print("-----元组-----")
2  def info(arg1, * vartuple):
3      print(arg1)
4      print(vartuple)
5  info(70, 80, 75)
6  print("-----空元组-----")
7  def print_info(arg1, * vartuple):
8      print(arg1)
9      for var in vartuple:
10         print(var)
11     return
12 print_info(60)
13 print_info(98, 89, 78)
14 print("-----字典-----")
15 def print_dict(arg1, **vardict):
16     "打印任何传入的参数"
17     print(arg1)
18     print(vardict)
19 print_dict(1, a=2, b=3)
```

在上述代码中，第 2、7 行代码加了星号 * 的参数会以元组的形式导入；第 12～13 行代码没有指定参数，此时未向函数传递未命名的变量；第 15 行代码加了双星号**的参数会以字典的形式导入，存放所有未命名的变量参数。

文件 Variable-lengthP.py 的运行结果如图 5-9 所示。

由图 5-9 可知，加星号 * 的参数会以元组的形式导入，如果在函数调用时没有指定参数，它就是一个空元组；加双星号**的参数会以字典的形式导入。

声明函数时，参数中的星号 * 可以单独出现。此时，其后的参数必须使用关键字传入。

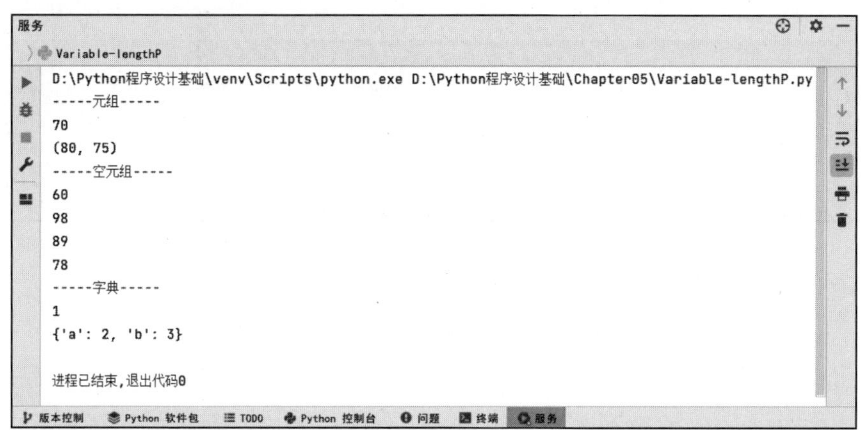

图 5-9　文件 Variable-lengthP.py 的运行结果

5. 匿名函数

在 Python 中，需要使用 lambda 函数来创建匿名函数，lambda 函数的特点如下：

(1) lambda 只是一个表达式，函数体比 def 简单很多。

(2) lambda 的主体是一个表达式，而非一个代码块。读者仅能在 lambda 表达式中封装有限的逻辑。

(3) lambda 函数拥有自己的命名空间，并且不能访问自有参数列表之外或全局命名空间中的参数。

匿名函数的语法结构如下：

```
lambda [arg1[,arg2,...argn]]:expression
```

lambda 函数设计用于编写简洁的单行语句。下面通过一个示例演示匿名函数的使用。

在 Chapter05 文件夹中创建一个名为 lambdafunc.py 的文件，具体代码如文件 5-10 所示。

文件 5-10　lambdafunc.py

```
def func(n):
    return lambda a: a * n
a = func(2)
b = func(5)
print(a(11))
print(b(12))
```

在上述代码中，将匿名函数封装在 func() 函数中，通过传入不同的参数来创建不同的匿名函数。

文件 lambdafunc.py 的运行结果如图 5-10 所示。

由图 5-10 可知，使用匿名函数计算两个数的乘法，计算 a * n 的值并将结果赋值给变量 a，作为函数的返回值。

图 5-10　文件 lambdafunc.py 的运行结果

5.3　变量的作用域

在不同编程语言中，变量的作用域规则可能会有所不同。本节将针对 Python 变量的作用域、全局变量和局部变量进行讲解。

5.3.1　作用域

作用域指的是变量的有效范围，即变量可以在哪个范围内使用。变量的作用域由变量的定义位置决定，在不同位置定义的变量，其作用域是不一样的。

在 Python 中，变量作用域的规则如下。

1. 全局作用域

在 Python 中，所有未定义在函数或类中的变量，其作用域是全局作用域。全局作用域中定义的变量可以被任意函数或类使用，也可以在函数或类中修改变量值。

2. 局部作用域

函数或类中定义的变量，其作用域是局部作用域。局部变量只能在函数或类的内部使用，不能在函数或类的外部被访问。当函数或类执行结束后，局部变量也会被销毁。

3. 嵌套作用域

Python 中的嵌套作用域指的是在一个函数内部又定义了一个函数。需要注意的是，内部函数可以访问外部函数的变量，但外部函数不能访问内部函数的变量。

4. 内置作用域

Python 内置的一些函数和变量属于内置作用域，可以在程序的任何地方直接使用，不需要导入或声明。

一个程序的所有变量并不是在任何位置都可以访问。访问权限取决于此变量声明的位置。变量的作用域决定了在程序的指定位置，只能访问当前作用域内的变量。最基本的两种作用域是全局作用域与局部作用域。

5.3.2　全局变量与局部变量

定义在函数外部的变量（全局变量）拥有全局作用域，定义在函数内部的变量（局部变量）拥有一个局部作用域。

局部变量只能在其被声明的函数内部访问，而全局变量可以在整个程序范围内访问。调用函数时，所有在函数内声明的变量名称都将被加入该函数的作用域中。

在 Python 中，变量的作用域是根据 LEGB 规则来查找的，即按照 Local→Enclosing→

Global→Built-in 的顺序。如果在当前作用域中没有找到变量的定义，就会递归到上一级作用域中查找，直到找到为止。下面通过一个示例演示全局变量与局部变量的作用域。

在 Chapter05 文件夹中创建一个名为 GLvariable.py 的文件，具体代码如文件 5-11 所示。

文件 5-11　GLvariable.py

```
global_var =5                       #全局变量
def multiply(num1, num2):
    local_var =num1 * num2          #局部变量
    print("局部变量 local_var 的值为:", local_var)
    global global_var               #声明使用全局变量
    global_var +=1                  #修改全局变量的值
    print("全局变量 global_var 的值为:", global_var)
multiply(3, 4)
multiply(2, 5)
```

在上述代码中，首先在全局作用域中定义了一个全局变量 global_var，并在函数 multiply()中定义了一个局部变量 local_var，分别用于存储全局范围与局部范围的数据；然后函数 multiply()接收了两个参数，在函数内部将这两个参数的值相乘得到一个新值，并将其存储在局部变量 local_var 中；接着通过 global 关键字声明要使用全局变量 global_var，在函数内部将其加 1 并输出；最后进行两次函数调用，分别计算乘积并加 1，以验证全局变量的变化情况。

文件 GLvariable.py 的运行结果如图 5-11 所示。

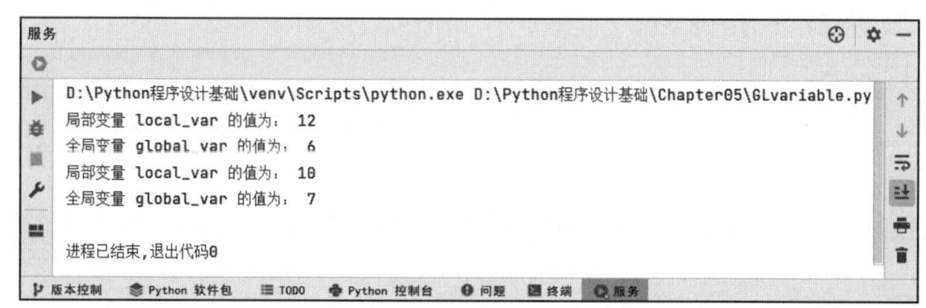

图 5-11　文件 GLvariable.py 的运行结果

由图 5-11 可知，全局变量在整个程序范围内都可以访问，并且允许在任何函数中对其进行修改，而局部变量只在函数内部有效，离开函数后就会被删除，对局部变量的修改也仅限于函数内部。

5.3.3　Python 的 3 种命名空间

命名空间(Namespace)是从名称到对象的映射，大部分命名空间都是通过 Python 字典来实现的。

命名空间提供了在项目中避免名字冲突的一种方法。不同的命名空间是相互独立的，所以一个命名空间中的对象不能有重名，但不同的命名空间可以重名而没有任何影响。比如，一个文件夹(目录)中可以包含多个文件夹，每个文件夹中不能有相同的文件名，但不同文件夹中的文件可以重名。

一般有 3 种命名空间，分别是内置名称(Built-in name)、全局名称(Global name)和局部名称(Local name)，具体说明如下。

- 内置名称：Python 语言内置的名称，比如函数名 abs、char 和异常名称 BaseException、Exception 等。
- 全局名称：模块中定义的名称，记录了模块的变量，包括函数、类、其他导入的模块、模块级的变量和常量。
- 局部名称：函数中定义的名称，记录了函数的变量，包括函数的参数和局部定义的变量。

3 种命名空间的关系如图 5-12 所示。

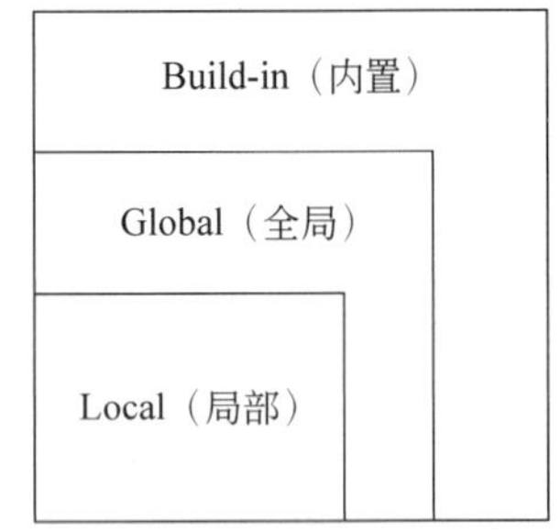

图 5-12　3 种命名空间的关系

假设要使用变量 xiaoqian，则 Python 的查找顺序依次是局部命名空间、全局命名空间、内置命名空间。

命名空间的生命周期取决于对象的作用域，如果对象执行完成，则该命名空间的生命周期结束。因此，无法从外部命名空间访问内部命名空间的对象。

5.4　Python 函数的调用

调用函数即执行函数，如果把创建的函数理解为一个具有某种用途的工具，那么调用函数就相当于使用该工具。本节将从函数的嵌套调用和递归调用两方面进行讲解。

5.4.1　函数的嵌套调用

Python 语言允许在函数定义中出现函数调用语句，从而形成函数的嵌套调用。嵌套调用函数的方式可以帮助开发者组织和管理复杂的代码逻辑，使代码更加模块化，还提高了代码的可读性。

下面通过一个示例演示 Python 函数的嵌套调用。在 Chapter05 文件夹中创建一个名为 absolute.py 的文件，用于计算一个数的绝对值，具体代码如文件 5-12 所示。

文件 5-12　absolute.py

```
def absolute(num):
    def positive(num):              #嵌套函数:计算正数的绝对值
        if num >0:
            return num
        else:
            return -num
    return positive(num)            #外部函数调用内部函数
print(absolute(-5))
```

在上述代码中，使用外部函数 absolute()调用内部函数 positive()计算一个数的绝对值。使用选择结构对传入的参数进行判断，如果是负数，就调用内部函数 positive()对其进行取反操作，最后返回绝对值。

文件 absolute.py 的运行结果如下：

```
5
```

由文件 absolute.py 的运行结果可知，传入负数－5，输出结果为 5，说明实现了计算一个数的绝对值的要求。

通过函数的嵌套调用，读者可以将一个复杂的问题拆分成多个小问题，每个小问题使用一个函数来解决，从而达到简化代码、便于维护的目的。

5.4.2 函数的递归调用

在函数的嵌套调用中，一个函数除可以调用其他函数外，还可以调用自身，这就是函数的递归调用。递归必须有结束条件，否则会无限地递归。下面通过经典的斐波那契数列的案例演示函数的递归调用。

斐波那契数列是一个由 0 和 1 开始，后面每一项都是前面两项之和的数列，可以使用递归函数计算斐波那契数列的第 n 项。

在 Chapter05 文件夹中创建一个名为 Fibonacci.py 的文件，具体代码如文件 5-13 所示。

文件 5-13 Fibonacci.py

```
1  def fib(n):
2      if n <=1:
3          return n
4      else:
5          return fib(n-1) +fib(n-2)
6  for i in range(10):
7      print(fib(i))
```

在上述代码中，函数 fib(n)通过递归调用实现了斐波那契数列，如果输入参数 n 为 0 或 1，直接返回 n；如果 n 大于 1，就继续递归调用 fib(n－1)和 fib(n－2)，然后将它们的返回值相加作为结果返回。第 6～7 行代码展示了如何使用 fib()函数计算斐波那契数列的前 10 项。

使用递归函数计算斐波那契数列的前 10 项的运行结果如图 5-13 所示。

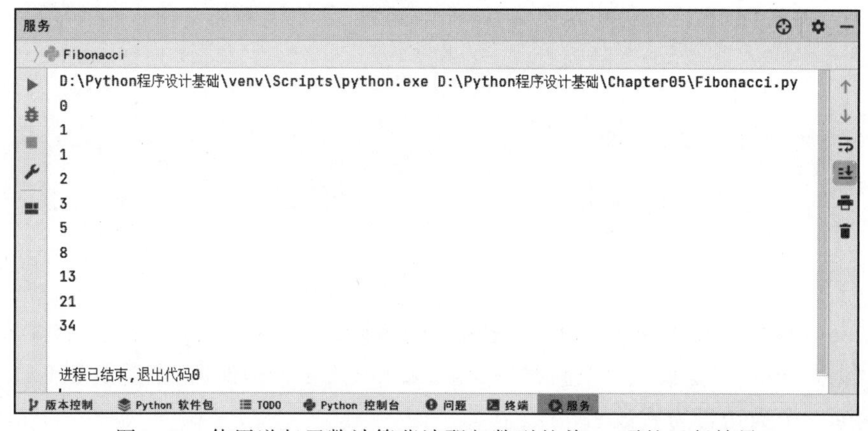

图 5-13 使用递归函数计算斐波那契数列的前 10 项的运行结果

由图 5-13 可知，通过递归实现的 fib()函数可以计算斐波那契数列的前 10 项。需要注意的是，由于递归函数会对同样的问题进行重复计算，因此在计算较大的斐波那契数列时，性能会比较差。为了提高性能，可以考虑使用迭代的方式来计算斐波那契数列。

5.5 实验：验证哥德巴赫猜想

哥德巴赫猜想是一个数学猜想，指出任何一个大于 2 的偶数都可以表示成 3 个质数的和。验证哥德巴赫猜想可以使用穷举法，即遍历所有小于该偶数的质数，判断剩下的数是否也是质数，以此判断是否符合哥德巴赫猜想。

虽然无法证明此猜想，但是却可以用程序来验证它。以下将设计程序随机验证一个大于 5 的偶数是否能写成两个质数之和。

为了验证猜想，需要解决 3 个问题，分别是判断一个数是否为偶数、判断一个数是否为质数以及将一个数分解为两个质数。下面对这 3 个问题依次进行分析。

【实验目的】

1. 掌握 Python 函数的使用方法。
2. 掌握选择与循环结构的嵌套方法。
3. 掌握 Python 计算数学公式的方法。

【实验要求与内容】

1. 使用选择结构判断一个数是否为偶数。
2. 编写函数并使用选择结构和循环结构的嵌套来判断一个数是不是质数。
3. 编写函数并将一个数分解成两个质数之和。

【实验步骤】

1. 判断一个数是否为偶数

如果一个数能被 2 整除，那么这个数就是偶数。在 Chapter05 文件夹中创建一个名为 Goldbach.py 的文件，在该文件中定义 is_even()函数，具体代码如文件 5-14 所示。

文件 5-14　Goldbach.py

```
def is_even(number):
    if number%2 ==0:
        return True
    else:
        return False
```

is_even()函数用于判断传入的参数是否为偶数。向 is_even()函数中输入一个数 number，如果 number 是偶数，则返回 True；如果 number 不是偶数，则返回 False。

2. 判断一个数是否为质数

一个数是否为质数有多种判断方法，在此处采用以下方式：对于一个数 number，如果

number 能被 2 ～ $\sqrt{\text{number}}$ 的所有整数整除，则 number 不是质数；否则 number 是质数。根据此思路，可以写出判断质数的函数。

在上述代码中，定义 is_prime ()函数，使用选择结构判断数字是否大于或等于 2，并将数字转换为整数，使用循环结构遍历 2 ～ $\sqrt{\text{number}}$ 的数字，并判断数字是否为质数，具体代码如下：

```
import math
def is_prime(number):
    if number <2:
        return False
    sqrt_number =int(math.sqrt(number))
    for i in range(2, sqrt_number +1):
        if number %i ==0:
            return False
    return True
```

首先导入 math 模块，其次定义 is_ prime()函数，此函数的功能是判断该数是否为质数。向 is_prime()函数中输入一个数 number，如果 number 是质数，则返回 True；否则返回 False。number 小于 2 时不是质数，number 能整除 2 ～ $\sqrt{\text{number}}$ 时也不是质数。

3. 将一个数分解成两个质数

定义一个可以将一个数分解为两个质数的函数。在文件 Goldbach.py 中继续定义一个 can_split()函数中，使用 for 循环与 if 结构进行嵌套，实现将一个数分解为两个质数，具体代码如下：

```
1   def can_split(number):
2       equo_list =[]
3       for i in range(1,number//2+1):
4           j =number -i
5           if is_prime(i) and is_prime(j):
6               equo_list.append(f"{number}={i}+{j}")
7       if not equo_list:
8           equo_list.append(f"{number}无法分解成两个质数")
9       return equo_list
```

在上述代码中，在 can_split()函数中传入参数 number，当 number 可被分解成两个质数时，将分解式添加到 equo_list 中；当 number 无法分解成两个质数时，将“number 无法分解成两个质数”添加到 equo_list 中。can_split()函数的返回值是 equo_list。第 3～6 行代码对 number 进行分解，i 表示 1～$\frac{\text{number}}{2}$的数，j 表示$\frac{\text{number}}{2}$～number 的数。这样写的好处是不会出现重复的式子，例如，9＝2＋7 也可以写成 9＝7＋2，这样就会导致式子重复。

4. 验证猜想

定义入口函数，使用 input()函数输入一个大于 5 的偶数，并用一个变量来接收用户输入的数字，然后运用 if…else 结构判断输入的数字是否符合要求，具体代码如下：

```
1   random_num =input("请输入一个大于 5 的偶数:")
2   if random_num.isdigit():
3       random_num =int(random_num)
4       if random_num >5 and is_even(random_num):
5           result_list =can_split(random_num)
6           for equo in result_list:
7               print(equo)
8           print((f"{random_num}可以分解成两个质数且符合哥德巴赫猜想!"))
9       else:
10          print("输入的数字不符合要求! ")
11  else:
12      print("请输入整数! ")
```

在上述代码中,第 1～12 行代码是程序的主要执行内容,定义了 random_num.isdigit()函数,使用 if…else 的嵌套结构来验证哥德巴赫猜想。

【实验结果】

验证哥德巴赫猜想的运行结果如图 5-14 所示。

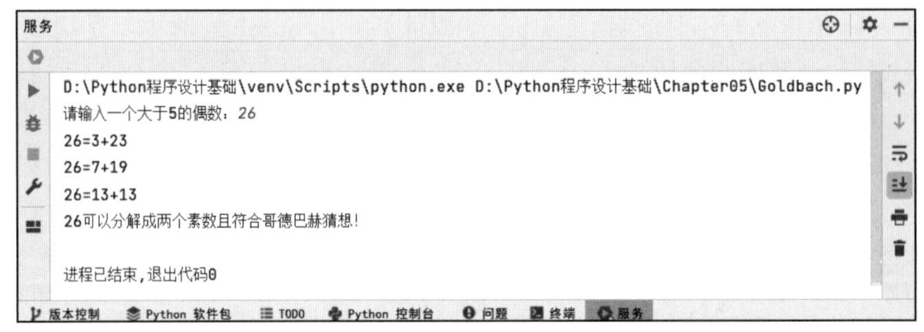

图 5-14　验证哥德巴赫猜想的运行结果

由图 5-14 可知,偶数 26 可以被分成两个质数之和,而且有 3 种分解方式,说明偶数 26 符合哥德巴赫猜想。需要注意的是,这并不代表哥德巴赫猜想在所有情况下都成立,因为目前还没有找到一个严谨的证明。如果存在一个偶数无法被分解,那么哥德巴赫猜想就会被推翻,但是这样的运行结果至今还没有出现过!

【实验小结】

我国伟大的数学家陈景润曾发表《表达偶数为一个素数及一个不超过两个素数的乘积之和》(简称 1+2),成为哥德巴赫猜想研究上的里程碑。这一成果在国际上被誉为“陈氏定理”,而陈景润被称为哥德巴赫猜想第一人。哥德巴赫猜想被逐渐验证,陈景润已经解决了 1+2 的问题,但是 1+1 的问题至今也没有被完全证明。

5.6　数据科学入门:集中趋势度量

集中趋势度量是指一组数据向某一中心值靠拢的程度,反映一组数据中心点的位置,核心在于寻找数据的代表或中心值,常见的有平均数、中位数、众数等指标。本节从描述数据集的指标的概念入手，分析患者血液尿素氮含量的集中趋势度。

5.6.1 基本概念

当面对大量信息时，经常会出现数据越多，事实越模糊的情况，因此需要对数据进行简化。描述统计学即用几个关键的数字来描述数据集的整体情况，经常会用到平均数、中位数与众数等指标。

1. 平均数

平均数指的是一组数据中所有数据之和再除以数据的个数。平均数具有良好的数学性质，对于生活中常见的较为对称的以正态分布为基础的各种现象，当数据呈对称分布或接近对称分布时，平均数与中位数、众数这两个指标相等或非常接近，这使得平均数成为衡量数量集中趋势的代表性数值。

2. 中位数

中位数指的是一组数据集或样本位于中间位置的数。对于有限个数的数据集或样本，可以通过把所有数据集或样本按高低排序，找出正中间的一个数作为中位数。如果观察值有偶数个，则中位数通常取最中间的两个数值的平均数作为中位数。

3. 众数

众数指的是一组数据集或样本中出现次数最多的数据值，也是数据集或样本观测值在频数分布表中频数最多的那一组数值，主要应用于大面积普查研究中。例如，1，2，3，3，4 的众数是 3。

5.6.2 集中趋势度量分析

在 Python 的 NumPy 库中，其内置的 mean()函数可以求得均值，median()函数可以求得中值。需要注意的是，NumPy 库并未直接提供计算众数的函数，读者可以通过 SciPy 库中的 stats 统计模块中的 mode()函数求得众数。

在 Windows 系统中安装 SciPy 库时，可以按 WIN＋R 组合键运行命令窗口，并输入 cmd，使用如下命令安装：

```
pip install scipy
```

尿素氮数值的高与低反映了肾脏功能的好与坏，尿素氮数值高于正常值即尿素氮偏高。可使血液尿素氮增高的原因有各种肾实质性病变，如肾小球肾炎、间质性肾炎、急慢性肾功能衰竭、肾内占位性和破坏性病变等。

某医院对 13 位肾炎患者进行治疗，出院前检查血液尿素氮含量，检查结果为[3.43，2.96，3.03，3.03，4.53，5.25，3.03，5.64，3.82，3.03，4.28，5.25，2.85]，请分别计算血液尿素氮含量的均值、中值和众数。具体代码如下：

```
import numpy as np
from scipy import stats as sc
data=np.array([3.43, 2.96, 3.03, 3.03, 4.53, 5.25, 3.03, 5.64, 3.82, 3.03, 4.28,
5.25,2.85])
```

```
mean=np.mean(data)
median=np.median(data)
mode=sc.mode(data)
print("血液尿素氮均值=%f"%mean)
print("血液尿素氮中值=%f"%median)
print("血液尿素氮众数为:",mode)
```

在上述代码中，mode=sc.mode(data)调用了 SciPy 库中的 stats 模块中的 mode()函数，该函数的语法格式如下：

```
scipy.stats.mode(a, axis=0, nan_policy=propagate)
```

参数 a 代表将被查找众数的 n 维数组，axis 代表查找哪一维的众数。在开发中，可以省略参数 axis，此时 mode()函数会查找所有维数的众数。mode()函数的返回值有两个：一个是众数的值，另一个是众数的个数。

执行上述代码后，程序的运行结果如下：

```
血液尿素氮均值=3.856154
血液尿素氮中值=3.430000
血液尿素氮众数为: ModeResult(mode=array([3.03]), count=array([4]))
```

正常成人空腹尿素氮为 3.2～7.1mmol/L(9～20mg/dl)。由代码的运行结果可知，13 位肾炎患者经过治疗，尿素氮数值已经处于正常水平，患者可以酌情出院。

5.7 本章小结

本章首先对 Python 函数的定义与返回值进行介绍；其次介绍参数传递的类型与传递实际参数的方式；然后介绍变量的作用域，重点介绍全局变量与局部变量；接着介绍 Python 函数的嵌套调用与递归调用；最后介绍集中趋势度量的指标与分析方法。通过本章的学习，希望读者能够灵活应用 Python 函数解决实际问题，为今后学习 Python 函数的高级特性打下坚实的基础。

第6章 模块与包

观看视频

在线答题

学习目标

- 了解 Python 模块的定义，能够描述使用模块的优势
- 掌握 Python 模块的导入方法，能够正确导入模块
- 熟悉 Python 常见的内置模块，能够描述 Python 常见模块的功能
- 了解 Python 包的概念，能够正确使用包
- 掌握 Python 自定义模块的方法，能够正确地创建模块

模块可以将函数按功能划分到一起，以便共享给他人使用。通过使用模块，可以为读者提供更广泛、更强大的功能，扩展 Python 语言的能力和适用范围。本章将带领读者详细了解 Python 中的模块与包，包括模块的定义与导入、常见的内置标准模块的使用、自定义模块的创建以及认识包。

6.1 模块的定义与导入

Python 提供了强大的模块支持，模块的应用使得代码的组织结构更加清晰，提高了代码的可维护性和可复用性，可以帮助 Python 开发者更加轻松地构建复杂的软件系统，并且可以极大地提升开发者的开发效率。本节将针对 Python 模块的定义与导入两方面进行讲解。

6.1.1 模块的定义

在 Python 中，模块指的是具有特定功能的.py 文件。一个 Python 文件就可以视作一个模块，模块提供了将独立文件连接起来构建更复杂 Python 程序的方法。一个 Python 程序可以包含多个模块，每个模块可以独立编写，也可以从其他模块中导入所需要的函数或变量。模块能够定义函数、类和变量，也可以包含可执行的代码。

使用模块有以下 6 方面的优势，具体如下。

(1) 代码重用：模块可以将代码划分为独立的功能块，使得代码可以被多个程序或项目共享和重用。这样可以减少代码的重复编写，提高开发效率。

(2) 组织结构：模块可以帮助组织大型项目的结构，将功能分成不同的模块来管理，使得代码更加清晰、可维护和可扩展。

(3) 代码可读性：通过将相关功能放在同一个模块中，可以让代码更易于理解和阅读。模块可以提供清晰的接口和功能封装，使得代码更易于理解和使用。

(4) 增强功能：使用模块可以扩展 Python 语言的功能。Python 的标准库中已经包含各种常用模块,例如处理时间、文件、网络等。此外,还有丰富的第三方模块和库可以进行安装和使用,进一步扩展 Python 的功能。

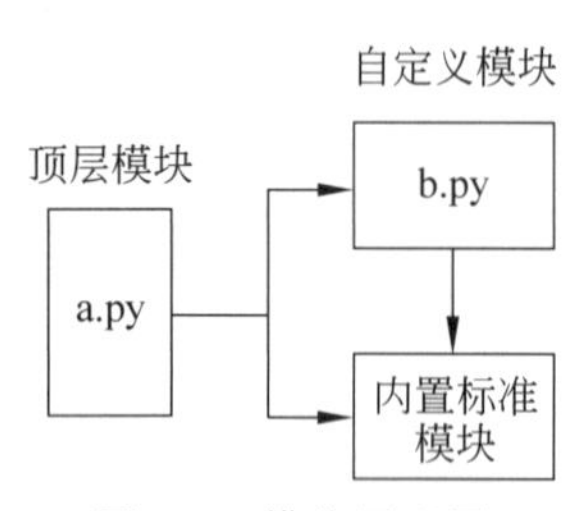

图 6-1　模块原理图

(5) 代码复用性：项目中的不同部分经常需要使用相同或类似的功能,模块可以将这些功能封装起来,方便在不同的地方进行复用,减少了代码的冗余性和维护成本。

(6) 团队合作：使用模块可以将任务分配给不同的团队成员,提高团队的协作效率。每个成员可以负责开发和维护不同的模块,通过模块的接口进行集成。

一个 Python 程序可由若干模块构成,一个模块中可以使用其他模块的变量、函数和类等,模块原理图如图 6-1 所示。

在图 6-1 中,a.py 是一个顶层模块,使用了自定义模块 b.py 和内置标准模块,b.py 也使用了内置标准模块。

说明：内置标准模块和自定义模块的概念见 6.2 节和 6.3 节。

6.1.2　模块的导入

模块的导入有 3 种方法,包括 import 语句、from…import 语句和 from…import * 语句。

1. import 语句

模块需要先导入,然后才能使用其中的变量或函数。在 Python 中,使用关键字 import 导入某个模块的语法格式如下：

```
import 模块名                       #导入模块
import 模块名 1, 模块名 2, …        #导入多个模块
import 模块名 as 别名               #为模块指定别名
```

在上述代码中,import 用于导入整个模块,可使用 as 为导入的模块指定一个别名,模块中的对象均以“模块名(别名).对象名称”的方式来引用。使用别名是为了简化模块名称的使用,通过给导入的模块起一个别名,可以减少代码中长模块名称的重复输入,提高代码的可读性和易用性。

例如,导入 random 模块的具体代码如下：

```
1  import random
2  import random,math
3  import random as rd
```

在上述代码中,第 2 行代码导入了 random 和 math 两个模块,第 3 行代码使用别名 rd 来代替 random,尤其当模块名称很长或不方便使用时,使用别名更加方便。

2. from…import 语句

若只想导入模块中的某个对象,则可以使用 from 导入模块中特定的函数或变量,其语法格式如下：

```
from 模块名 import 导入对象名                    #导入模块中某个对象
from 模块名 import 导入对象名 as 别名            #给导入的对象指定别名
from 模块名 import *                             #导入模块中所有对象
```

使用 from 导入的对象可以直接使用,不需要使用模块名作为限定符。

例如,导入 random 模块的 randint()函数的具体代码如下:

```
from random import randint
```

这样只会导入 random 模块的 randint()函数,而不会导入 random 模块中的其他函数或变量。还可以使用逗号分隔来导入多个函数或变量,具体代码如下:

```
from random import randint, choice
```

根据 PEP 8 代码风格指南的建议,应该优先使用 import module 的方式来导入模块,而不是使用 from module import * 。这是为了避免模块中的全局名称与导入模块中的其他名称发生冲突,也能够更好地维护代码的可读性和可维护性。

3. from…import * 语句

导入模块中的全部内容,具体代码如下:

```
from 模块 import *
```

通常不建议这样做,因为这样可能会导致名称冲突和意外的行为。下面通过一个示例演示模块的使用,导入 math 模块的全部函数和变量。

在创建好的"Python 程序设计基础"项目中创建 Chapter06 文件夹,在 Chapter06 文件夹中创建一个名为 solveEquat.py 的文件,编写程序来实现解一元二次方程 $ax^2+bx+c=0$ 的功能,具体代码如文件 6-1 所示。

文件 6-1　solveEquat.py

```
1  from math import *
2  print("本程序求 ax^2+bx+c=0 的根")
3  a=float(input("请输入 a:"))
4  b=float(input("请输入 b:"))
5  c=float(input("请输入 c:"))
6  delta=b*b-4*a*c
7  if(delta>=0):
8      delta=sqrt(delta)
9      x1=(-b+delta)/2/a
10     x2=(-b-delta)/(2*a)
11     print("两个实根分别为:",x1,x2)
12 else:
13     print("没有实根")
```

在上述代码中,第 1 行代码导入 math 模块的全部函数和变量;第 2～6 行代码设置输入方程的系数和一元二次方程;第 7～13 行代码使用选择结构来解方程,并输出了解方程的结果。

文件 solveEquat.py 的运行结果如图 6-2 所示。

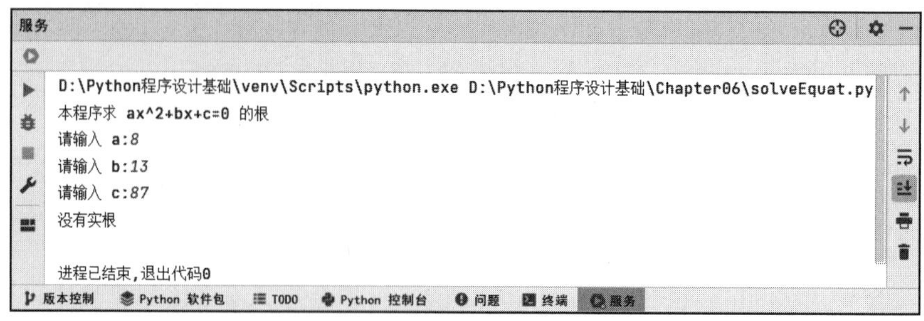

服务
D:\Python程序设计基础\venv\Scripts\python.exe D:\Python程序设计基础\Chapter06\solveEquat.py
本程序求 ax^2+bx+c=0 的根
请输入 a:8
请输入 b:13
请输入 c:87
没有实根
进程已结束,退出代码0
版本控制
Python 软件包
TODO
Python 控制台
问题
终端
服务

图 6-2　文件 solveEquat.py 的运行结果

由图 6-2 可知，一元二次方程的系数分别为 8、13、87，计算结果为“没有实根”。

6.2　常见的内置标准模块

Python 标准库中包括许多模块，涵盖从 Python 语言自身特定的类型到一些只用于少数程序的模块。本节将针对常见的内置标准模块进行讲解。

6.2.1　math 模块

Python 的 math 模块提供了许多对浮点数进行数学运算的函数。math 模块中的函数返回值均为浮点数，除非另有明确说明。如果需要计算复数，可以使用 cmath 模块中的同名函数。

如果想要使用 math 函数，必须先导入模块，具体代码如下：

```
import math
```

导入 math 模块后，就可以使用 math 模块的常量和方法，Python 的 math 模块的常见常量有 5 个，具体如表 6-1 所示。

表 6-1　math 模块的常见常量

常　　量	描　　述
math.e	返回欧拉数（2.7182…）
math.inf	返回正无穷大的浮点数
math.nan	返回一个浮点值 NaN
math.pi	返回圆周率 π(3.1415…)
math.tau	返回数学常数 τ=6.283185…，精确到可用精度。τ 是一个圆周常数，τ 等于 2π，即圆的周长与半径之比

math 模块方法可以分为 6 类，分别是数论与表示函数、幂函数与对数函数、三角函数、角度转换函数、双曲函数和特殊函数。这里不进行一一列举，有兴趣的读者可以查看 Python 官方文档。math 模块的常见方法如表 6-2 所示。

表 6-2　math 模块的常见方法

方　　法	描　　述
math.ceil(x)	返回 x 的向上取整,即大于或等于 x 的最小整数
math.comb(n, k)	返回不重复且无顺序地从 n 项中选择 k 项的方式总数
math.fabs(x)	返回 x 的绝对值
math.floor(x)	返回小于或等于 x 的最大整数
math.gcd(* integers)	返回给定的整数参数的最大公约数
math.exp(x)	返回 e^x,其中 e(约等于 2.718281…)是自然对数的基数
math.log(x[, base])	使用一个参数时,返回 x 的自然对数(底为 e);使用两个参数时,返回以 base 为底的 x 的对数,计算公式为 log(x)/log(base)
math.log1p(x)	返回 1+x 的自然对数(以 e 为底)
math.pow(x, y)	计算精确的整数幂
math.sqrt(x)	返回 x 的平方根
math.acos(x)	返回以弧度为单位的 x 的反余弦值,结果范围为 0～π
math.cos(x)	返回 x 弧度的余弦值
math.degrees(x)	将弧度 x 转换为度数
math.radians(x)	将度数 x 转换为弧度
math.gamma(x)	返回 x 处的伽马函数值

下面通过一个示例演示如何使用 math 模块的方法来计算用户通过键盘输入的正整数的平方根。平方根又叫二次方根,表示为 $\sqrt{\ }$。例如,在数学中,$\sqrt{16}=4$。语言描述为:根号 16 等于 4。编写一个程序,通过用户输入一个数字,并计算这个数字的平方根。关于计算平方根的方法,可以使用指数运算符"**"来计算该数的平方根,也可以使用 math 模块中的 sqrt()函数。不同的是,指数运算符"**"只适用于正数,而 sqrt 适用于任何数。按照下列步骤实现程序:

(1) 提示用户输入一个数,此处必须将输入的数转换为数字类型。

(2) 使用 math 模块的 sqrt()函数计算这个数的平方根。

在 Chapter06 文件夹中创建一个名为 mathS.py 的文件,通过 math 模块的 sqrt()函数计算键盘输入的正整数的平方根,具体代码如文件 6-2 所示。

文件 6-2　mathS.py

```
import math
num=int(input("请输入要计算平方根的数字:"))
result=math.sqrt(num)
print("数字%d 的平方根是%f"%(num,result))
```

文件 mathS.py 的运行结果如图 6-3 所示。

由图 6-3 可知,假设输入的数字为 578,计算后的平方根为 24.041631。

图 6-3　文件 mathS.py 的运行结果

6.2.2　random 模块

Python 的 random 模块主要用于生成随机数，它实现了各种分布的伪随机数生成器。要使用 random 模块中的函数，必须先导入该模块，具体代码如下：

```
import  random
```

random 模块提供的函数实际上是 random.Random 类的隐藏实例的绑定方法，即当导入 random 模块时，Python 会创建一个 random.Random 类的实例，并将其保存在模块的命名空间中，这个实例可以被开发者使用模块中的函数来调用。random 模块的常用方法如表 6-3 所示。

表 6-3　random 模块的常用方法

方　法	描　述
random.seed(a=None, version=2)	初始化随机数生成器
random.getstate()	返回捕获生成器当前内部状态的对象
random.randrange()	从 range(start, stop, step)返回一个随机选择的元素
random.randint(a, b)	返回随机整数 N，满足 $a\leqslant N\leqslant b$
random.choice(seq)	从非空序列 seq 返回一个随机元素。如果 seq 为空，则引发 IndexError
random.shuffle(x[, random])	将序列 x 随机打乱位置
random.random()	返回[0.0, 1.0)区间内的下一个随机浮点数
random.uniform()	返回一个随机浮点数 N。当 $a\leqslant b$ 时，$a\leqslant N\leqslant b$；当 $b<a$ 时，$b\leqslant N\leqslant a$
random.gauss(μ, σ)	正态分布也称高斯分布，μ 为平均值，σ 为标准差

下面通过一个示例演示 random 模块的使用，打印 10 个随机生成的两位质数。质数指的是在一个大于 1 的自然数中，除 1 和此整数自身外，不再有其他因数的自然整数。

在 Chapter06 文件夹中创建一个名为 primeN.py 的文件，生成 10 个两位数的随机质数并将其打印出来，具体代码如文件 6-3 所示。

文件 6-3　primeN.py

```
import  random
n=0
```

```
3  while n<10:
4      x=random.randint(10,99)      #获得一个两位的随机整数
5      a=2
6      while a<x-1:
7          if x%a==0:               #若余数为 0,则说明 x 不是质数,结束当前循环
8              break
9          a+=1
10     else:
11         print(x)                 #若正常结束循环时,说明 x 是质数,输出
12         n+=1                     #累计质数个数
```

在上述代码中,第 3～12 行代码使用嵌套结构定义了循环结构的结束条件,即质数个数小于 10,使用 x=random.randint(10,99)获取一个两位的随机质数。第 6～12 行代码根据条件判断随机生成的是否为质数:若是质数,则打印该数并打印质数的个数;若不是质数,则结束当前循环,重新生成随机整数进行判断。

输出 10 个两位数的质数的运行结果如图 6-4 所示。

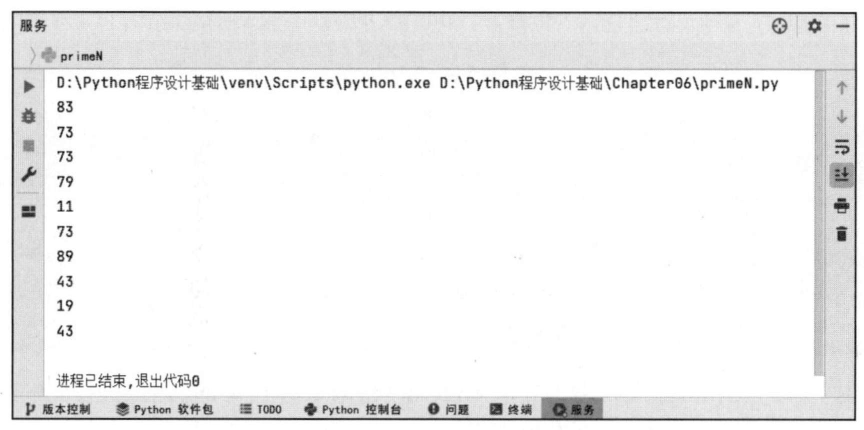

图 6-4　输出 10 个两位数的质数的运行结果

由图 6-4 可知,生成的 10 个两位数均是质数。Python 的 random 模块提供了随机数生成方法 random.randint(a,b),它返回一个范围在[a,b]的随机整数。

6.2.3　时间日期模块

Python 中有两个主要的时间模块,分别是 time 模块和 datetime 模块,它们可以配合使用来处理时间数据。此外,本小节还将介绍 calendar 模块,用于处理年历和月历数据。

1. time 模块

Python 的 time 模块用于表示从 1970 年 1 月 1 日 00:00:00 开始按秒计算的偏移量,该模块提供了许多函数和方法,可以用于获取、处理和格式化时间,以及进行时间的转换和计算等操作。常用的 time 模块函数如表 6-4 所示。

表 6-4　常用的 time 模块函数

函　数	描　述
time.sleep(secs)	暂停程序的运行,让程序接受休眠

续表

函　数	描　述
time.localtime(secs)	将格林尼治时间格式的时间转换为本地日期和时间
time.strftime(pattern, t)	将 Python 子字符串格式化为本地显式日期时间。其中,pattern 是输出格式,t 是包含时间部分的元组或实际值
time.gmtime(secs)	将格林尼治时间(1970 年 1 月 1 日之后的秒数)转换为当前的 UTC 时间
time.monotonic()	返回计算机执行时间与调用这个函数之前的时间差的协调全球时间戳
time.perf_counter()	返回这个计算机针对当前进程执行的性能计时
time.process_time()	返回 Python 进程执行的 CPU 时间总和

在表 6-4 中,参数 secs 表示要暂停的时间,单位为秒。

下面通过一个示例演示 time 模块的使用,通过导入 time 模块输出指定的时间日期格式。

在 Chapter06 文件夹中创建一个名为 time.py 的文件,具体代码如文件 6-4 所示。

文件 6-4　time.py

```
1  import time
2  t =time.time()
3  print('当前时间戳为:', t)
4  ltime =time.localtime()
5  print("本地时间:", ltime)  #元组格式显示
6  print(time.strftime('%Y-%m-%d %H:%M:%S', time.localtime()))
7  print(time.strftime('%a %b %d %H:%M:%S %Y'))
```

在上述代码中,第 1 行代码用于导入 time 模块;第 2 行代码的功能为返回当前时间戳;第 4 行代码的功能为获取当前的本地时间;第 6、7 行代码用于格式化并打印时间,time.strftime()函数用于将时间信息格式化为可读的字符串形式,表示的是当地时间。

文件 time.py 的运行结果如图 6-5 所示。

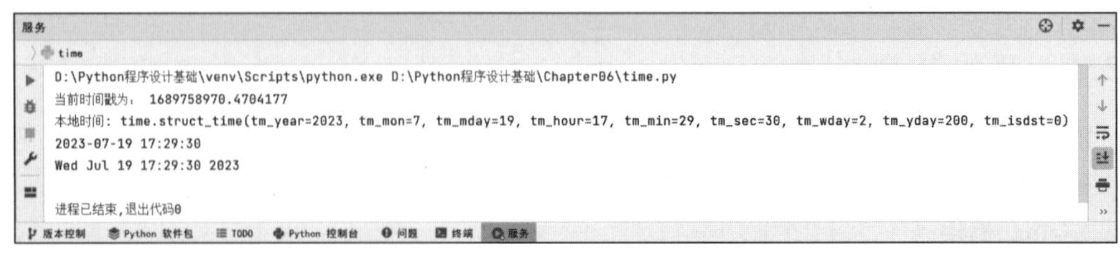

图 6-5　文件 time.py 的运行结果

由图 6-5 可知,当前时间戳的格式为自从 1970 年 1 月 1 日 00:00:00 以来的浮点秒数。time.time()函数返回的时间戳可用于计算两个时间点的秒数差值,从而得到程序运行的时长。time.localtime()函数则返回本地时间的时间戳,代表本地时间,包括年、月、日、时、分、秒、星期几、一年中的第几天以及是否为夏令时等信息。

2. datetime 模块

datetime 模块可以用于处理日期和时间，包含一些时间的通用操作，例如日期和时间的简单算术运算，以及日期和时间的格式化输出等。该模块在支持日期时间的数学运算的同时，特别关注如何更有效地解析日期和时间的属性，以便格式化输出和数据操作。这个模块提供了两个主要的类，即 date 和 datetime 类。常用的导入 datetime 模块并使用其函数的具体代码如下：

```
from datetime import datetime, date, time
```

参数说明如表 6-5 所示。

表 6-5　常用的 datetime 函数参数说明

参　数	说　明
datetime	用于日期和时间处理。datetime 类表示一个具体的日期和时间，并提供相关操作
date	用于日期处理。date 类表示一个日期，提供日期的相关操作，如获取当前日期，时间一般是 0 点
time	用于属性处理。time 类表示一个时间，最常用的操作是获取当前时间

下面通过一个示例演示 datetime 模块的使用，通过导入 datetime 模块来获取昨天的日期。在 Chapter06 文件夹中创建一个名为 getYesterday.py 的文件，具体代码如文件 6-5 所示。

文件 6-5　getYesterday.py

```
1  import datetime                        #导入 datetime 模块
2  def getYesterday():
3      today=datetime.date.today()
4      oneday=datetime.timedelta(days=1)
5      yesterday=today-oneday
6      return yesterday
7  print(getYesterday())
```

在上述代码中，第 2～6 行代码定义了获取昨天日期的函数，第 7 行代码调用 getYesterday()函数并打印昨天的日期。

文件 getYesterday.py 的运行结果如图 6-6 所示。

图 6-6　文件 getYesterday.py 的运行结果

由图 6-6 可知，昨天的日期为 2023-07-19，使用“-”分隔年、月、日。由此可知，今天的日期为 2023 年 7 月 20 日。

3. calendar 模块

calendar 模块提供了许多函数和方法，可以方便地生成日历、获取日期和星期等信息。例如，打印某月的月历。

下面通过一个示例演示 calendar 模块的使用。通过编写程序，生成指定日期的日历。

在 Chapter06 文件夹中创建一个名为 Month-Year.py 的文件，具体代码如文件 6-6 所示。

文件 6-6　Month-Year.py

```
1  import calendar                    #导入日历模块
2  yy =int(input("输入年份: "))
3  mm =int(input("输入月份: "))
4  print(calendar.month(yy,mm))       #显示日历
```

在上述代码中，第 1 行代码导入 calendar 模块；第 2、3 行代码输入指定年月；第 4 行代码打印输出年月信息。

文件 Month-Year.py 的运行结果分为两部分，分别是输入年份和月份信息，显示日历。输入年份信息如图 6-7 所示。

图 6-7　输入年份信息

由图 6-7 可知，已输入年份信息，按 Enter 键继续输入月份信息，2023 年 6 月的日历如图 6-8 所示。

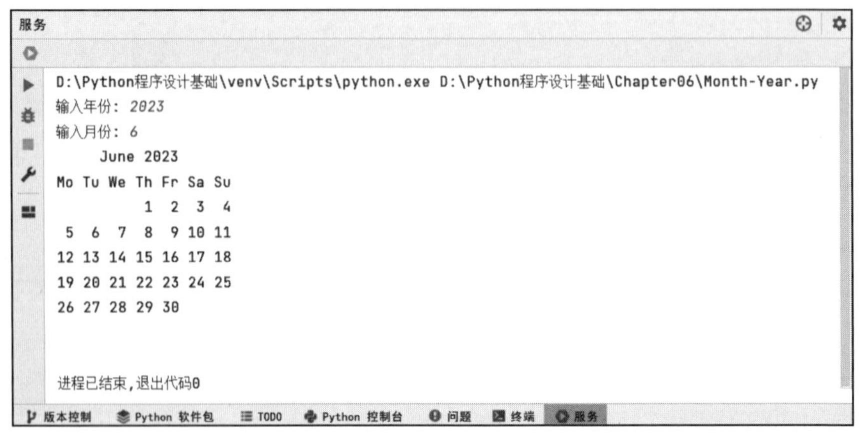

图 6-8　2023 年 6 月的日历

6.2.4　os 模块

os 模块是 Python 标准库中的一个模块，它提供了与多种操作系统接口的交互功能。

这个模块主要用于执行与文件和目录相关的操作，如文件创建、删除、重命名等。此外，Python 还提供了其他几个模块来辅助文件和目录的处理：fileinput 模块，用于读取命令行中所有文件中的所有行；tempfile 模块，用于处理创建临时文件和目录的任务；shutil 模块，提供了高级的文件和目录处理功能；os.path 模块，包含一些用于操作路径名称的有用函数。下面通过一个示例演示 os 模块的使用。

在 Chapter06 文件夹中创建一个名为 path.py 的文件，具体代码如文件 6-7 所示。

文件 6-7　path.py

```
1  import os
2  print(os.getcwd())                                  #获取当前工作目录
3  print(os.path.abspath('Month-Year.py'))             #获取文件的绝对路径
4  print(os.path.exists('D:\Python 程序设计基础'))     #判断目录是否存在
5  print(os.path.exists('D:\Python 程序设计基础\Chapter06\data.py'))
6  path = 'D:\\Python 程序设计基础\\demo'               #创建目录
7  if not os.path.exists(path):
8      os.mkdir(path)
9      print('目录不存在')
10 else:
11     print('目录已存在')
12 print(os.stat('D:\Python 程序设计基础\Chapter06\Month-Year.py'))   #获取文件信息
```

在上述代码中，第 2 行中的 os.getcwd()方法用于获取当前工作目录；第 3 行中的 os.path.abspath()方法用于获取文件的绝对路径；第 4、5 行中的 os.path.exists()方法用于判断目录和文件是否存在；第 6～11 行代码用于创建目录；第 12 行代码的 os.stat()方法用于获取 Month-Year.py 文件的信息。

文件 path.py 的运行结果如图 6-9 所示。

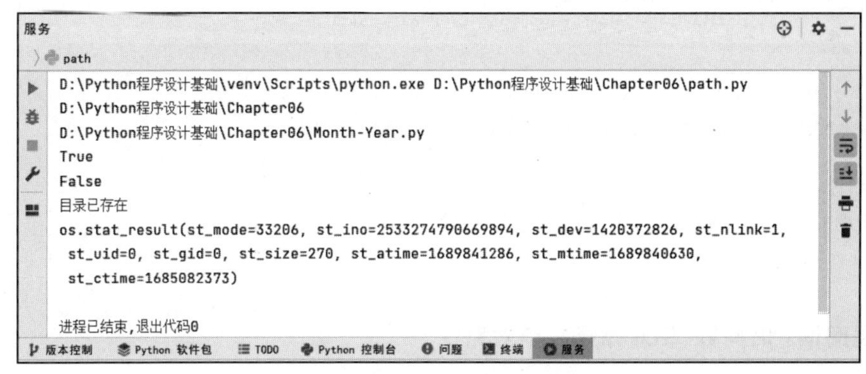

图 6-9　文件 path.py 的运行结果

由图 6-9 可知，第 1、2 行分别表示文件的相对路径和绝对路径，True 表示文件目录存在，False 表示文件目录不存在。添加完目录后，显示“目录已存在”，说明已创建好相应的文件目录，调用 os.stat()方法获取文件信息。

6.2.5　sys 模块

sys 模块是 Python 标准库中最常用的模块之一。通过它可以获取命令行参数，从而实现从程序外部向程序内部传递参数的功能，也可以获取程序路径和当前系统平台等信息。sys 模块是与 Python 解释器交互的模块，如 sys.argv[0]表示程序本身的文件路径，sys.argv 表示外部运行时传递的参数，sys.exit()表示退出程序。

下面通过一个示例演示 sys 模块的使用，遍历打印命令行参数。

在 Chapter06 文件夹中创建一个名为 sysargv.py 的文件，具体代码如文件 6-8 所示。

文件 6-8　sysargv.py

```
1  import sys
2  print('命令行参数如下：')
3  for i in sys.argv:
4      print(i)
5  print('\n\nPython 路径为：', sys.path, '\n')
```

在上述代码中，第 1 行代码引入 sys 模块；第 3、4 行代码遍历命令行参数；第 5 行代码打印文件的路径。

文件 sysargv.py 的运行结果如图 6-10 所示。

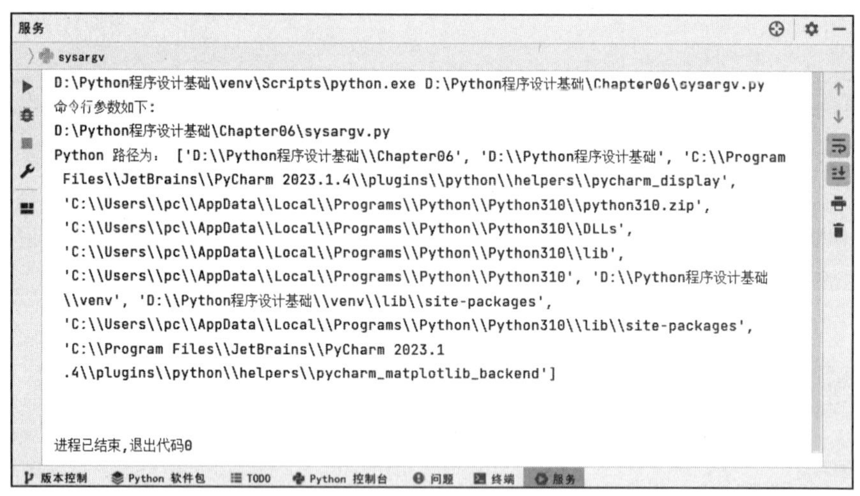

图 6-10　文件 sysargv.py 的运行结果

由图 6-10 可知，使用 sys 模块可以获取命令行参数，也可以获取文件路径和当前文件信息。

拓展阅读：时间戳、相对路径与绝对路径

时间戳是使用数字签名技术产生的数据，签名的对象包括原始文件信息、签名参数、签名时间等信息。时间戳系统用来产生和管理时间戳，对签名对象进行数字签名产生时间戳，以证明原始文件在签名时间之前已经存在。

相对路径是相对于当前目录或其他已知目录的文件路径。它描述了文件与当前目录之间的关系。在相对路径中，通常使用特殊符号(例如..)表示上级目录。相对路径在不同的上下文中具有不同的含义。例如，一个文件的相对路径是../../file.txt，这表示文件位于当前目录的上两级目录中。

绝对路径是从文件系统的根目录开始的完整路径，可以唯一地确定文件在文件系统中的位置，一般从盘符号或根目录(\)开始访问，并以反斜杠(\)作为路径分隔符。例如，在Windows系统中，一个文件的绝对路径可能类似于C:\1000phone\file.txt。

需要注意的是，相对路径的解析是相对于当前工作目录的。在不同的环境中，当前工作目录可能会发生变化，因此相对路径可能会引用不同的文件。

6.3 自定义模块

在Python中，读者可以通过编写自定义模块来组织代码和函数，以便在程序中重复使用。本节针对编写自定义模块的步骤、编写说明文档以及查看模块的方法进行讲解。

6.3.1 自定义模块的步骤

1. 编写自定义模块

在Chapter06文件夹下的项目目录中，创建一个新的后缀名为 .py 的文件，其文件名应该与要创建的模块名称相同。例如，若要创建一个名为hello的模块，应创建一个名为hello.py的文件。在模块文件中，定义需要的函数或其他代码，具体代码如下：

```
sentence ="study hard"
print("hello.py 文件运行结果: ",sentence)
def hello(name):
    print("Hello, " +name +". Welcome to Python!")
```

保存模块文件，以便在需要时导入和使用，文件名称就是模块名。

在其他Python脚本中导入自定义的模块，例如，创建名为import_hello.py的文件，将hello.py作为模块导入其中，具体代码如下：

```
from hello import *
print("输出 hello 模块中的 sentence 变量: ",sentence)
```

运行import_hello.py文件，运行结果如图6-11所示。

图6-11　文件import_hello.py的运行结果

由图6-11可知，import_hello.py文件不仅执行了自身文件的内容，还执行了其导入的模块hello.py中的内容。为了避免作为模块的文件中的代码被执行，可以在hello.py中添加以下语句：

```
if __name__ =="__main__":
```

hello.py 作为模块被导入后，此语句下的代码不会被执行。这是由于当其他程序将 hello.py 作为模块导入时，hello.py 的__name__值是 study，仅在 hello.py 文件中，它的__name__值才是__main__。将 hello.py 中的代码修改如下：

```
sentence ="study hard"
if __name__ =="__main__":
    print("study.py 文件运行结果: ",sentence)
```

此时再执行 import_hello.py 文件，运行结果如图 6-12 所示。

图 6-12 文件 import_hello.py 的运行结果

由图 6-12 可知，此程序仅执行了自身文件的内容，不执行导入的模块 hello.py 中的内容。

除使用 import 语句直接导入整个模块外，还可以使用 from hello import study 语句导入特定的函数或方法，具体代码如下：

```
from hello import study
    hello("Bob")
```

此时再执行 import_hello.py 文件，运行结果如图 6-13 所示。

图 6-13 文件 import_hello.py 的运行结果

由图 6-13 可知，此程序仅导入了 hello()函数，而不是整个 hello 模块。创建和使用自定义模块对于组织和重用代码非常有帮助。如果在尝试导入模块时遇到 ModuleNotFoundError 错误，说明 Python 解释器无法找到指定的模块文件，需要再次检查文件名是否正确，并且确保模块文件存储在 PYTHONPATH 环境变量指定的路径中(或当前工作目录下)。

2. 编写说明文档

在定义函数或类时，可以为其添加说明文档，以方便用户清楚地知道该函数或类的功能。自定义模块也不例外，为自定义模块添加说明文档和函数或类的添加方法相同，即只需在模块开头的位置定义一个字符串即可。例如，为 hello.py 模板文件添加一个说明文档，具体如下：

```
"""
Hello.py 模块中包含以下内容:
sentence 字符串变量
print 语句
hello() 函数
"""
```

在此基础上，读者可以通过模块的 help()函数或__doc__属性来访问模板的说明文档。其中，help()函数底层也是借助__doc__属性实现的。

6.3.2 查看模块方法

1. 查看模块成员：dir()函数

dir()函数是一个有序的字符串列表，内容是一个模块中已定义的名字，返回的列表容纳了在一个模块中定义的所有模块、变量和函数。可以通过 dir()函数查看模块的内容，例如查看 math 模块中定义的模块、变量和函数，具体代码如下：

```
import math
print(dir(math))
```

查看 math 模块信息的运行结果如图 6-14 所示。

图 6-14 查看 math 模块信息的运行结果

由图 6-14 可知，math 模块中含有方法、函数、变量等。内置的函数 dir()可以找到模块内定义的所有名称，并以一个字符串列表的形式返回，如果没有给定参数，那么 dir()函数会罗列出当前定义的所有名称。

2. 查看模块成员：__all__变量

除使用 dir()函数外，还可以使用__all__变量，借助该变量也可以查看模块或包内包含的所有成员。

例如，查看 string 模块的所有成员，具体代码如下：

```
import string
print(string.__all__)
```

查看 string 模块的所有成员的运行结果如图 6-15 所示。

由图 6-15 可知，和 dir()函数相比，__all__变量在查看指定模块成员时，不会显示模块

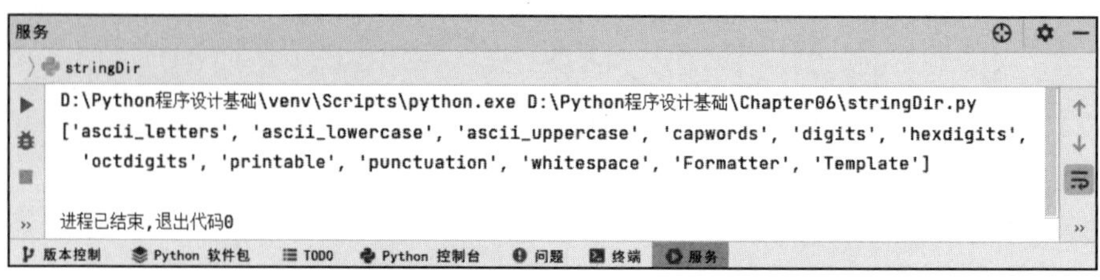

图 6-15　查看 string 模块的所有成员的运行结果

中的特殊成员，同时还会根据成员的名称进行排序显示。

需要注意的是，并非所有的模块都支持使用__all__变量，因此对于获取有些模块的成员，只能使用 dir()函数。

6.4 认　识　包

使用模块可以避免因函数名和变量名重名而引发的冲突，当模块名重复时，可以使用包的结构。本节将从 Python 包的概念与使用两方面进行讲解。

6.4.1　包的概念

包既可以起到规范代码的作用，又能避免模块名重名引起冲突。接下来将从认识包、创建包以及__name__变量进行讲解。

1. 认识包

Python 提供了许多有用的工具包，如字符串处理、Web 应用开发、图像处理等，这些自带的工具包和模块安装在 Python 安装目录下的 Lib 子目录中。包是一个分层次的文件目录结构，它定义了一个由模块、子包以及子包下的子包等组成的 Python 应用环境。一个项目中可以有多个包，每个包都可以包含子包或多个模块。

在 Python 中，通过在包内创建__init__.py 文件来区分是包还是普通文件夹。Python 包的概念如图 6-16 所示。

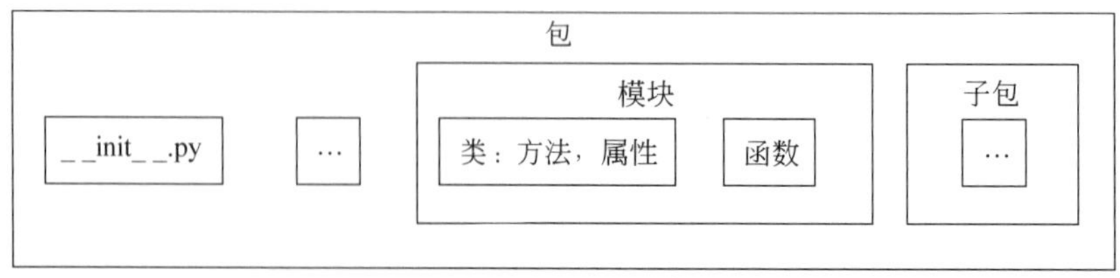

图 6-16　Python 包的概念

由图 6-16 可知，Python 中包含__init__.py、子包、模块，模块还包括函数和类等成员。

2. 创建包

创建包即创建一个文件夹，并且在文件夹中创建一个名称为__init__.py 的 Python 文件。在__init__.py 文件中，可以选择是否编写代码，也就是说，可以编写一些代码，也可以不编写任何代码。在__init__.py 文件中所编写的代码，在导入包时会自动执行。

使用 PyCharm 创建包时，会自动创建一个__init__.py 文件，其作用是当模块内为空白时,用来将对应的目录识别为一个包。此外,在__init__.py 文件中,可以定义与包相关的初始化操作。

3. __name__变量

__name__变量定义在 Python 内部,Python 源码文件的使用决定了__name__变量的取值。当 Python 源码文件直接运行时,__name__变量的值等于__main__;当 Python 源码文件作为模块在其他地方被引入时,__name__变量的值等于被引入模块的名称。

一个模块被另一个程序第一次引入时,其主程序将运行。如果想在模块被引入时,模块中的某个程序块不执行,则可以使用__name__属性来使该程序块仅在该模块自身运行时执行,具体代码如下:

```
if __name__ =='__main__':
    print('程序自身在运行')
else:
    print('我来自另一模块')
```

运行结果如下:

```
程序自身在运行
```

由运行结果可知,每个模块都有一个__name__属性,当其值是__main__时,表明该模块自身在运行,否则是被引入的。

注意:__name__与__main__都使用双下画线。

6.4.2 包的使用

创建包后,就可以在包中创建相应的模块,从包中导入单独的模块可以使用以下 3 种方法,具体如下:

```
import Package.SubPackage.Module                     #使用时必须用全路径名
from Package.SubPackage import Module                #可直接使用模块名而不用加包前缀
from Package.SubPackage.Module import function       #直接导入模块中的函数或变量
```

当需要导入某个包下的所有模块时,不可以直接使用如下语句:

```
from Package.SubPackage import *
```

这时需要使用__all__来记录当前包所包含的模块。

例如,在 hello 包的__init__.py 文件中的第一行添加如下代码:

```
__all__ =['hello']
```

上述代码中,方括号中的内容是模块名的列表,如果模块数量超过两个,则使用逗号分开。

拓展阅读:包的发布与安装

将写好的模块进行打包和发布,最简单的方法是将包直接复制到 Python 的 lib 目录,但此方式不便于管理与维护，存在多个 Python 版本时会非常混乱。

安装其他开发者发布的包，常见的步骤如下：首先进入压缩包所在的文件目录并对其进行解压，然后在终端通过 pip 工具进行安装。

6.5 实验：猜数游戏

编写一个猜数游戏，该游戏会随机产生一个数字，用户可以随意输入一个数进行比较。在比较过程中，会不断提示用户输入的数是大了还是小了，直到用户输入的数等于随机数，程序终止。

【实验目的】

1. 掌握 Python 函数的使用。
2. 掌握导入 random 模块的方法。
3. 掌握系统生成随机数的方法。

【实验要求与内容】

1. 使用 random 库的 randint()函数生成一个 100 以内的随机数。
2. 使用 while 循环进行 5 次循环，每次提示输入要猜测的数字，猜大或猜小都做出相应的提示。
3. 如果在 5 次机会内猜对数字，提示"恭喜你，猜对了！""你一共猜了 n 次"。
4. 5 次机会用完还没猜对，游戏结束。

【实验步骤】

1. 导入 random 模块

在 Chapter06 文件夹中创建一个名为 guess.py 的文件，导入 random 模块，具体代码如文件 6-9 所示。

文件 6-9　guess.py

```
import random
```

2. 定义猜数的函数

在文件 guess.py 中，定义 guess_number()函数，具体代码如下：

```
def guess_number():
    number =random.randint(1, 100)
    guess =0
    count =0
    print("我想了一个 1~100 的整数,你来猜猜看吧!")
    #此处用来编写 while 循环结构,用于制定猜数游戏的规则
else:
        print("游戏结束你还没有猜到。")
```

使用 random.randint(1, 100)生成 1～100 的整数,并将生成的随机数赋值给变量 number。定义变量 guess,用于存储用户猜测的数字,再定义一个变量 count,来计算循环的次数。使用 print()函数输出提示信息,再使用 while…else 结构对游戏的规则进行描述。

3. 编写 while 循环结构

在文件 guess.py 中定义的 guess_number()函数中,使用 while 循环结构定制猜数游戏的规则,具体代码如下:

```
while count <5:
    guess =int(input("请输入 100 以内的数字:"))
    count +=1
    if guess <number:
        print("猜错了,我的数字比你猜的数大!")
    elif guess >number:
        print("猜错了,我的数字比你猜的数小!")
    else:
        print("恭喜你,猜对了!")
        print("你一共猜了%d 次" %count)
        break
    print(f"还剩{5 -count}次机会")
```

使用 while 循环进行 5 次循环,提示输入要猜测的数字,猜大或猜小都做出相应的提示,每次要让玩家输入一个数字,需要在循环中增加 input()函数,并用一个变量 guess 来接收用户输入的数字,然后可以运用 if…elif…else 结构判断两个数字的大小。

4. 启动游戏

直接调用 guess_number()函数来启动猜数游戏:

```
guess_number()
```

游戏启动后,执行函数 guess_number()。

【实验结果】

猜数游戏的执行过程如图 6-17 所示。

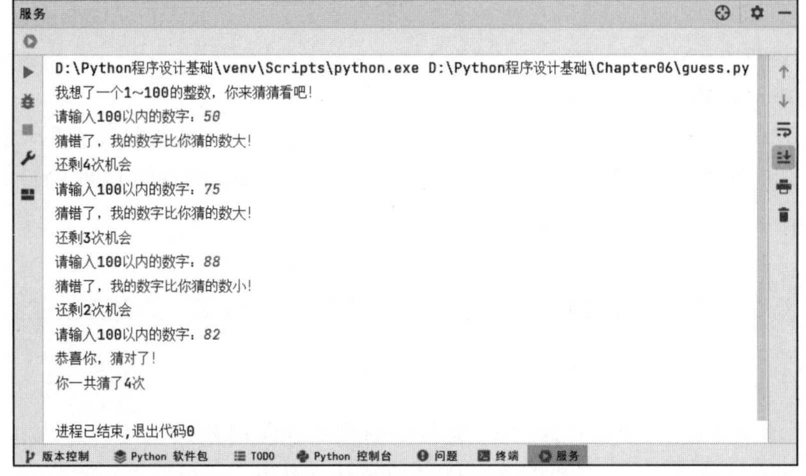

图 6-17 猜数游戏的执行过程

由图 6-17 可知，此次系统生成的随机数为 82，一共猜了 4 次得到正确答案。

【实验小结】

在这个实验中，应用 random 模块生成随机数，并使用循环结构与选择结构的嵌套进行游戏的设计。首先通过 input() 函数读取玩家输入的数字作为猜测结果，并将猜测次数 count 加 1。然后使用一系列判断语句来告诉玩家其猜测结果是否正确，并给出相应的提示信息。当玩家猜对时，可以通过 print() 函数输出恭喜信息和猜测次数，游戏结束。

6.6 数据科学入门：离中趋势度量

离中趋势度量在商业决策中有重要的作用。例如，一些企业使用平均绝对偏差(Mean Absolute Deviation，MAD)来评估其产品按时交付给客户的稳定性。

6.6.1 基本概念

离中趋势指的是一组数据中各数据点相对于其中心位置(通常是平均数)的偏离程度。常用的指标包括极差、四分差、平均差、方差、标准差等统计指标。

1. 极差

极差指的是最大值与最小值之差，它是一组已有数据的最大范围。极差用来评价一组数据的离散度。在日常生活中，极差常用于各种评分场合，例如在比赛中去掉一个最高分和一个最低分就是极差的具体应用。极差大说明数据的变异程度高，极差小说明数据的变异程度低。极差通常用来表示变量的变动范围。

2. 标准差

标准差(Standard Deviation，STD)使用数学符号 σ(Sigma)，在概率统计中常作为测量一组数值的离散程度之用，它反映了这组数值围绕其平均值的分散程度。标准差是通过计算每个数值与平均值差的平方的平均值的平方根得到的。标准差公式如下：

$$\sigma = \lim_{n \to \infty} \sqrt{\frac{1}{n} \sum_{i=1}^{n} (x_i - \mu)^2}$$

其中，σ 表示标准差。

3. 平均绝对误差

平均绝对误差(Mean Absolute Error，MAE)是所有单个观测值与算术平均值的偏差的绝对值的平均。平均绝对误差可以避免误差相互抵消的问题，因而可以准确反映实际预测误差的大小。

在对同一物理量进行多次测量时，各次测量值及其绝对误差可能不同。通过将各次测量的绝对误差取绝对值后再求平均值，得到的就是平均绝对误差。其计算公式如下：

$$\Delta = \frac{|\Delta_1| + |\Delta_2| + \cdots + |\Delta_n|}{n}$$

其中，Δ 为平均绝对误差；$\Delta_1, \Delta_2, \cdots, \Delta_n$ 为各次测量的绝对误差。

对于一组数据 $\{x_1, x_2, \cdots, x_n\}$，平均绝对偏差的计算公式如下：

$$\mathrm{MAD}=\frac{1}{n}\sum_{i=1}^{n}|x_i-m(x)|$$

注意：与平均误差相比，平均绝对误差由于离差被绝对值化，不会出现正负相抵消的情况。因此，平均绝对误差能更好地反映预测值误差的实际情况。

4. 变异系数

变异系数(Coefficient of Variation，CV)是一种用于比较不同数据集或样本集的离散程度的统计量，它是标准差与均值的比率，通常以百分比形式表示。

变异系数的计算公式如下：

$$\mathrm{CV}=\frac{标准差}{均值}\times 100\%$$

其中，标准差是描述数据分散程度的统计量，均值是数据的平均值。

变异系数通常用于比较不同单位或量纲的数据集的离散程度。较小的变异系数意味着样本数据相对较稳定，离散程度较小；而较大的变异系数则表示样本数据相对不稳定，离散程度较大。

需要注意的是，变异系数仅适用于连续型的数据集，对于具有不同尺度的离散数据集，可能需要进行标准化处理后再进行比较。此外，当均值接近或等于零时，计算变异系数的结果可能会出现异常。

6.6.2 离中趋势度量分析

在 NumPy 包中，ptp()函数可以求极差值，std()函数可以求标准差，变异系数可以通过前面两个函数间接求值。

某医院心血管科对 13 位入住患者进行体格检查，重点检测身高和体重数据，测得身高数据为[175，170，179，188，169，173，175，176，183，168，172，177，174]，体重数据为[60，65，64，71，60，66，64，67，70，62，68，69，66]。分别分析身高和体重的平均值、平均绝对偏差值、极差、标准差和变异系数，具体代码如下。

```
import numpy as np
import statistics
height=np.array([175.0,170,179,188,169,173,175,176,183,168,172,177,174])
weight=np.array([60.0,65,64,71,60,66,64,67,70,62,68,69,66])
def median(data):
    return statistics.median(data)
def mad(data):
    median_value =statistics.median(data)
    deviations =[abs(x -median_value) for x in data]
    return statistics.median(deviations)
heightRange=np.ptp(height)
weightRange=np.ptp(weight)
heightStd=np.std(height)
weightStd=np.std(weight)
heightCV=heightStd/np.mean(height)
weightCV=weightStd/np.mean(weight)
print("身高的中位数:",median(height))
```

```
print("体重的中位数:",median(weight))
print("身高的平均绝对偏差值:",mad(height))
print("体重的平均绝对偏差值:",mad(weight))
print("身高和体重的极差分别为%f,%f"%(heightRange,weightRange))
print("身高和体重的标准差分别为%f,%f"%(heightStd,weightStd))
print("身高和体重的变异系数为%f,%f"%(heightCV,weightCV))
```

在这个示例中,首先导入了 Python 内置库 statistics,然后定义了函数 median()和 mad(),设置参数为一个数组 data。在函数内部,分别使用了 statistics 库中的 median()方法和自定义的方法来计算中位数和平均绝对偏差。对于 median()函数,直接调用了 statistics.median()方法,它会返回数组中的中位数。对于 mad()函数,首先通过 statistics.median()方法计算出数组的中位数,并将其保存在变量 median_value 中;然后,使用一个列表推导式来计算数组中各个元素与中位数的绝对值,并保存在一个新的列表 deviations 中;最后,调用自定义的 median()方法来计算 deviations 的中位数,并将其作为结果返回。

在测试代码中,首先定义了一个包含 10 个整数的数组,并分别调用了 median()和 mad()函数来计算数组的中位数和平均绝对偏差,并打印了结果。

运行结果如下:

```
身高的中位数: 175.0
体重的中位数: 66.0
身高的平均绝对偏差值: 3.0
体重的平均绝对偏差值: 2.0
身高和体重的极差分别为 20.000000,11.000000
身高和体重的标准差分别为 5.383516,3.388110
身高和体重的变异系数为 0.030709,0.051697
```

从以上结果可以看出,计算出了身高和体重的中位数和平均绝对偏差;身高的极差和标准差均大于体重的极差和标准差,但二者的单位不一致,其变异系数反而是体重大于身高。

通过这个案例,可以使用 Python 编写离中趋势分析代码,识别患者体重中的异常值,并帮助医疗工作者及时发现患者健康问题,提高诊疗质量。

6.7 本章小结

本章首先介绍了 Python 模块的定义与导入方法;其次介绍了常见的内置标准模块;然后介绍了自定义模块与查看模块的方法;接着介绍了包的概念、发布与安装;最后介绍了离中趋势度量的基本概念和分析方法。通过本章的学习,希望读者能够掌握模块与包的定义与使用,学会创建和使用自定义模块,为深入 Python 学习打下坚实的基础。

第7章 面向对象与类

观看视频

在线答题

学习目标

- 了解对象的定义，能够描述面向对象编程的特征
- 掌握对象的创建方法，能够灵活地创建对象
- 了解类的含义与使用方法，能够说出类的特征
- 掌握构造方法，能够灵活地应用构造方法解决实际问题
- 掌握析构方法，能够正确地应用析构方法释放被占用的资源
- 了解 Python 静态方法和类方法，能够灵活运用静态方法和类方法
- 掌握面向对象的三大特征，能够准确理解多态和继承
- 了解 Python 设计模式，能够描述工厂模式和适配器模式的功能

面向对象程序设计是模拟现实世界组成方式而产生的一种编程方法，是对事物的功能抽象与数据抽象，并将解决问题的过程看成一个分类演绎的过程。其中，对象与类是面向对象程序设计的基本概念。本章将初步了解对象和类，并用其解决实际问题。

7.1 对象与类

在 Python 中，一切皆为对象，包括整数、字符串、列表等基本类型，甚至函数、模块和类等高级结构都是对象。所有的对象都有类型，本节将针对类和对象的概述及类的定义与使用进行讲解。

7.1.1 类和对象概述

面向对象和面向过程都是解决问题的一种思路，对象是面向对象编程的核心，在使用对象的过程中，为了将具有共同特征和行为的一组对象抽象定义，提出了新的概念——类(Class)。对象是类的一个实例，具有属性和行为。对于狗来说，一只狗是一个对象，它有自己的属性，包括狗的品种、颜色、年龄等，狗也有自己的行为，如吃饭、睡觉、奔跑等。类则可以看作一个模板，用于描述一类对象的属性和行为，1 只 5 岁棕色的哈巴狗和 1 只 2 岁黄色的柴犬都属于狗类。类和对象的关系如图 7-1 所示。

7.1.2 类的定义与使用

1. 类的定义

类是用来描述具有相同属性和方法的对象的集合，它定义了该集合中每个对象所共有

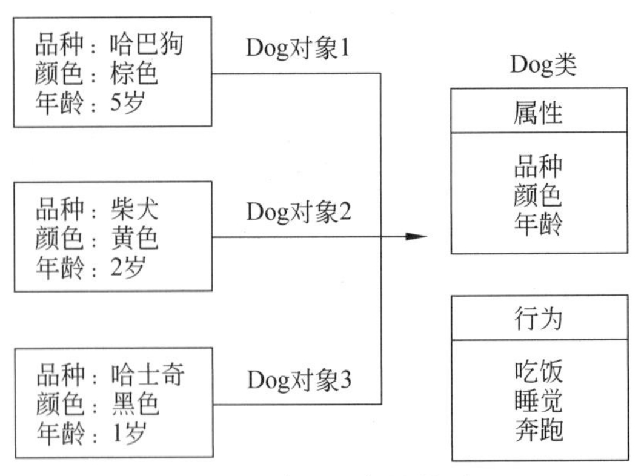

图 7-1　类和对象的关系

的属性和方法，对象是类的实例。在 Python 程序中，定义一个类需要使用 class 关键字，类名的首字母常用大写，其语法格式如下：

```
class 类名:
    类体
```

在 Python 中，通过定义类来创建自定义对象类型。定义类使用 class 关键字，然后写出类名。下面通过一个示例演示类的定义。在创建好的“Python 程序设计基础”项目中创建 Chapter07 文件夹，在 Chapter07 文件夹中创建一个名为 Dog.py 的文件，具体代码如文件 7-1 所示。

文件 7-1　Dog.py

```
1   class Dog:
2       def __init__(self,name,breed,age):
3           #初始化属性 name、breed 和 age
4           self.name =name
5           self.breed =breed
6           self.age =age
7       def eat(self):
8           #小狗正在吃狗粮
9           print(f"{self.name}正在吃狗粮")
10      def run(self):
11          #小狗正在奔跑
12          print(f"{self.name}在奔跑玩耍")
```

在上述代码中，第 1 行代码定义了一个名为 Dog 的类，类的定义中没有圆括号。第 2～12 行代码均是 Dog 类中的内容。第 2～6 行代码中定义了构造方法__init__()；创建 Dog 类的实例对象时，Python 会调用 Dog 类中的方法__init__()，仅向 Dog()传递 name、breed 和 age 即可，self 会自动引用实例对象本身。第 4～6 行代码中的 self.name、self.breed、self.age 称为实例属性，在类的方法中访问实例属性需要以 self 为前缀。self.name＝name 指创建实例对象时，会将传入的 name 值赋给当前创建的实例对象的属性 self.name。self.breed＝breed 和 self.age＝age 的作用与之类似。第 7～9 行代码和第 10～12 行代码分别定义了两个方法：eat()和 run()，这两个方法执行时不需要其他参数，仅需访问实例属性，因此只传入了形式参数 self，用于获取相应的实例属性。

2. 创建实例对象

类并不能直接使用，通过类创建出的实例才能使用。对象包括两个数据成员(类变量和实例变量)和方法。例如，汽车图纸和汽车的关系，图纸本身(类)并不能为人们使用，通过图纸创建出的一辆车(对象)才能使用。类仅充当图纸的作用，本身并不能直接拿来使用，而只有根据图纸造出的实际物品(对象)才能直接使用。因此，Python 程序中类的使用顺序具体如下：

(1) 创建(定义)类，即制作图纸的过程。

(2) 创建类的实例对象(根据图纸造出实际的物品)，通过实例对象实现特定的功能。

类的使用与函数类似，当定义一个类时，其中的代码不会被执行，当调用类来创建对象时，类中的代码才真正起作用。下面通过一个示例演示创建类的实例对象的使用方法。

在 Chapter07 文件夹中创建一个名为 myClass.py 的文件，具体代码如文件 7-2 所示。

文件 7-2　myClass.py

```
1  class MyClass:                          #定义一个类
2      a =12306                            #实例属性
3      def foo(self):                      #实例方法
4          print('Hello, 小千!')
5  obj =MyClass()                          #创建类的实例
6  print(obj.a)                            #调用类的属性
7  obj.foo()                               #调用类的方法
```

在上述代码中，第 1～4 行代码定义了一个类，其中，第 2 行代码定义了实例属性，第 3、4 行代码定义了实例方法；第 5～7 行代码分别创建类的实例、调用类的属性及方法。紧随类名之后的应该是一对小括号，其中可以指定该类的父类，如果没有指定父类，可以写成 class MyClass:。类中包含的属性可以是变量和函数。变量称为类的属性，函数称为类的方法。类的方法默认第一个参数是 self，指的是调用这个方法的对象自身。

文件 myClass.py 的运行结果如图 7-2 所示。

图 7-2　文件 myClass.py 的运行结果

由图 7-2 可知，调用类的属性结果为 12306，调用类的方法结果为“Hello，小千!”。

访问属性需要使用“实例名.属性”的方式。实例方法与前面学习的函数格式类似，区别在于类的所有实例方法都必须至少有一个名为 self 的参数，并且必须是方法的第一个形式参数(如果有多个形式参数)，self 参数代表将来要创建的对象本身。另外，self.name 称为实例属性,在类的实例方法中访问实例属性时需要以 self 为前缀。

拓展阅读:面向对象的常用术语

属性:类中定义的变量称为属性。例如,在 myClass 类中,如果有一个变量 a,则 a 是这个类的一个属性。

方法:类中的函数通常称为方法。不过,和函数不同的是,类方法至少要包含一个 self 参数(后续会进行详细介绍)。例如,在 myClass 类中,foo()是这个类所拥有的方法,类方法无法单独使用,只能和类的对象一起使用。

类:用来描述具有相同属性和方法的对象的集合,它定义了该集合中每个对象所共有的属性和方法,对象是类的实例。类变量在整个实例化的对象中是公用的。类变量定义在类中且在函数体之外。类变量通常不作为实例变量使用。

数据成员:包括类变量和实例变量,用于处理类及其实例对象的相关数据。

方法重写:如果从父类继承的方法不能满足子类的需求,可以对其进行改写,这个过程称为方法的覆盖(Override)或重写。

局部变量:定义在方法中的变量,只作用于当前实例的类。

实例变量:在类的声明中,属性是用变量来表示的,这种变量就称为实例变量,实例变量就是一个用 self 修饰的变量。

继承:即一个派生类(derived class)继承基类(base class)的字段和方法。继承也允许把一个派生类的对象作为一个基类对象对待。例如,有这样一个设计:一个 Dog 类型的对象派生自 Animal 类,这是模拟“是一个(is-a)”关系(例如,Dog 是一个 Animal)。

实例化:创建一个类的实例,类的具体对象。

7.1.3 私有属性和私有方法

在 Python 中,私有属性和私有方法是一种用于封装的特殊机制。它们被设计为只能在类的内部访问,而不能从类的外部直接访问。通过使用双下画线(__)作为前缀来声明私有属性和私有方法。私有方法包括实例方法、类方法和静态方法。下面通过一个示例演示如何定义私有方法。

在 Chapter07 文件夹中创建一个名为 staff.py 的文件,具体代码如文件 7-3 所示。

文件 7-3 staff.py

```
1  class Staff:
2      def __init__(self, s_name, s_salary):
3          self.s_name =s_name
4          self.__salary =s_salary
5      def __secret(self):
6          print("%s 的工资是 %d" %(self.s_name, self.__salary))
7  xiaoqian =Staff("xiaoqian",6500)
8  print(xiaoqian.__salary)
```

在上述代码中,在__init__的对象初始化方法中,以两个下画线开头定义的__salary 属性就是私有属性,而__secret(self)是私有方法;第 7、8 行代码表示在对象的外部调用

__salary 属性,并正常访问且打印该私有属性。

文件 staff.py 的运行结果如图 7-3 所示。

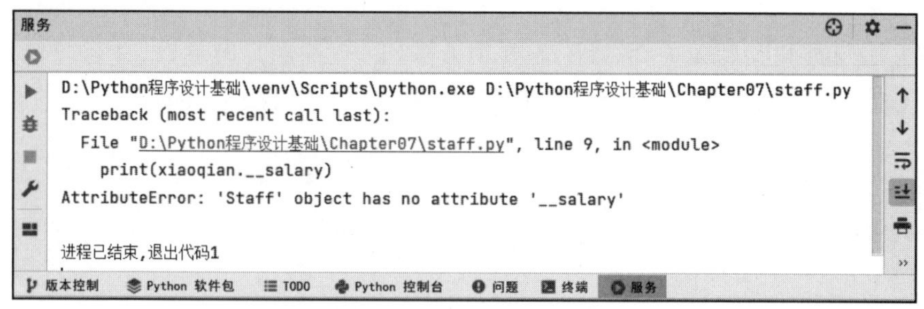

图 7-3　文件 staff.py 的运行结果

由图 7-3 可知,在对象外部访问对象的私有属性__salary 时,提示 AttributeError 错误,Staff 对象 xiaoqian 没有属性__salary。

为了证明 Staff 类的对象确实拥有__salary 这个实例属性,尽管由于封装性,在对象外部不能直接访问私有属性。对程序进行修改,使私有方法能正常引用,具体代码如下:

```
1  class Staff:
2      def __init__(self, s_name, s_salary):
3          self.s_name = s_name
4          self.salary = s_salary
5      def __secret(self):
6          print("%s 的工资是 %d" % (self.s_name, self.salary))
7  xiaoqian = Staff("xiaoqian", 6500)
8  print(xiaoqian.salary)
```

上述代码中,第 4 行代码将 self.__salary 修改为 self.salary;第 6、8 行代码将__secret(self)方法对 self.__salary 属性的引用做相应的修改,查看运行结果。

修改后文件 staff.py 的运行结果如图 7-4 所示。

图 7-4　修改后文件 staff.py 的运行结果

由图 7-4 可知,非私有属性在外部的调用是正常的,没有提示 AttributeError 错误。在类外访问私有方法的访问方式是"对象名._类名__方法"。

7.2　静态方法与类方法

在 Python 中,方法是与类或对象相关联的函数。方法通过类或对象调用,可以使用类变量和实例变量,并且通常用于实现对象的行为。本节将从静态方法、类方法和私有方法 3

方面进行讲解。

7.2.1 静态方法

静态方法与类和实例无关,它既不需要类参数,也不需要实例参数,并且只能访问静态变量。静态方法需要使用@staticmethod 装饰器来标记,其语法格式如下:

```
class 类名:
    @staticmethod
    def 静态方法名():
        函数体
```

参数列表中可以没有参数。静态方法可以访问类属性,但不可以访问实例属性。下面将演示静态方法的使用。

在 Chapter07 文件夹中创建一个名为 staticPerson.py 的文件,定义一个 Person 类,包含一个名为 add()的静态方法,具体代码如文件 7-4 所示。

文件 7-4 staticPerson.py

```
class Person:
    @staticmethod
    def add(x, y):
        return x +y
print(Person.add(1, 2))
```

在上述代码中,使用@staticmethod 装饰器定义了一个静态方法 add(),它可以在类或实例中调用,但是它与类和实例无关,只需要传入两个参数即可。

文件 staticPerson.py 的运行结果如图 7-5 所示。

图 7-5 文件 staticPerson.py 的运行结果

由图 7-5 可知,使用@staticmethod 装饰器定义了静态方法 add(),运行结果为 3。

拓展阅读:属性

在 Python 中,属性(Attribute)是对象的成员,包括变量(Variable)和方法(Method)。属性可以被直接访问,也可以通过方法来访问。在面向对象编程中,属性是类中存储数据的一种方式,它定义了对象的状态和行为,并决定了如何使用和操作这些数据。

7.2.2 类方法

类方法是通过类调用的方法,它可以访问类变量,但不能访问实例变量。类方法需要使用@classmethod 修饰符进行修饰,其语法格式如下:

```
class 类名:
    @classmethod
    def 类方法名(cls)
        方法体
```

其中,cls 表示类本身,通过它可以访问类的相关属性,但不可以访问实例属性。Python 类方法最少要包含一个参数,只不过类方法中通常将其命名为 cls,在调用类方法时,Python 会自动将类本身绑定给 cls 参数。下面将通过一个示例演示类方法的使用。

在 Chapter07 文件夹中创建一个名为 classPerson.py 的文件,定义一个 Person 类,包含名为 get_count()的类方法,具体代码如文件 7-5 所示。

文件 7-5　classPerson.py

```
class Person:
    count =0                              #类变量
    def __init__(self, name):
        self.name =name
        Person.count +=1
    @classmethod
    def get_count(cls):
        return cls.count
p1 =Person('Tom')
p2 =Person('Jerry')
print(Person.get_count())
print(p1.get_count())
print(p2.get_count())
```

在上述代码中,使用@classmethod 装饰器定义了一个类方法 get_count(),它可以访问类变量 count 的值,并返回类方法。

文件 classPerson.py 的运行结果如图 7-6 所示。

图 7-6　文件 classPerson.py 的运行结果

由图 7-6 可知,可以通过 Person.get_count()、p1.get_count()或 p2.get_count()方法来调用类变量,输出结果都是 2。

7.3　魔法方法

在 Python 中,魔法方法是以双下画线开头和结尾的特殊方法,用于定义类的特殊行为。魔法方法在对象生命周期中由解释器在特定情况下自动调用,用于控制对象的创建、销毁、运算符重载等特殊行为。魔法方法提供了强大的自定义类行为机制。本节将从魔法方法概述、构造方法和析构方法等方面进行讲解。

7.3.1 魔法方法概述

Python 的魔法方法用于在类中实现一些特殊的功能，方法的名称始终以双下画线开头和结尾，例如__init__、__repr__和__add__等。魔法方法是在特殊时刻自动触发的，即不需要调用。常见的魔法方法如表 7-1 所示。

表 7-1 常见的魔法方法

方　法	说　明
__str__(self,[参数名])	函数有返回值，当打印对象名时自动调用
__del__(self)	当删除引用时自动调用
__call__(elf,[参数名])	当执行对象名()时自动调用，即把对象当成函数使用
__repr__(self)	定义对象的字符串表示，通过重载该方法可以自定义输出对象的字符串表示
__init__(self,[参数名])	对象创建时自动调用

表 7-1 中的魔法方法用于在类定义中实现基本的 Python 语言构造，例如运算符重载、比较和转换等功能。总的来说，Python 中的魔法方法可以为读者提供强大而灵活的功能，帮助读者更方便地实现类和对象的行为。

7.3.2 构造方法

1. 无参的构造方法

构造方法是一种在 Python 面向对象编程中被自动调用的特殊方法，它是用于创建和初始化对象的方法，通常被称为“构造函数”。构造方法会在对象被创建时被自动调用，它负责进行对象的初始化操作，也可以接收参数来帮助完成对象的初始化。在 Python 中，构造方法的语法如下：

```
def __init__(self,…):
    代码块
```

其中，__init__()是 Python 中的特殊方法，它会在对象创建时自动调用。self 是一个指向对象本身的参数，用于访问对象的属性和方法。

注意，此方法的方法名中，开头和结尾各有两个下画线，并且中间不能有空格。另外，__init__()方法可以包含多个参数，但必须包含一个名为 self 的参数，并且必须作为第一个参数，即类的构造方法最少也要有一个 self 参数。

在 Chapter07 文件夹中创建一个名为 hero.py 的文件，具体代码如文件 7-6 所示。

文件 7-6 hero.py

```
class Hero(object):
    '''定义一个英雄类,可以移动和攻击'''
```

```
3      def __init__(self):                         #self 代表实例化对象
4          #赋值   没有参数
5          self.name ='泰达米尔'
6          self.hp =2600                           #生命值
7          self.atk =450                           #攻击力
8          self.armor =200                         #护甲值
9      def move(self):
10         '''实例方法'''
11         print('正在前往事发地点….')
12     def attack(self):
13         '''实例方法'''
14         print('发出了一招强有力的普通攻击')
15     def info(self):
16         print('英雄: %s 的生命值: %d' %(self.name, self.hp))
17         print('英雄: %s 的攻击力: %d' %(self.name, self.atk))
18         print('英雄: %s 的护甲值: %d' %(self.name, self.armor))
19 t =Hero()  #实例化一个对象
20 t.info()
21 t.move()
22 t.attack()
```

在上述代码中,__init__()方法在创建一个对象时默认被调用,不需要手动调用。第3~8行代码创建了实例化对象;接着创建了move()、attack()、info()方法;第19行代码为实例化对象;第20~22行代码为调用方法。

文件hero.py的运行结果如图7-7所示。

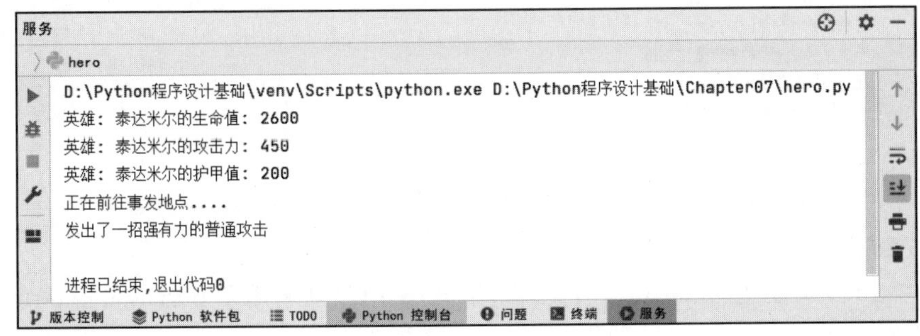

图7-7　文件hero.py的运行结果

2. 有参的构造方法

__init__(self)中的self参数不需要开发者传递,Python解释器会自动把当前的对象引用传递过去。下面通过一个示例演示__init__(self)中的self参数的使用。

在Chapter07文件夹中创建一个名为heroS.py的文件,具体代码如文件7-7所示。

文件7-7　heroS.py

```
class Hero(object):
    '''定义一个英雄类,可以移动和攻击'''
    def __init__(self, name, hp, attack, armor):
        #属性初始化   有参数
```

```
5         self.name = name
6         self.hp = hp                          # 生命值
7         self.atk = attack                     # 攻击力
8         self.armor = armor                    # 护甲值
9     def move(self):
10        '''实例方法'''
11        print('正在前往事发地点…')
12    def attack(self):
13        '''实例方法'''
14        print('发出了一招强有力的普通攻击')
15    def info(self):
16        print('英雄: %s 的生命值: %d' % (self.name, self.hp))
17        print('英雄: %s 的攻击力: %d' % (self.name, self.atk))
18        print('英雄: %s 的护甲值: %d' % (self.name, self.armor))
19 t = Hero('泰达米尔', 2600, 450, 200)
20 t.info()
21 t.move()
22 t.attack()
```

由文件 heroS.py 可知，第 3 行代码中定义了构造方法，第 19 行代码调用实例时，传递了 4 个参数。

文件 heroS.py 的运行结果如图 7-8 所示。

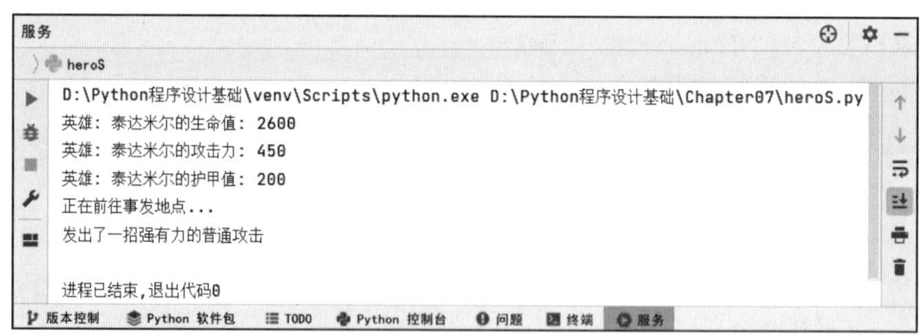

图 7-8　文件 heroS.py 的运行结果

由图 7-8 可知，在文件 hero.py 与文件 heroS.py 中分别调用了 info()、move()、attack() 方法，运行结果相同。

3. __new__()方法

__new__()方法是用于创建一个新对象的构造方法，它在__init__()方法之前调用，返回一个新对象。大多数情况下，开发者不需要自己实现__new__()方法。下面通过一个示例演示__new__()方法的使用。

在 Chapter07 文件夹中创建一个名为 new.py 的文件，具体代码如文件 7-8 所示。

文件 7-8　new.py

```
class A(object):
    def __init__(self):
        print("这是 init 方法")
    def __new__(cls):
```

```
5           print("这是 new 方法")
6           return object.__new__(cls)
7   a =A()
```

在上述代码中,第 2 行代码中定义了构造方法,第 3 行代码创建了一个新对象的构造方法,返回了一个新对象。

文件 new.py 的运行结果如图 7-9 所示。

图 7-9　文件 new.py 的运行结果

由图 7-9 可知,__new__()方法是用于创建一个新对象的构造方法,在__init__()方法之前调用,返回一个新对象,__new__()方法的特点如下:

(1) __new__()方法至少要有一个参数 cls,代表要实例化的类,此参数在实例化时由 Python 解释器自动提供。

(2) __new__()方法必须有返回值,即返回实例化出来的实例,这点在自己实现__new__()方法时要特别注意,返回的对象可以是调用父类的__new__()方法所得到的实例,或者是通过 object 类的__new__()方法直接创建的实例。

(3) __init__()方法有一个参数 self,是__new__()方法返回的实例,__init__()方法在__new__()方法的基础上可以完成一些额外的初始化操作。与__new__()方法不同,__init__()方法不需要返回值。

下面通过一个示例演示__new__()方法的单例模式的使用。在 Chapter07 文件夹中创建一个名为 FooNew.py 的文件,具体代码如文件 7-9 所示。

文件 7-9　FooNew.py

```
1  class Foo(object):
2      instance =None
3      def __init__(self):
4          self.name ='alex'
5      def __new__(cls):
6          if Foo.instance:
7              return Foo.instance
8          else:
9              Foo.instance =object.__new__(cls)
10             return Foo.instance
11 obj1 =Foo()  #obj1 和 obj2 获取的就是__new__()方法返回的内容
12 obj2 =Foo()
13 print(obj1, obj2)
```

在上述代码中,第 11、12 行代码中,变量 obj1 和变量 obj2 获取的是__new__()方法返回的内容；第 13 行代码返回 obj1 和 obj2 的内存地址。

文件 FooNew.py 的运行结果如图 7-10 所示。

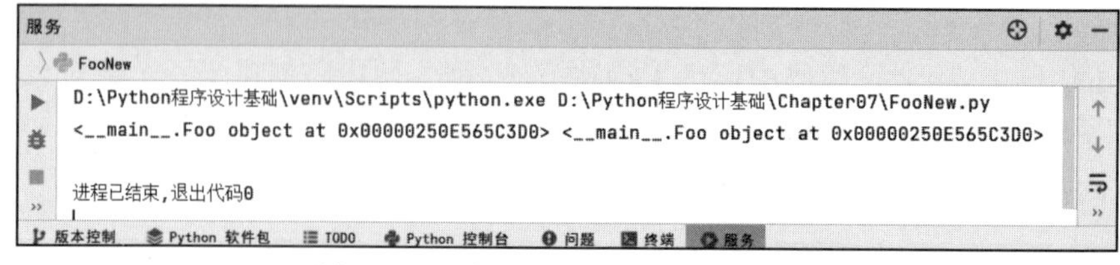

图 7-10　文件 FooNew.py 的运行结果

由图 7-10 可知，打印的结果是对象 obj1 和 obj2 的地址。使用一个对象的实例，避免新建太多实例浪费资源，使用__new__()方法新建类对象时，先判断是否已经建立过，如果建立过，就使用已有的对象。

7.3.3　析构方法

1. __del__( )方法

当删除一个对象来释放类所占用的资源时，Python 解释器默认会调用另一个方法，这个方法就是__del__( )方法，即析构方法。析构方法会在对象销毁时自动调用，它负责进行对象的清理操作，例如释放资源、关闭文件等。在 Python 中，析构方法的语法如下：

```
def __del__(self,…):
    代码块
```

其中，__del__()是 Python 中的特殊方法，它会在对象销毁时自动调用。同样，self 是一个指向对象本身的参数，用于访问对象的属性和方法。析构方法的主要作用是在对象销毁时进行清理操作，通常包括以下内容：

- 关闭已打开的文件。
- 释放占用的资源。
- 停止正在执行的任务等。

下面通过一个示例演示析构方法。在 Chapter07 文件夹中创建一个名为 point.py 的文件，具体代码如文件 7-10 所示。

文件 7-10　point.py

```
1  class Dog(object):
2      def __init__(self,name):
3          self.name =name
4          print("__init__方法被调用")
5      def __del__(self):
6          print("__del__方法被调用")
7          print("python 解释器开始回收%s 对象了" %self.name)
8  p =Dog('joy')
9  del p
```

在上述代码中，第 8 行代码实例化了一个对象 p，第 9 行代码使用 del 关键字删除对象

p 的属性或删除该对象。

文件 point.py 的运行结果如图 7-11 所示。

图 7-11　文件 point.py 的运行结果

由图 7-11 可知，实例化对象后，首先调用 Dog 类的__init__()方法，再调用__del__()方法。

2. __str__()方法

实例化对象时会调用__str__()方法，如果没有定义__str__()方法，就会打印一个对象的地址，如果定义了__str__()方法并且有返回值，就会打印其中的返回值。

下面通过一个示例演示__str__()方法。在 Chapter07 文件夹中创建一个名为 strs.py 的文件，具体代码如文件 7-11 所示。

文件 7-11　strs.py

```
class ss:
    def __init__(self,age,name):
        self.age =age
        self.name =name
    def __str__(self):
        return "My name is %s and %s year" %(self.name,self.age)
if __name__=="__main__":
    s =ss(21,'jack')
    print(s)
```

文件 strs.py 的运行结果如下：

```
My name is jack and 21 year
```

由文件 strs.py 的运行结果可知，调用__str__方法，输出结果是该方法的返回值。

7.4　面向对象的三大特征

与面向过程编程不同，面向对象编程(Object-Oriented Programming，OOP)是一种自下而上的设计方法。Python 中的类提供了面向对象编程的所有基本功能。Python 的类支持多重继承，派生类可以继承多个基类，并覆盖基类的方法。派生类的方法还可以调用基类中的同名方法。本节将针对面向对象的三大特征——封装、继承和多态进行讲解。

7.4.1 面向对象

1. 概述

面向对象编程是一种封装代码的方法。代码封装其实就是隐藏实现功能的具体代码，仅留给用户使用的接口，就好像使用计算机，用户只需要使用键盘、鼠标就可以实现一些功能，而根本不需要知道其内部是如何工作的。

在面向对象程序设计中，每一个具体的事物都是一个对象，同类型的对象拥有共同的属性和行为，这就形成了类，这一过程就是抽象。抽象是面向对象程序设计的本质，类是其关键，类与对象是抽象与具体的对应。面向对象程序设计将数据和操作看成一个整体，可以提高程序的开发效率，使程序结构清晰，提高程序的可维护性，提高代码的可复用性。

在某游戏中设计一个乌龟的角色时，应该如何来实现呢？使用面向对象的思想会更加简单，可以从以下两方面进行描述。

（1）从表面特征来描述，例如，它是绿色的、有 4 条腿、重 10kg、有外壳等。

（2）从所具有的行为来描述，例如，它会爬、吃东西、睡觉、将头和四肢缩到壳里等。

如果用代码来表示乌龟，则其表面特征可以用变量来表示，其行为特征可以通过建立各种函数来表示，参考代码如下：

```
class tortoise:
    bodyColor = "绿色"
    footNum = 4
    weight = 10
    hasShell = True
    def crawl(self):                  #会爬
        print("乌龟会爬")
    def eat(self):                    #会吃东西
        print("乌龟吃东西")
    def sleep(self):                  #会睡觉
        print("乌龟在睡觉")
    def protect(self):                #会缩到壳里
        print("乌龟缩进了壳里")
```

因此，从某种程度上说，与仅使用变量或仅使用函数相比，使用面向对象的思想可以更好地模拟现实生活中的事物。

2. 面向对象的三大特征

面向对象程序设计实际上就是对具体对象进行建模操作。面向对象程序设计的特征主要可以概括为封装、继承和多态。封装确保了对象中的数据安全；继承保证了对象的可扩展性；多态保证了程序的灵活性。

1）封装

封装是面向对象程序设计的核心思想，它指的是将对象的属性和行为封装起来，其载体就是类，类通常对客户隐藏其实现细节，这就是封装的思想。例如，计算机的主机是由内存条、硬盘、风扇等部件组成的，生产厂家把这些部件用一个外壳封装起来组成主机，用户在使用该主机时，无须关心其内部的组成及工作原理。计算机的主机及组成部件如图 7-12 所示。

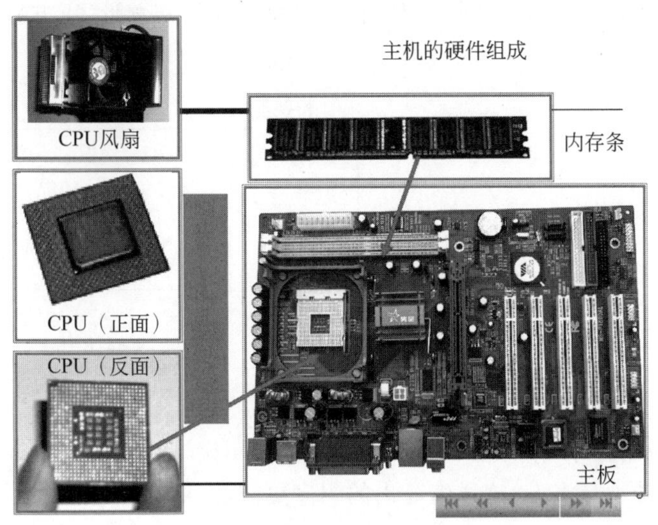

图 7-12　计算机的主机及组成部件

2）继承

继承是面向对象程序设计提高重用性的重要措施，它体现了特殊类与一般类之间的关系，当特殊类包含一般类的所有属性和行为且特殊类包含属性和行为时，称作特殊类继承了一般类。一般类又称为父类或基类，特殊类又称为子类或派生类。例如，已经描述了汽车模型这个类的属性和行为，如果还需要描述一个小轿车类，只需让小轿车类继承汽车模型类，再描述小轿车类特有的属性和行为，而不必再重复描述一些在汽车模型类中已有的属性和行为。汽车模型和小轿车如图 7-13 所示。

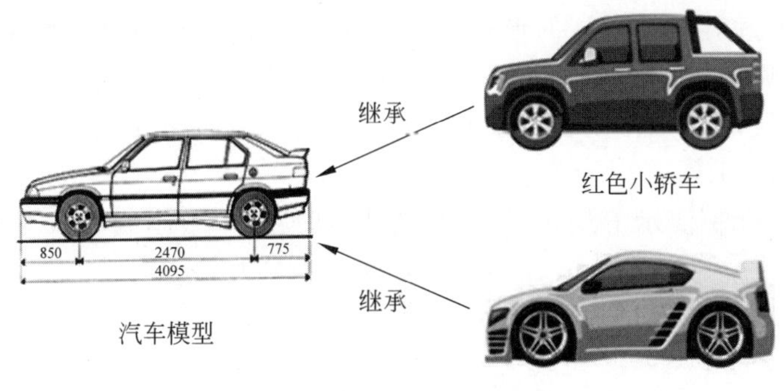

图 7-13　汽车模型和小轿车

3）多态

在程序设计中，多态指的是一个对象可以具有多种形态或类型的能力，它允许用户使用同一个接口（或基类）来处理不同类型的对象，使得代码更加灵活和可扩展。通过多态，用户可以扩展程序的功能而无须修改已有的代码，只需要添加新的子类或实现类即可。例如，在一般类中说明了一种求几何图形面积的行为，这种行为不具有具体含义，因为它并没有确定具体几何图形，又定义了一些特殊类，如三角形、正方形、梯形等，它们都继承自一般类。在不同的特殊类中都继承了一般类的求面积的行为，可以根据具体的不同几何图形使用求面积公式，重新定义求面积行为的不同实现，使之分别实现求三角形、正方形、梯形等面积的功能。一般类与特殊类如图 7-14 所示。

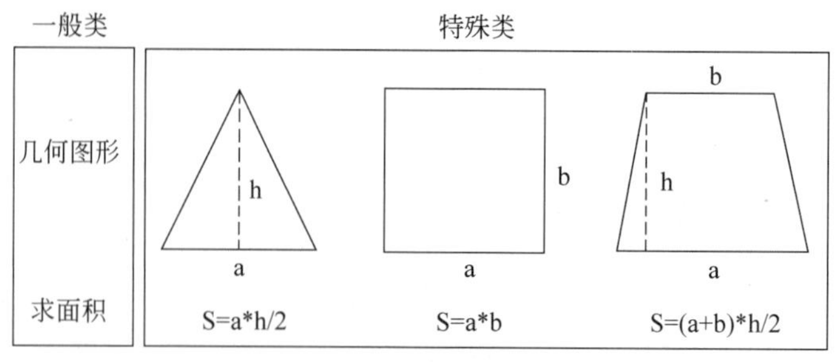

图 7-14　一般类与特殊类

在实际编写应用程序时，开发者需要根据具体应用设计对应的类与对象，然后在此基础上综合考虑封装、继承与多态，这样编写出的程序更健壮、更易扩展。

7.4.2　封装

在 Python 中，对象的封装指的是将对象的属性和方法封装起来，使得这些属性和方法只能被对象本身和其内部方法所访问，而外部无法直接访问。类的封装可以隐藏类的实现细节，使用户只能通过方法来访问数据，这样就可以增强程序的安全性。

Python 中使用下画线来表示一个属性或方法的访问权限，具体规则如下：

- 单下画线(_)开头的属性或方法，表示该属性或方法是受保护的，只能在对象内部或子类中访问，不能通过对象.__attr、对象._attr 等形式访问。
- 双下画线(__)开头的属性或方法，表示该属性或方法是私有的，只能在对象内部访问，不能通过对象.__attr 的形式访问。不过，可以通过对象._类名__attr 的形式访问该私有属性。
- 不以下画线开始或结束的属性或方法，表示该属性或方法是公共的，可以在对象内部或外部访问。

下面通过一个示例演示 Python 封装的功能，即使用单下画线和双下画线来表示属性和方法的访问权限。在 Chapter07 文件夹中创建一个名为 property.py 的文件，具体代码如文件 7-12 所示。

文件 7-12　property.py

```
class Person:
    def __init__(self, name, age):
        self._name =name              #受保护的属性
        self.__age =age               #私有属性
    def get_age(self):
        return self.__age             #将私有属性的值返回
    def _get_name(self):
        return self._name             #受保护的方法
    def hello(self):
        print("Hello, my name is {} and I'm {} years old.".format(self._name,
self.__age))
```

```
11 person =Person('小锋', 12)
12 person.hello()
13 print(person._name)                           #可以访问受保护的属性
14 print(person._get_name())                     #可以访问受保护的方法
15 #print(person.__age)                          #不能直接访问私有属性
16 print(person.get_age())                       #通过公共方法访问私有属性
17 print(person._Person__age)                    #通过类名访问私有属性
```

在上述代码中,定义了 Person 类,第 2～4 行代码初始化了实例,并且使用单下画线和双下画线来表示属性和方法的访问权限;第 5、6 行代码定义函数将私有属性的值返回;第 7、8 行代码定义函数将受保护的方法返回;第 9、10 行代码定义函数将格式化打印姓名和年龄信息。

文件 property.py 的运行结果如图 7-15 所示。

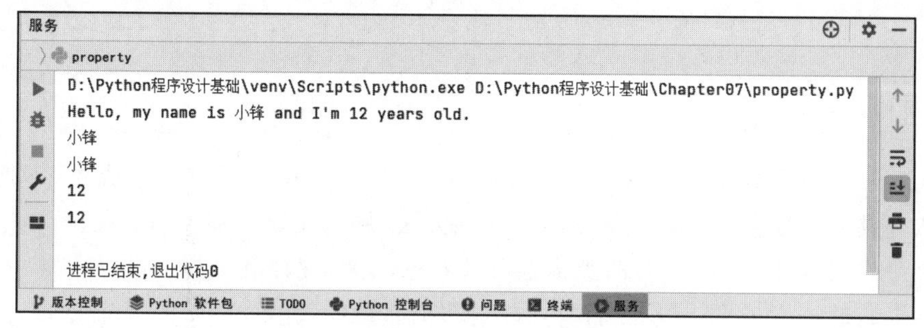

图 7-15　文件 property.py 的运行结果

由图 7-15 可知,访问受保护的属性和方法的结果是"小锋",访问私有属性的结果是 12。若将第 15 行代码的"#"去掉,即直接访问私有属性,运行结果如图 7-16 所示。

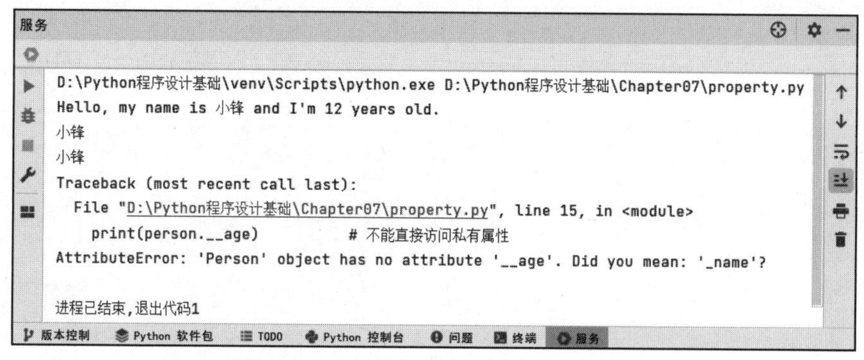

图 7-16　直接访问私有属性的运行结果

由图 7-16 可知,直接访问私有属性时,运行错误,提示信息为 AttributeError。

7.4.3　继承

类与类之间可以存在继承关系,一个类继承另一个类时,会获得另一个类的所有属性和方法。原有的类称为父类或基类,新定义的类称为子类或派生类。派生类继承了基类的所有属性和方法,还可以定义自己的属性和方法。

1. 单一继承

单一继承指的是定义的派生类只有一个基类，如学生与教师都继承自人，如图 7-17 所示。

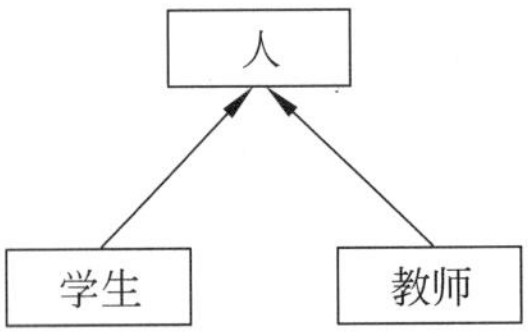

图 7-17　单一继承

单一继承由于只有一个基类，继承关系比较简单，操作比较容易，因此使用相对较多，其语法格式如下：

```
class 基类名(object):    #等价于 class 基类名:
    类体
class 派生类名(基类名):
    类体
```

在以上语法格式中，派生类继承自基类，可以使用基类中的所有公有成员，不能使用基类中的私有成员。派生类可以定义新的属性和方法，从而完成对基类的扩展。

需要注意的是，Python 所有的类都继承自 object 类，这种继承写法可以省略。

下面将通过一个示例演示单一继承的使用。在 Chapter07 文件夹中创建一个名为 animalDog.py 的文件，具体代码如文件 7-13 所示。

文件 7-13　animalDog.py

```
class Animal:
    def __init__(self, name):
        self.name =name
    def eat(self):
        print('{} is eating.'.format(self.name))
class Dog(Animal):
    def bark(self):
        print('{} is barking.'.format(self.name))
dog =Dog('旺旺')
dog.eat()
dog.bark()
```

在上述代码中，定义了一个父类 Animal，包含一个初始化方法和一个 eat()方法。然后定义了一个子类 Dog，通过继承 Animal 类来获得这些方法，并且增加了一个 bark()方法，用于狗的特殊行为。最后创建了一个 Dog 对象并调用它的方法。

文件 animalDog.py 的运行结果如图 7-18 所示。

2. 方法重写

方法重写指的是在子类中重新定义父类的方法，以覆盖父类中的实现。在 Python 中，子类可以重写继承来的方法。下面将演示方法重写的使用。

在 Chapter07 文件夹中创建一个名为 animalCat.py 的文件，定义一个 Animal 类和一

图 7-18　文件 animalDog.py 的运行结果

个 Cat 类，后者重写了前者的 say()方法，具体代码如文件 7-14 所示。

文件 7-14　animalCat.py

```
class Animal:
    def say(self):
        print("I'm an animal.")
class Cat(Animal):
    def say(self):
        print("I'm a cat.")
a =Animal()
a.say()
c =Cat()
c.say()
```

在上述代码中，首先定义了一个 Animal 类和一个 Cat 类，后者继承自前者，并重写了父类的 say()方法。

文件 animalCat.py 的运行结果如图 7-19 所示。

图 7-19　文件 animalCat.py 的运行结果

由图 7-19 可知，当创建一个 Animal 实例 a 或 Cat 实例 c 后，就可以通过 a.say()或 c.say()方法来调用 say()方法了。

3. 多重继承

多重继承允许子类从多个父类中继承属性和方法，具有更高的灵活性，但也因为继承关系变得更加复杂，容易引起命名空间冲突、方法重复定义等问题。因此，在使用多重继承时，需要对类的层次结构进行合理的设计，其语法格式如下：

```
class 基类 1:
    类体
class 基类 2:
    类体
class 派生类(基类 1,基类 2):
    类体
```

上述语法结构表示派生类继承自基类 1 与基类 2,多重继承可以用来获取当前类的所有父类,返回的是一个元组。下面将通过一个示例演示多重继承的使用。

在 Chapter07 文件夹中创建一个名为 student.py 的文件,定义两个基类：people 类和 speaker 类,两个派生类：student 类和 sample 类,具体代码如文件 7-15 所示。

文件 7-15　student.py

```
1  class people:  #基类 1
2      name = ''
3      age = 0
4      __weight = 0
5      def __init__(self, n, a, w):
6          self.name = n
7          self.age = a
8          self.__weight = w
9      def speak(self):
10         print("%s 说: 我 %d 岁。" %(self.name, self.age))
11 class student(people):
12     grade = ''
13     def __init__(self, n, a, w, g):
14         people.__init__(self, n, a, w)
15         self.grade = g
16     def speak(self):
17         print("%s 说: 我 %d 岁了,我在读 %d 年级" %(self.name, self.age, self.grade))
18 class speaker(): #基类 2
19     topic = ''
20     name = ''
21     def __init__(self, n, t):
22         self.name = n
23         self.topic = t
24     def speak(self):
25         print("我叫 %s,我是一个演说家,我演讲的主题是 %s" %(self.name, self.topic))
26 class sample(speaker, student):
27     a = ''
28     def __init__(self, n, a, w, g, t):
29         student.__init__(self, n, a, w, g)
30         speaker.__init__(self, n, t)
31 test = sample("小千", 25, 80, 4, "选教材")
32 test.speak()   #方法名同,默认调用的是在括号中参数位置排在前面的父类的方法
```

在上述代码中,第 1～4 行代码定义了第 1 个基类。其中,第 2、3 行代码定义了基本属性;第 4 行代码定义了私有属性,私有属性在类外部,无法直接访问。第 5～8 行代码定义了构造方法。第 11～17 行代码是单继承的示例。其中,第 14 行代码调用父类的构造函数,第 16、17 行代码是复写父类的方法。第 18～25 行代码定义了第 2 个基类。第 32 行代码默认调用的是在括号中参数位置排在前面的父类的方法。

文件 student.py 的运行结果如图 7-20 所示。

图 7-20　文件 student.py 的运行结果

由图 7-20 可知，运行的结果表明，调用的是基类 speaker 中的方法。

拓展阅读：Python 在多个父类中查找方法或属性的算法顺序

当多个父类中拥有相同的方法或属性时，Python 按照一定的顺序进行查找和调用。具体来说，Python 会按照以下的算法顺序，在各个父类中查找方法或属性。

（1）首先在当前子类中查找，如果找到相应的方法或属性，则直接返回结果。

（2）然后按照继承的顺序从左到右查找第一个父类，如果在父类中找到了对应的方法或属性，则返回该结果。

（3）如果在第一个父类中未找到，则继续按照继承的顺序依次往右查找其他父类，直到找到为止。

（4）如果所有的父类都没有找到对应的方法或属性，则抛出 AttributeError 异常。

这个查找过程也被称为 C3 线性化算法（C3 Linearization Algorithm），因为它会把多重继承的层次结构线性化为一个列表，然后按照此列表的顺序依次进行查找。具体的算法可参考相关资料，这里不再赘述。

7.4.4　多态

1. 概念

在计算机科学中，多态性是为不同的底层形式呈现相同界面的能力。实际上，多态性意味着如果类 B 继承自类 A，则类 B 无须完全复制类 A 的所有行为，而是可以选择性地重写或扩展类 A 中的方法，以执行类 A 不同或更加特定的任务。Python 是隐式多态的，它能够重载标准运算符，以便根据不同场景实现适当的行为。

Python 中的加法运算符可以作用于两个整数，也可以作用于字符串，具体如下：

```
1 + 2                          #将整数 1 与 2 相加，结果为 3
'1' +'2'                       #将字符'1'与'2'拼接，结果为'12'
```

在上述代码中，加法运算符对于不同类型的对象执行不同的操作，这就是多态。在程序中，多态指的是基类的同一个方法在不同派生类对象中具有不同的表现和行为，当调用该方法时，程序会根据对象选择合适的方法。

下面将通过一个示例演示多态的使用，通过数学公式计算几何图形面积。

在 Chapter07 文件夹中创建一个名为 geometry.py 的文件，导入 math 库并定义基类 Graphic 以及两个派生类 Triangle 类和 Circle 类，具体代码如文件 7-16 所示。

文件 7-16　geometry.py

```
1  import math
2  class Graphic:
3      def __init__(self,name):
4          self.name =name
5      def cal_square(self):
6          pass
7  class Triangle(Graphic):
8      def __init__(self,name,height,border):
9          super().__init__(name)
10         self.height =height
11         self.border =border
12     def cal_square(self):
13         square =1/2 * self.height * self.border
14         print(f"{self.name}的面积是{square:.2f}")
15 class Circle(Graphic):
16     def __init__(self,name,radius):
17         super().__init__(name)
18         self.radius =radius
19     def cal_square(self):
20         square =math.pi * pow(self.radius, 2)
21         print(f"{self.name}的面积是{square:.3f}")
22 t1 =Triangle("三角形", 6, 8)
23 t1.cal_square()
24 c1 =Circle("圆",3)
25 c1.cal_square()
```

在上述代码中，Triangle 类和 Circle 类都继承自 Graphic 类，基类和派生类中都存在 cal_square()方法。可以看到，第 23、25 行代码中都调用了 cal_square()方法，但是根据不同对象调用了各类中定义的不同的 cal_square()方法。

文件 geometry.py 的运行结果如图 7-21 所示。

图 7-21　文件 geometry.py 的运行结果

由图 7-21 可知，三角形的高为 6、边长为 8 时，面积为 24.00；圆的半径为 3 时，面积为 28.274。

2. 内置函数重写

在 Python 程序中，不仅能对自定义类中的方法进行重写，还可以对 Python 已定义的内置函数进行重写。比较常见的内置函数的重写包括前面已经介绍过的 str()函数和 repr()函数。这两个函数原本用于将其他数据类型转换为字符串形式，在类中对其进行重写后，就能用于将对象转换为字符串。重写内置函数 str()和 repr(),需要在函数名前加两个下画线,函数名后加两个下画线,即__str__()和__repr__()。

需要注意的是,以两个下画线为开头并以两个下画线为结尾的方法,都是 Python 的内置方法。前面已经介绍过 str()函数和 repr()函数的区别,重写后的方法也具备原函数的特性,__str__()方法会将对象转换为人更容易理解的字符串,__repr__()方法会将对象转换为解释器可识别的字符串。下面将通过一个示例演示内置函数重写的使用。

在 Chapter07 文件夹中创建一个名为 clock.py 的文件,具体代码如文件 7-17 所示。

文件 7-17　clock.py

```
1  class Clock:
2      def __init__(self,hour,minute,second):
3          self.hour =hour
4          self.minute =minute
5          self.second =second
6      def __str__(self):             #重写__str__()
7          return f"时{self.hour},分{self.minute},秒{self.second}"
8      def __repr__(self):            #重写__repr__()
9          return f"Clock({self.hour},{self.minute},{self.second})"
10 c1 =Clock(10, 20, 30)              #定义实例对象 c1
11 print(c1)                          #打印对象 c1
12 c2 =eval(repr(c1))                 #复制 c1 对象赋值给 c2
13 c2.hour =1                         #修改 c2 属性
14 print(c2)                          #打印对象 c2
```

在上述代码中,第 6、7 行代码重写了__str__()方法,此时第 10、11 行代码打印实例对象时,会按照__str__()方法中定义的字符串格式进行打印。第 8、9 行代码对__repr__()方法进行重写,返回的格式是 Clock 对象的字符串形式,eval(repr(c1))函数相当于对 c1 对象进行了复制。第 12 行代码将 c1 对象复制后赋值给 c2 对象。第 13 行代码修改 c2 对象的属性,但不影响 c1 对象。

文件 clock.py 的运行结果如图 7-22 所示。

图 7-22　文件 clock.py 的运行结果

由图 7-22 可知,内置函数重写前的结果为"时 10,分 20,秒 30",重写后"时"变换为 1,"分"和"秒"复制了内置函数重写的值。

3. 运算符重载

Python 运算符重载指的是通过定义类中的特殊方法,实现对 Python 内置运算符的重载。Python 内置了一些运算符,例如加号(+)、减号(-)、乘号(*)、除号(/)等,这些运算符可以用于对不同类型的对象进行操作。

运算符重载是通过实现特定的方法使类的实例对象支持 Python 的各种内置操作。例如，“+”运算符是类中提供的__add__()函数，当调用“+”实现加法运算时，实际上是调用了__add__()方法。常见的运算符重载方法如表 7-2 所示。

表 7-2　常见的运算符重载方法

方　　法	说　　明	何时调用方法
__add__()	加法运算	对象加法：x+y，x+=y
__sub__()	减法运算	对象减法：x-y，x-=y
__mul__()	乘法运算	对象乘法：xy，x=y
__div__()	除法运算	对象除法：x/y，x/=y
__getitem__()	索引，分片	x[i]、x[i:j]、没有实现__iter__()方法的 for 循环等
__setitem__()	索引赋值	x[i]=值、x[i:j]=序列对象
__delitem__()	索引和分片删除	del x[i]、del x[i:j]

除表 7-2 中的方法外，还有__mul__()方法和__truediv__()方法分别用于重载乘号(*)和除号(/)运算符，__lt__()方法和__gt__()方法分别用于重载小于号(<)和大于号(>)运算符，__eq__()方法和__ne__()方法分别用于重载等于号(==)和不等于号(!=)运算符。下面通过一个示例演示各种运算符重载的使用。

在 Chapter07 文件夹中创建一个名为 operator.py 的文件，具体代码如文件 7-18 所示。

文件 7-18　operator.py

```
class MyInteger:
    def __init__(self, data=0):
        if isinstance(data, int):
            self.data =data
        elif isinstance(data, str) and data.isdecimal():
            self.data =int(data)
        else:
            self.data =0
    def __add__(self, other):
        if isinstance(other, MyInteger):
            return MyInteger(self.data +other.data)
        elif isinstance(other, int):
            return MyInteger(self.data +other)
    def __radd__(self, other):
        return self.__add__(other)
    def __eq__(self, other):
        if isinstance(other, MyInteger):
            return self.data ==other.data
        elif isinstance(other, int):
            return self.data ==other
        else:
            return False
```

```
23      def __str__(self):
24          return str(self.data)
25      def __repr__(self):
26          return "[自定义整数类型的值]:{}地址:{}".format(self.data, id(self.data))
27      def __sub__(self, other):
28          return MyInteger(self.data -other.data)
29      def __del__(self):
30          print("当前对象:" +str(self.data) +"被销毁")
31  if __name__ =='__main__':
32      num1 =MyInteger(123)
33      num2 =MyInteger(321)
34      num3 =num1 +num2
35      print("num3 =", num3)
36      num4 =MyInteger("123")
37      num5 =num4 +124
38      num6 =124 +num4
39      print("num5 =", num5, "num6 =", num6)
40      num7 =MyInteger(1024)
41      num8 =MyInteger(1024)
42      print("num7 ==num8 :", num7 ==num8)
```

在上述代码中,第 2～8 行代码创建了一个自定义的整数类型,如果传入的参数是整数类型,那么直接赋值,如果传入的不是整数类型,则判断是否能转换成整数,不能转换就赋初值为 0;第 9～13 行代码实现了加法运算符的重载,如果相加的是 MyInteger 类型或整型,方法将返回当前对象的一个副本;第 14、15 行代码是自定义的类操作符,执行“右加”操作;第 16～22 行代码重载等于号(==),返回布尔值;第 23、24 行代码在打印 str(对象)时被自动调用,return 用来返回对象的可读字符串形式;第 25、26 行代码定义了对象的字符串输出格式,通过重载__repr__()方法,可以自定义对象的字符串输出格式;第 27、28 行代码实现了减法运算符的重载;第 29、30 行代码表示程序运行结束后,对象将自动被销毁;第 31～40 行代码是入口函数,调用 MyInteger 类的实例对象。

文件 operator.py 的运行结果如图 7-23 所示。

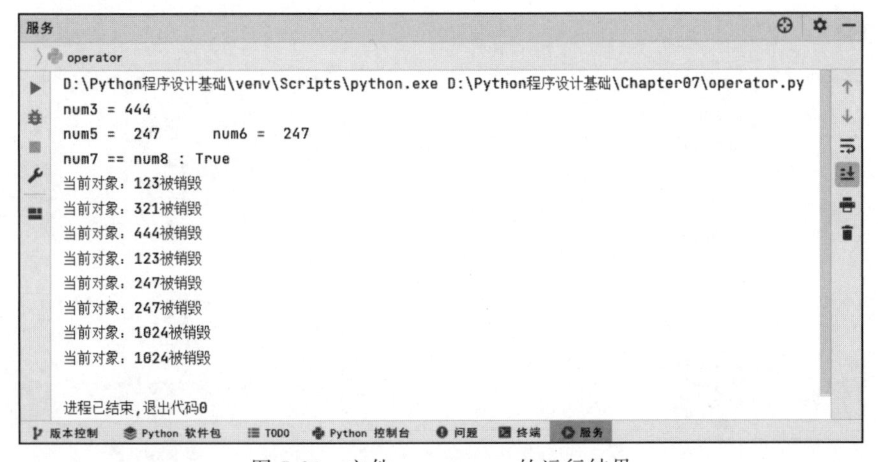

图 7-23 文件 operator.py 的运行结果

由图 7-23 可知，对运算符进行重载后，可以进行加减运算。此外，程序运行完后，会自动销毁相关资源。

7.5 设计模式

设计模式是针对各种问题进行提炼和抽象而形成的解决方案。这些方案是前人不断试验，考虑了封装性、复用性、效率、可修改、可移植等因素的高度总结。它们不限于一种特定的编程语言，而是一种通用的解决问题的思想和方法。本节将简单介绍工厂模式和适配器模式。

7.5.1 工厂模式

工厂模式实现了类的实例化过程的解耦，从而使得类的修改不会影响其他程序模块。工厂模式主要用来实例化有共同方法的类，它可以动态决定应该实例化哪一个类，而无须事先知道每次要实例化哪一个类。

工厂模式主要分为两种形式，分别是工厂方法和抽象工厂。工厂方法是一个方法，对不同的输入参数返回不同的对象；而抽象工厂则是一组用于创建一系列相关事物对象的工厂方法。下面将通过一个示例演示工厂模式的使用。

在 Chapter07 文件夹中创建一个名为 Factory.py 的文件，具体代码如文件 7-19 所示。

文件 7-19　Factory.py

```
class Person:
    def __init__(self):
        self.name =None
        self.gender =None
    def getName(self):
        return self.name
    def getGender(self):
        return self.gender
class Male(Person):
    def __init__(self, name):
        print("Hello Mr." +name)
class Female(Person):
    def __init__(self, name):
        print("Hello Miss." +name)
class Factory:
    def getPerson(self, name, gender):
        if gender =='M':
            return Male(name)
        if gender =='F':
            return Female(name)
if __name__ =='__main__':
    factory =Factory()
    person =factory.getPerson("小锋", "M")
```

在上述代码中，定义了一个基类 Person，它包含获取姓名和性别的方法。此外，还有两个子类：male 和 female，用于打招呼。还有一个工厂类 Factory，在工厂类中定义了 getPerson()方法，有两个输入参数：名字和性别。用户可以通过调用 Factory 类的 getPerson()方法来获取 Person 类的实例。

文件 Factory.py 的运行结果如图 7-24 所示。

图 7-24　文件 Factory.py 的运行结果

Person 类的实例展示了如何使用继承和工厂方法设计模式来创建和获取不同类型的对象。通过这种方式，代码可以更加灵活地处理不同类型的对象，并且可以很容易地扩展或修改代码来支持更多类型的对象。

7.5.2　适配器模式

适配器模式是将一个复杂对象的构建与它的表示相分离，使得同样的构建过程可以创建不同的表示。适配器模式指的是一种接口适配技术，可以实现两个不兼容接口之间的兼容。

下面通过一个示例演示适配器模式的使用。在这个示例中，将展示如何将一个复杂对象的构建与它的表示相分离，使得同样的构建过程可以创建不同的表示。例如，在绘制人物的场景中，需求包括画人的头、左手、右手、左脚、右脚以及身体等部分，并且需要绘制不同类型的人物，如瘦子和胖子。

在 Chapter07 文件夹中创建一个名为 Builder.py 的文件，具体代码如文件 7-20 所示。

文件 7-20　Builder.py

```
from abc import ABCMeta, abstractmethod
class Builder():
    __metaclass__ =ABCMeta
    @abstractmethod
    def draw_left_arm(self):
        pass
    @abstractmethod
    def draw_right_arm(self):
        pass
    @abstractmethod
    def draw_left_foot(self):
        pass
    @abstractmethod
    def draw_right_foot(self):
        pass
    @abstractmethod
    def draw_head(self):
```

```
        pass
    @abstractmethod
    def draw_body(self):
        pass
class Thin(Builder):  #继承抽象类,必须实现其中定义的方法
    def draw_left_arm(self):
        print('画左手')
    def draw_right_arm(self):
        print('画右手')
    def draw_left_foot(self):
        print('画左脚')
    def draw_right_foot(self):
        print('画右脚')
    def draw_head(self):
        print('画头')
    def draw_body(self):
        print('画瘦身体')
class Fat(Builder):
    def draw_left_arm(self):
        print('画左手')
    def draw_right_arm(self):
        print('画右手')
    def draw_left_foot(self):
        print('画左脚')
    def draw_right_foot(self):
        print('画右脚')
    def draw_head(self):
        print('画头')
    def draw_body(self):
        print('画胖身体')
class Director():
    def __init__(self, person):
        self.person =person
    def draw(self):
        self.person.draw_left_arm()
        self.person.draw_right_arm()
        self.person.draw_left_foot()
        self.person.draw_right_foot()
        self.person.draw_head()
        self.person.draw_body()
if __name__ =='__main__':
    thin =Thin()
    fat =Fat()
    director_thin =Director(thin)
    director_thin.draw()
    director_fat =Director(fat)
    director_fat.draw()
```

在上述代码中,构建了一个抽象类 Builder,根据需求先声明了绘制人物的 6 个身体部位的方法。另外,每绘制一种类型的人物,需要新建一个继承 Builder 的类,这样新建的类

必须实现 Builder 的所有方法。这里主要运用了抽象方法的特性，父类定义了几个抽象的方法，子类必须实现这些方法，否则会报错。这有效解决了可以遗漏绘制某个身体部位的问题。

此外，还构建了一个指挥者类 Director，它接收一个 Builder 类的实例作为输入，并定义了一个 draw()方法，把绘制这 6 个身体部位的方法调用都放在里面，从而简化了调用过程。

Python 本身不提供抽象类和接口机制，要想实现抽象类，可以借助 abc(Abstract Base Class)模块。abc 模块被@abstractmethod 装饰为抽象方法后，该方法不能被实例化。除非子类实现了基类的抽象方法，子类才能被实例化。

文件 Builder.py 的运行结果如图 7-25 所示。

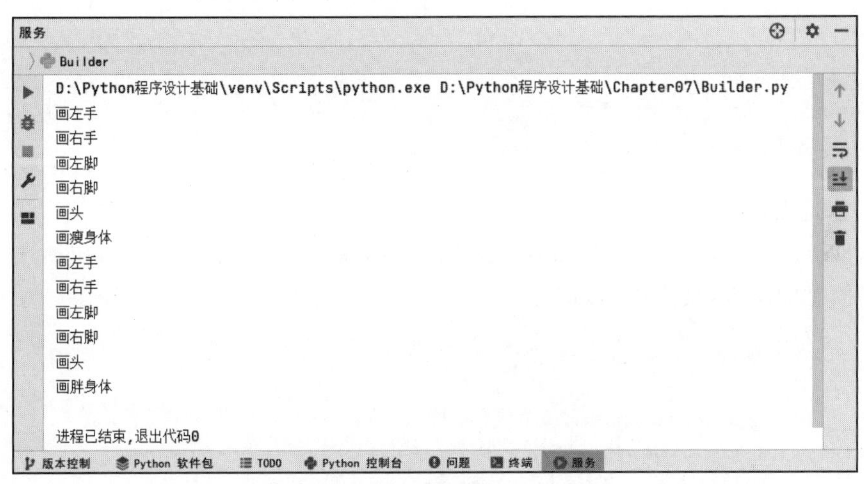

图 7-25 文件 Builder.py 的运行结果

由图 7-25 可知，适配器模式用于将一个复杂对象的构建与它的表示相分离，使得同样的构建过程可以创建不同的表示。

7.6 实验：人机猜拳游戏

【实验目的】

1. 学会编写类，在类中封装一些函数。
2. 学会定义实例与函数。
3. 学会使用类和函数。
4. 学会使用有参数的构造方法。
5. 熟悉 Python 语言的基础知识，如变量、条件语句和循环。

【实验要求与内容】

1. 导入随机数库，并定义 3 个手势常量。
2. 定义玩家类，通过构造方法定义实例函数，定义选择手势、打印手势信息的函数。
3. 定义游戏类，通过构造方法定义实例函数，包括添加玩家、开始游戏、进行一轮游戏、判断轮次胜者以及检查是否有胜者的函数。

4. 启动游戏，包括实例化游戏、生成两个玩家、将两个玩家添加到游戏中以及启动游戏。

【实验步骤】

1. 导入随机数库并定义手势常量

在 Chapter07 文件夹中创建一个名为 machine.py 的文件，在该文件中导入 random 模块，使用"import 模块名"语句，定义 3 种手势，具体代码如文件 7-21 所示。

文件 7-21　machine.py

```
import random
ROCK ="石头"
PAPER ="布"
SCISSORS ="剪刀"
```

2. 创建玩家类

在文件 machine.py 中，定义 Player 基类，使用构造方法定义实例函数，包括选择手势和打印手势信息的函数，具体代码如下：

```
1  class Player:
2      def __init__(self, name, is_human=True):
3          self.name =name
4          self.is_human =is_human
5          self.score =0
6          self.gesture =None
7      def choose_gesture(self):
8          if self.is_human:
9              valid_gestures =[ROCK, PAPER, SCISSORS]
10             while True:
11                 gesture =input(f"{self.name}，请输入您要选择的手势(石头/剪刀/布): ").lower()
12                 if gesture in valid_gestures:
13                     break
14                 else:
15                     print("无效的手势，请重新选择！")
16             self.gesture =gesture
17         else:
18             self.gesture =random.choice([ROCK, PAPER, SCISSORS])
19     def __str__(self):
20         return f"{self.name} ({'人类' if self.is_human else'计算机'})"
```

在 Player 类中，第 2～6 行代码使用__init__(self)的无参构造方法创建和初始化对象，该方法会在对象创建时自动调用；第 7～18 行代码定义 choose_gesture(self)函数，其中，第 9 行代码为让玩家输入手势，第 18 行代码为让计算机输入手势；第 19、20 行代码打印玩家信息。

3. 定义游戏类

在文件 machine.py 中，创建 Game 类，使用构造方法定义实例函数，包括添加玩家信息和开始游戏的函数，具体代码如下：

```
class Game:
    def __init__(self, num_rounds=3):
        self.num_rounds =num_rounds
        self.players = []
        self.round =0
        self.winning_score =(self.num_rounds // 2) +1
    def add_player(self, player):
        self.players.append(player)
    def play(self):
        print(f"Starting game with {len(self.players)} players. The first to win {self.winning_score} rounds wins the game.")
        print(f"游戏开始于 {len(self.players)} 个玩家，第一个赢家是 {self.winning_score} 分，在本轮游戏中。")
        while True:
            self.round +=1
            print(f"\n 轮次{self.round}:")
            self.play_round()
            if self.check_for_winner():
                break
        print("\n 游戏结束!")
        for player in self.players:
            print(f"{player.name} ({'人类' if player.is_human else'计算机'}) 已经得{player.score} 分")
        winner =max(self.players, key=lambda player: player.score)
        print(f"获胜者是 {winner.name} ({'人类' if winner.is_human else'计算机'}) 以 {winner.score} 分!")
    def play_round(self):
        for player in self.players:
            player.choose_gesture()
            print(f"{player.name} 选择 {player.gesture}.")
        round_winner =self.determine_round_winner()
        if round_winner:
            round_winner.score +=1
            print(f"{round_winner.name} ({'人类' if round_winner.is_human else'计算机'}) 赢得本轮!")
        else:
            print("本轮平局!")
    def determine_round_winner(self):
        p1, p2 =self.players
        p1_gesture, p2_gesture =p1.gesture, p2.gesture
        if p1_gesture ==p2_gesture:
            return None
        elif p1_gesture ==ROCK and p2_gesture ==SCISSORS:
            return p1
        elif p1_gesture ==PAPER and p2_gesture ==ROCK:
```

```
41              return p1
42          elif p1_gesture ==SCISSORS and p2_gesture ==PAPER:
43              return p1
44          else:
45              return p2
46      def check_for_winner(self):
47          for player in self.players:
48              if player.score >=self.winning_score:
49                  return True
50          return False
```

在 Game 类中，第 2～6 行代码使用__init__(self)的无参构造方法创建和初始化对象，该方法会在对象创建时自动调用；第 7、8 行代码定义 add_player()函数，用于添加玩家；第 9～22 行代码用于开始程序；第 23～32 行代码进行一轮游戏；第 33～45 行代码为判断轮次胜者；第 46～50 行代码检查是否有胜者。

4. 启动游戏

在文件 machine.py 中，直接调用 Game 类实例化游戏，具体代码如下：

```
1   game =Game(num_rounds=3)                           #实例化游戏
2   human =Player("小锋")                               #生成人类玩家
3   computer =Player("计算机", is_human=False)          #生成计算机玩家
4   game.add_player(human)                             #添加两个玩家到游戏中
5   game.add_player(computer)                          #添加两个玩家到游戏中
6   game.play()                                        #开始游戏
```

在上述代码中，第 1 行代码为实例化游戏；第 2、3 行代码生成两个玩家，分别是人类玩家"小锋"和计算机玩家"计算机"；第 4、5 行代码将两个玩家添加到游戏中；第 6 行代码启动游戏，执行函数 game.play()。

【实验结果】

人机猜拳游戏的运行结果如图 7-26 所示。

由图 7-26 可知，当程序运行时，会先根据用户输入创建两个玩家(一个人类玩家和一个计算机玩家)，并将两个玩家添加到游戏实例中。接着，程序将启动游戏循环，每轮游戏玩家选择手势，程序计算胜者并输出结果。当有一个玩家获得足够的分数时，游戏将结束并宣布获胜者。

【实验小结】

在这个版本的游戏中，将玩家类和游戏类拆分成了两个不同的类，并添加了游戏逻辑和用户交互。总体来说，用 Python 实现猜拳游戏是一个很好的练手项目，可以帮助读者熟悉 Python 语言的基础知识，如变量、条件语句和循环等。

(1) 定义常量：在程序中，开发者可以使用常量来表示石头、剪刀和布等手势，这样可以使代码更易于阅读。

(2) 使用随机数：在人机对战的游戏中，计算机需要随机选择手势。Python 内置的

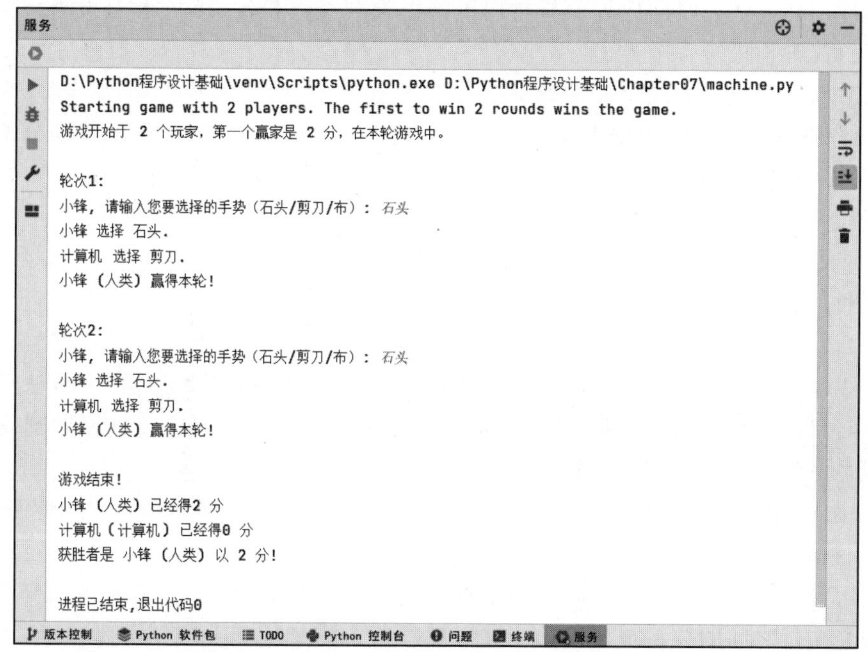

图 7-26　人机猜拳游戏的运行结果

random 模块可以帮助开发者实现这一功能。

(3) 封装代码：为了使代码更具可读性和可维护性，开发者可以将相关代码封装到类或函数中，如玩家类、游戏类和玩家选择手势的函数等。

(4) 用户交互：在与用户交互时，开发者可以使用 input()函数接收用户输入，并使用 print()函数输出结果。为了使交互更加友好，开发者可以添加一些提示信息和错误处理。

(5) 测试代码：在编写完代码之后，开发者应该对代码进行测试，以确保它正常运行并满足需求。可以手动进行测试，也可以使用 Python 特性单元测试来测试语句和函数。

总之，实现猜拳游戏是一个很好的 Python 练手项目，可以帮助开发者掌握 Python 语言的基础知识和面向对象编程等思想，同时也可以学习到一些优化代码的技巧。

7.7　数据科学入门：时间序列和简单线性回归

在生产和科学研究中，对单个或一组变量进行观察测量，并将这些变量在一系列不同时间点上得到的离散数值组成序列，称为时间序列。本节将从简单线性回归的角度讲解时间序列分析。

7.7.1　基础知识

1. 时间序列

时间序列是与时间点相关联的数值序列，例如每日的收盘价格、每小时的温度读数、飞机飞行中的位置变化、每年的作物产量、每季度的公司利润等都是时间序列数据。

2. 时间序列分析

时间序列分析是根据系统观察到的时间序列数据，通过曲线拟合和参数估计来建立数学模型的理论和方法。时间序列分析常用于国民宏观经济控制、市场潜力预测、气象预测、农作物害虫灾害预报等各个方面。

常对时间序列执行的两个任务如下：

(1) 时间序列分析，即根据现有时间序列数据得到其模式信息，以帮助数据分析师理解数据。一个常见的分析任务是查找数据中的季节性规律，例如纽约市月平均气温随季节(春、夏、秋、冬)的显著变化情况。

(2) 时间序列预测，即使用过去的数据预测未来的数据。

3. 线性回归

线性回归是一种基本的统计学方法，用于探索目标变量与一个或多个自变量之间的线性关系。线性回归的目标是通过建立一个线性方程来预测目标变量的值，该方法可以用于解释变量与目标变量之间的关系，并通过拟合直线来量化这种关系。线性回归通常是经济学、社会学、医学和生物学等领域的重要工具。

在 Python 中，开发者可以使用 Scikit-learn 库实现简单线性回归和多元线性回归。

4. 线性回归模型

线性回归模型是一种用于预测数值型目标变量的监督学习模型，其中目标变量与一个或多个解释变量之间的关系被建模为线性方程。这个模型的相关应用非常广泛，例如预测房价、销售量或者股票价格等。其数学表达式为

$$y = \beta_0 + \beta_1 \times x_1 + \beta_2 \times x_2 + \cdots + \beta_n \times x_n$$

其中，y 代表目标变量，$x_1 \sim x_n$ 代表解释变量，$\beta_0 \sim \beta_n$ 则代表拟合的线性模型的系数。模型的目标是寻找一个最佳的系数组合，以最小化实际观测值与模型预测值之间的差异。这个最小化差异的过程通常使用最小二乘法来完成。

线性回归建模的过程通常包括以下几个步骤：

(1) 收集数据并理解数据。

(2) 确定输入变量和目标变量。

(3) 拟合线性模型。

(4) 评估模型的准确性。

(5) 使用模型进行预测。

线性回归广泛用于解释和预测连续的数值型目标变量。线性回归可以使用广泛的统计工具和软件包(如 Python 中的 Scikit-learn 库或 R 语言中的 lm 包)来实现。

日期	销售额
2022/1/1	100000
2022/2/1	120000
2022/3/1	130000
2022/4/1	125000
2022/5/1	140000
2022/6/1	150000
2022/7/1	160000
2022/8/1	155000
2022/9/1	170000
2022/10/1	175000
2022/11/1	175000
2022/12/1	180000

图 7-27　销售数据

7.7.2　简单线性分析

下面将通过一个示例演示如何使用线性回归进行时间序列的预测分析。

假设我们拥有一家公司的销售数据，并使用 Scikit-learn 库来分析这些销售数据，以确定其是否存在某种趋势(即是否存在线性关系)，并用此趋势来预测未来的销售数据。销售数据如图 7-27 所示。

数据文件保存在 Chapter07 文件夹的 sale_data.xls 文件中，

销售数据共分为两列，分别是“日期”和“销售额”。

1. 准备数据

在 Chapter07 文件夹中创建一个名为 linear.py 的文件，导入 NumPy 库、Pandas 库读取数据并转换为 NumPy 数组。具体代码如文件 7-22 所示。

文件 7-22　linear.py

```
1  import numpy as np
2  import pandas as pd
3  inputfile = 'C:/Users/pc/Desktop/data/Chapter07/sale_data.xls'   #输入数据文件
4  sales_data = pd.read_excel(inputfile, header=1)                   #读取数据
5  sales_data_array = sales_data.iloc[:, 1:].values
```

首先需要将数据导入 Python 中，并将日期转换为数值格式；第 5 行代码将列索引为 1 和 2 的表格转换为 NumPy 数组。

2. 导入库和数据处理

接下来，将销售数据划分为特征值（日期数值）和目标值（销售额）。然后分割数据集，其中 70％用作训练集，30％用作测试集。

```
from sklearn.model_selection import train_test_split
X = np.arange(1, len(sales_data) + 1).reshape(-1, 1)
y = sales_data_array[:, 0:12]
X_train, X_test, y_train, y_test = train_test_split(X, y, test_size=0.3,
random_state=42)
```

使用 Scikit-learn 库的 model_selection()方法导入了 train_test_split()方法。

3. 构建模型

使用 Scikit-learn 库中的线性回归模型 LinearRegression 来构建线性回归模型，并使用训练集数据对该模型进行训练。

```
from sklearn.linear_model import LinearRegression
regressor = LinearRegression()
regressor.fit(X_train, y_train)
```

构建的模型如图 7-28 所示。

由图 7-28 可知，构建的模型为线性回归模型，模型中使用 regressor.fit()训练数据。

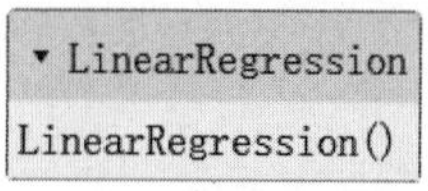

```
▾ LinearRegression
LinearRegression()
```

图 7-28　构建的模型

4. 模型预测

使用训练好的模型对测试集数据进行预测，并将预测结果与实际结果进行比较，以评估模型的准确性。

```
y_pred = regressor.predict(X_test)
from sklearn.metrics import mean_squared_error, r2_score
print('Mean squared error: %.2f' % mean_squared_error(y_test, y_pred))
print('Coefficient of determination: %.2f' % r2_score(y_test, y_pred))
```

模型预测的运行结果如下：

```
Mean squared error: 39180809.02
Coefficient of determination: 0.93
```

由模型预测的运行结果可知，均方误差（Mean Squared Error）是 39180809.02，确定性系数是 0.93。

均方误差指的是用于评估线性回归模型性能的一种度量。它是实际观察值与预测值之间差值平方的平均值。

在上述案例分析中，均方误差是通过使用 Scikit-learn 库中的 mean_squared_error()函数来计算的。均方误差越小，表示模型性能越好。在这个案例中，得分为 39180809.02，表示模型性能不佳。在本例中，通过使用 Scikit-learn 库的 r2_score()函数来计算确定性系数。如果得分接近 1，则表示模型具有很高的准确性；如果得分接近 0，则表示模型准确性不高。在这个案例中，得分为 0.93，表示模型准确性较高。

5. 结果可视化

使用 Matplotlib 库将数据点和回归线绘制在同一幅图中，以便更直观地查看数据和预测结果之间的关系。

```
import matplotlib.pyplot as plt
plt.scatter(X_test, y_test, color='black')
plt.plot(X_test, y_pred, color='blue', linewidth=2)
plt.xticks(())
plt.yticks(())
plt.show()
```

模型预测的散点图和线性图如图 7-29 所示。

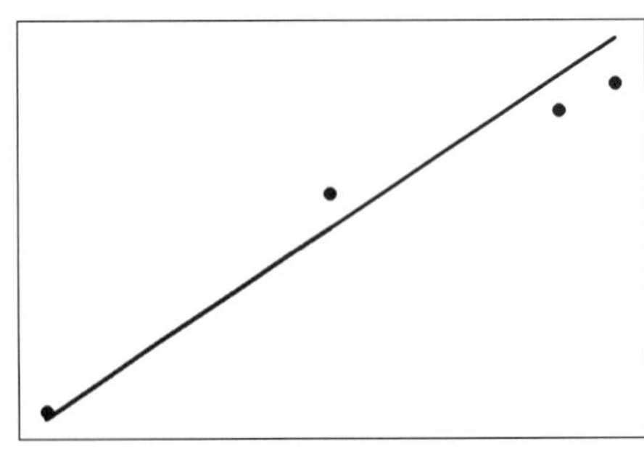

图 7-29　模型预测的散点图和线性图

由图 7-29 可知，构建的模型为线性回归模型，并训练数据。

6. 销售预测数字化

使用训练好的模型对未来的销售数据进行预测非常方便，可以通过数字化形式展示未来 6 个月的销售数据预测值。具体代码如下：

```
future_sales =np.array([[i] for i in range(len(sales_data) +1, len(sales_data) +7)])
sales_prediction =regressor.predict(future_sales)
```

```
print(sales_prediction)
```

未来 6 个月销售数据预测值的运行结果如下：

```
[[195308.21917808]
 [202311.64383562]
 [209315.06849315]
 [216318.49315068]
 [223321.91780822]
 [230325.34246575]]
```

从销售预测数字化的运行结果可知，未来 6 个月的销售数据是递增的。

通过以上 6 个步骤就可以完成对销售数据的时间序列线性回归分析，并得到预测结果。

拓展阅读：使用 Scikit-learn 库进行时间序列线性回归分析的步骤

Python 中可以使用多种库，如 NumPy、Pandas、Matplotlib、Scikit-learn 等来进行时间序列线性回归分析。使用 Scikit-learn 库进行时间序列线性回归分析的步骤如下：

(1) 准备数据。首先准备需要分析的时间序列数据，可以从文件或数据库中读取。

(2) 导入库。使用 Scikit-learn 库进行线性回归分析，需要导入以下库：

```
from sklearn.linear_model import LinearRegression
import numpy as np
```

(3) 准备训练集和测试集。使用 NumPy 库的 hstack()函数将特征矩阵和目标矩阵合并，然后将数据划分为训练集和测试集。

(4) 构建模型。使用 Scikit-learn 库的 LinearRegression 类进行线性回归模型的构建，使用 fit()函数来训练模型。

(5) 模型评估。使用模型预测测试集数据，并计算预测值与实际值之间的误差，以评估模型的准确性。

(6) 模型预测。使用已经训练好的模型对新数据进行预测，以得出趋势或未来情况的预测。

(7) 可视化。使用 Matplotlib 库对结果进行可视化，以便更直观地观察时间序列和预测结果之间的关系。

以上是使用 Scikit-learn 库进行时间序列线性回归分析的一般步骤，可以根据实际情况进行适当调整和优化。

7.8 本章小结

本章首先介绍了 Python 中对象与类的含义与使用、静态方法、类方法、构造方法与析构方法；然后介绍了面向对象的三大特征，包括封装、继承和多态；接着介绍了设计模式；最后介绍了时间序列和简单线性回归的知识。通过本章的学习，希望读者能够分析面向对象编程的特点，灵活应用面向对象编程的思想来解决实际问题，为学习 Python 程序设计打下坚实的基础。

第8章　函数的高级特性

观看视频

在线答题

学习目标

- 掌握Python迭代器的原理，能够灵活创建迭代器
- 掌握Python生成器的用法，能够灵活使用生成器表达式解决实际问题
- 掌握匿名函数的使用方法，能够使用匿名函数处理数据
- 了解闭包的概念，能够描述闭包的特点
- 理解内置高阶函数的概念，能够应用高阶函数解决实际问题
- 掌握装饰器的使用方法，能够在实际开发中正确地使用装饰器

Python函数的高级特性可以让Python程序更加灵活、简洁和高效，掌握这些特性有助于提高编程效率，让Python作为通用编程语言更具优势。本章从迭代器与生成器、匿名函数、内置高阶函数和装饰器等方面进行讲解。

8.1　迭代器与生成器

迭代器与生成器是Python中处理可迭代对象的重要工具。本节将针对Python迭代器与生成器的规则、创建和使用方法进行讲解。

8.1.1　迭代器

1. 迭代

迭代指的是重复地做一些事，就像在循环中进行的操作。迭代器是一种设计模式，它提供了一种访问聚合对象中各个元素的方法，而不需要暴露聚合对象的内部结构。可迭代对象指的是具有__iter__()方法的对象，而迭代器对象不仅拥有__iter__()方法，还具有__next__()方法，当调用__next__()方法时，迭代器会返回它的下一个值。迭代器没有值可以返回时，就会抛出StopIteration异常。

前面介绍过使用for循环对序列和字典等进行迭代。实际上，只要对象是可迭代的，for循环就能对其进行迭代。可以用迭代器理解for循环的运行原理，具体过程如下：

(1) for循环调用in后面的对象的__iter__()方法，创建迭代器对象。

(2) 调用迭代器对象的__next__()方法，将得到的返回值赋给in前面的变量，再执行循环体中的代码。

(3) 循环往复，直到取完迭代器中的值，自动捕捉StopIteration异常结束循环。

下面通过一个示例演示for循环的迭代过程。列表可以用for循环遍历，是可迭代对象,用 for 循环遍历列表 list01=[1,3,5,8]。

在创建好的“Python 程序设计基础”项目中创建 Chapter08 文件夹,在 Chapter08 文件夹中创建一个名为 for-item.py 的文件,具体代码如文件 8-1 所示。

文件 8-1　for-item.py

```
list01 =[1,3,5,8]
iterator =list01.__iter__()            #将可迭代对象转换为迭代器对象
while True:
    try:
        item =iterator.__next__()      #不断获取迭代器对象的下一个值
        print(item,end =" ")           #打印值
    except StopIteration:              #当从迭代器对象中取不到值时,捕获到
                                       #StopIteration 异常,结束循环
        break
```

在文件 for-item.py 中,展示了 for 循环的具体过程：首先调用__iter__()方法将 list01 转换为迭代器对象;然后不断地调用__next__()方法获取迭代器对象的下一个值,取不到值时抛出 StopIteration 异常,用 try…except 捕获到该异常时,结束循环。

文件 for-item.py 的运行结果如下：

```
1 3 5 8
```

列表可以存放多个数据,通过索引也能获取每个值,如果数据过多,将所有数据存入列表会占用大量内存。迭代器能够在使用一个值时才去获取一个值,不像列表一次性获取所有的值,节约内存,更加简单优雅。

2. 创建迭代器

Python 迭代器是 Python 中处理序列数据的一种方式。迭代器是一个对象,它可以访问一个序列的各个元素,而不必暴露该序列的底层表示方式。Python 迭代器使用迭代协议来实现创建迭代器对象。下面通过一个示例演示创建迭代器的方法。

在 Chapter08 文件夹中创建一个名为 item.py 的迭代器文件,具体代码如文件 8-2 所示。

文件 8-2　item.py

```
class MyIterator:
    def __init__(self, n):
        self.i =0
        self.n =n
    def __iter__(self):
        return self
    def __next__(self):
        if self.i <self.n:
            i =self.i
            self.i +=1
            return i
        else:
            raise StopIteration()
```

```
14 it =MyIterator(3)
15 print(next(it)) #0
16 print(next(it)) #1
17 print(next(it)) #2
18 print(next(it)) #StopIteration 异常
```

在上述代码中，第 5、6 行代码定义了__iter__()方法，这个方法返回的是迭代器本身。第 7～13 行代码定义了__next__()方法，当起始值小于或等于终止值时，返回起始值并令起始值加 1；当起始值大于终止值时，抛出 StopIteration 异常。在定义__iter__()方法和__next__()方法后，MyIterator 类的对象就是迭代器对象。第 14 行代码中，创建了 MyIterator 的实例对象 it，并用 next()函数遍历实例对象 it，调用其_iter__()方法和__next__()方法，获取起始值到终止值的所有数值，直到捕获 StopIteration 异常。

文件 item.py 的运行结果如图 8-1 所示。

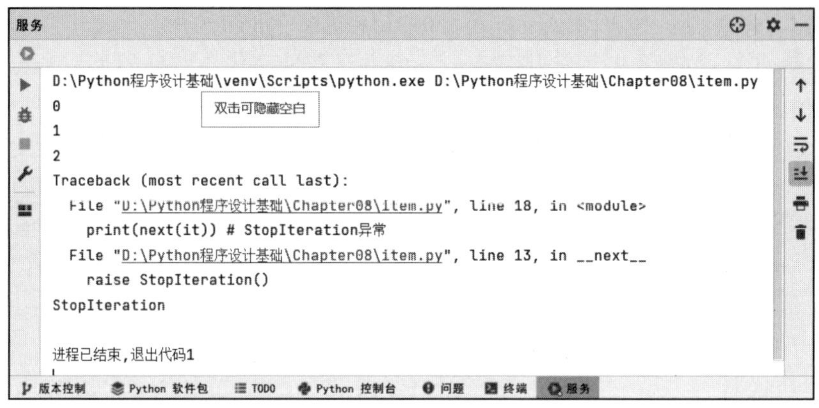

图 8-1　文件 item.py 的运行结果

MyIterator 类实现了迭代器协议，并提供了__iter__()和__next__()方法。__iter__()方法返回迭代器对象本身；而__next__()方法返回下一个元素，直到序列中没有更多元素。

迭代器模式的优点在于它提供了一种统一的遍历方式，使得客户端代码与具体聚合对象解耦，提高了代码的灵活性和可扩展性。同时，迭代器模式隐藏了聚合对象的内部实现，保护了对象的数据安全性。

8.1.2　生成器

1. 创建生成器

Python 中的生成器是一种特殊的迭代器，它可以在迭代过程中动态生成值，而不是一次性生成所有值。生成器可以通过生成器函数或生成器表达式来创建。生成器函数是一个特殊的函数，使用关键字 yield 来返回值，而不是使用 return。当生成器函数被调用时，它返回一个生成器对象，该对象可以用于迭代。在调用生成器运行的过程中，每次遇到 yield 时函数会暂停并保存当前所有的运行信息，返回 yield 的值，并在下一次调用__next__()方法时从当前位置继续运行。下面通过一个示例演示创建生成器的方法，使用关键字 yield 实现打印斐波那契数列。

在 Chapter08 文件夹中创建一个名为 Fibo.py 的文件，具体代码如文件 8-3 所示。

文件 8-3　Fibo.py

```
def fibonacci(n):
    a, b =0, 1
    for i in range(n):
        yield a
        a, b = b, a + b
for x in fibonacci(10):
    print(x)
```

在上述代码中,调用一个生成器函数,返回的是一个迭代器对象。首先定义了 fibonacci()生成器函数,该函数接收一个整数 n 作为输入参数,并使用 yield 语句来产生 n 个斐波那契数列的值。在函数中,使用变量 a 和变量 b 来保存斐波那契数列的前两个数字,并通过循环来计算剩余的数字。在每次循环中,使用 yield 语句来产生当前数字,并更新 a 和 b 变量以反映下一个数字的计算。最后,使用 for 循环来迭代 fibonacci()函数,并打印它所产生的斐波那契数列值。

文件 Fibo.py 的运行结果如图 8-2 所示。

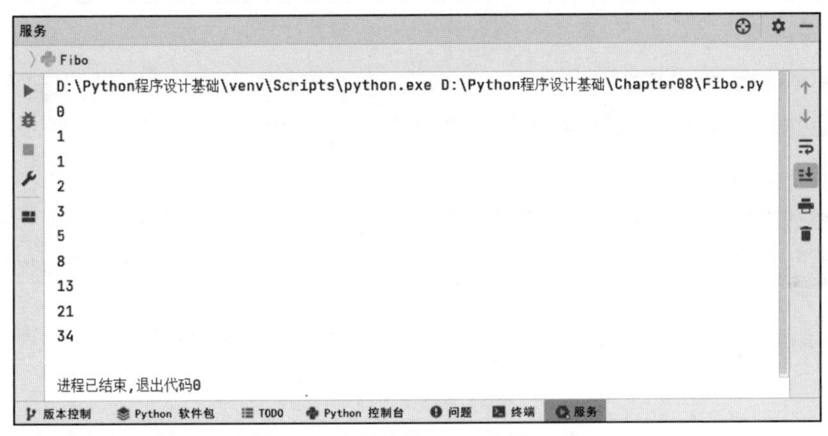

图 8-2　文件 Fibo.py 的运行结果

由图 8-2 可知,产生了 10 个斐波那契数列值。

2. 生成器表达式

Python 生成器表达式是一种特殊的语法结构,它类似于列表推导式,但是不会立即生成完整的列表对象,而是在需要时逐个生成元素,从而节省内存空间并提高代码的效率。

Python 生成器表达式的语法格式如下:

```
(expression for item in iterable if condition)
```

其中,expression 为计算元素的表达式,item 为迭代的变量,iterable 为可迭代对象,可以是列表、元组、集合、字符串等类型,condition 是一个可选的过滤条件。下面通过一个示例演示生成器表达式的使用方法。

在 Chapter08 文件夹中创建一个名为 squares.py 的文件,使用生成器表达式计算 1～10 的所有偶数的平方,具体代码如文件 8-4 所示。

文件 8-4　squares.py

```
1   squares = (x**2 for x in range(1, 11) if x%2 ==0)
2   for square in squares:
3       print(square)
```

在上述代码中，调用一个生成器函数，返回的是一个迭代器对象。第 1 行代码利用生成器表达式创建了生成器 squares；第 2、3 行代码遍历返回的迭代器对象。

文件 squares.py 的运行结果如图 8-3 所示。

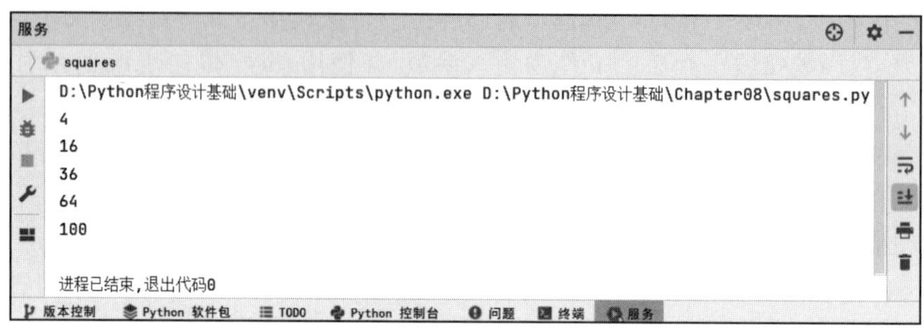

图 8-3　文件 squares.py 的运行结果

由图 8-3 可知，生成器表达式与列表推导式类似，但是它们的实现非常不同。列表推导式会一次性执行完成再返回数据，而生成器表达式会一次一次地执行，执行一次返回一个数据。

生成器表达式通过小括号()与列表、元组等容器类型的语法结构进行区分，它可以直接用于 for 循环、内部函数等需要逐个处理元素的场合。下面通过一个示例演示将生成器转换为列表形式。

在 Chapter08 文件夹中创建一个名为 list.py 的文件，具体代码如文件 8-5 所示。

文件 8-5　list.py

```
1   squares = (x**2 for x in range(1, 11) if x%2 ==0)
2   list02 =list(squares)
3   print(list02)
```

在上述代码中，第 2 行代码使用 list()函数将生成器 squares 转换为列表 list02。

文件 list.py 的运行结果如图 8-4 所示。

图 8-4　文件 list.py 的运行结果

由图 8-4 可知，将生成器转换为列表，元素内容不变。

8.2 匿名函数

我们已经在 5.2.2 节认识了匿名函数，并且学习了如何使用匿名函数来计算两个数的积。本节将深入讲解匿名函数的概念与使用。

8.2.1 Lambda 表达式

在 Python 中，使用 lambda 关键字来创建匿名函数，匿名函数也称为 lambda 函数，可以在不定义函数的情况下使用函数式编程。匿名函数通常用于对列表进行排序、过滤等操作。匿名函数的语法结构如下：

```
lambda [参数 1 [,参数 2,…参数 n]]:表达式
```

由于 lambda 返回的是函数对象，需要定义一个变量来接收。下面通过一个示例演示匿名函数的简单使用。

在 Chapter08 文件夹中创建一个名为 lambdaInput.py 的文件，具体代码如文件 8-6 所示。

文件 8-6 lambdaInput.py

```
1  m =int(input('请输入一个数字:'))   #m 为输入的值
2  a =lambda x : x + 10 * 10 + x * x
3  print('返回值为:',a(m))
```

在上述代码中，第 1 行代码使用 input() 函数接收键盘输入的一个整数；第 2 行代码使用 Lambda 表达式声明匿名函数并赋值给 a，相当于这个函数有了函数名 a，第 2 行代码相当于下列代码：

```
def a(x):
    return x +10 * 10 +x * x
```

文件 lambdaInput.py 的运行结果如图 8-5 所示。

图 8-5 文件 lambdaInput.py 的运行结果

由图 8-5 可知，当键盘输入的数据为 12 时，运算结果为 256。

8.2.2 匿名函数作为参数

使用 Lambda 表达式声明的匿名函数可以作为自定义函数的实际参数。下面通过一个

示例演示匿名函数作为自定义函数的实际参数的使用。

在 Chapter08 文件夹中创建一个名为 lambda-CS. py 的文件，具体代码如文件 8-7 所示。

文件 8-7　lambda-CS.py

```
1  def func(a, b, fun):
2      s =fun(a, b)
3      return s
4  z =func(5, 10, lambda a, b: a +b)
5  print(z)  #15
```

在上述代码中，第 3 行代码相当于间接调用 Lambda 表达式声明的匿名函数；第 4 行代码使用 Lambda 表达式作为 func()函数的实际参数。

文件 lambda-CS.py 的运行结果如下：

```
15
```

由运行结果可知，运算结果为函数两个实际参数数据的和。

Lambda 表达式声明的匿名函数也可以作为内置函数的实际参数。下面通过一个示例演示匿名函数作为内置函数的实际参数的使用。

在 Chapter08 文件夹中创建一个名为 lambda-info. py 的文件，具体代码如文件 8-8 所示。

文件 8-8　lambda-info.py

```
1  info =[
2      {'name':'xiaoqian','score':'99'},
3      {'name':'xiaofeng','score':'90'},
4      {'name':'xiaoming','score':'95'}
5      ]
6  info1 =sorted(info, key=lambda x: x['name'], reverse=True)
7  print(info1)
8  info2 =sorted(info, key=lambda x: x['score']) #按分数由小到大排序
9  print(info2)
```

在上述代码中，第 6 行代码使用 key = lambda x：x['name']作为 sorted()函数的关键参数，此时 sorted()函数将列表 info 中的元素按照 name 对应的值进行排序并赋值给 info1，reverse = True 指定排序规则按姓名字母从大到小排序；第 8 行代码使用 key = lambda x：x['scores']作为 sorted()函数的关键参数，此时 sorted()函数将列表 info 中的元素按照 scores 对应的值进行排序并赋值给 info2，按照默认顺序，从小到大进行排序。

文件 lambda-info.py 的运行结果如图 8-6 所示。

由图 8-6 可知，第 1 行为按姓名字母的首字母由前到后进行排序；第 2 行为按分数由小到大进行排序。匿名表达式可以作为 sorted()函数的关键参数，并修改了实际参数的值。

8.2.3　匿名函数处理序列元素

在序列中，同样可以使用匿名函数，匿名函数不仅可以作为列表或字典的元素，还可以

```
服务
lambda-info
D:\Python程序设计基础\venv\Scripts\python.exe D:\Python程序设计基础\Chapter08\lambda-info.py
[{'name': 'xiaoqian', 'score': '99'}, {'name': 'xiaoming', 'score': '95'}, {'name': 'xiaofeng', 'score': '90'}]
[{'name': 'xiaofeng', 'score': '90'}, {'name': 'xiaoming', 'score': '95'}, {'name': 'xiaoqian', 'score': '99'}]

进程已结束,退出代码0
```

图 8-6　文件 lambda-info.py 的运行结果

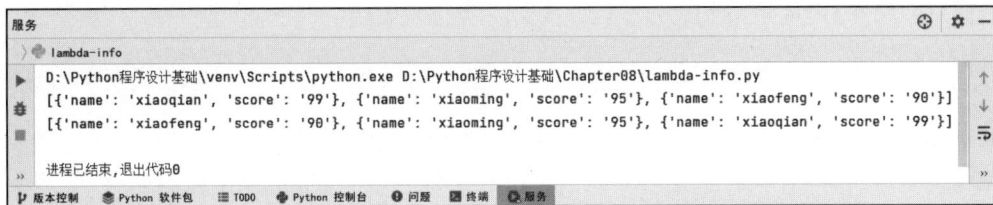

帮助读者进行数据筛选。下面将通过一个示例演示如何使用匿名函数处理列表中的元素。在 Chapter08 文件夹中创建一个名为 lambda-list.py 的文件,具体代码如文件 8-9 所示。

文件 8-9　lambda-list.py

```
1  def change_list(alist,condition):
2      for item in alist:
3          if condition(item):
4              yield item
5  list01 = [12,22,43,55,9,33]
6  l1 =change_list(list01,lambda item:item %2 ==0)
7  for item in l1:
8      print(item)
```

在上述代码中,第 6 行代码使用匿名函数简化了代码的编写过程,不用再去特意定义一个函数。匿名函数传入参数 item,返回表达式 item%2==0,将匿名函数以参数的形式传入 change_list()生成器函数中。

文件 lambda-list.py 的运行结果如图 8-7 所示。

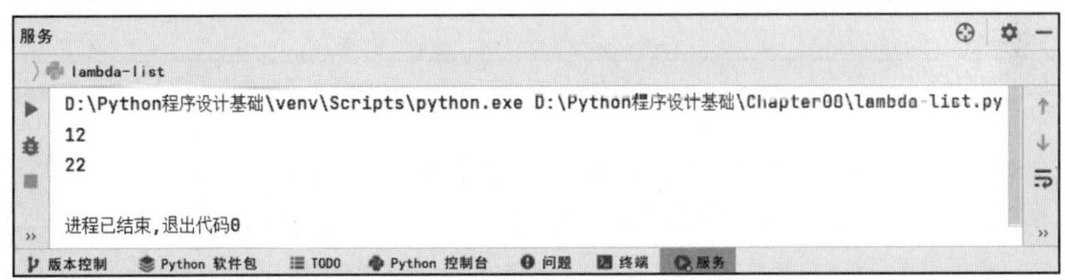

图 8-7　文件 lambda-list.py 的运行结果

由图 8-7 可知,使用匿名函数处理列表元素后,能被 2 整除的数保留下来,即偶数被保留,奇数被舍弃。

8.3　内置高阶函数

将函数作为参数传入或将函数作为返回值的函数被称为高阶函数。本节主要介绍常用的内置高阶函数 map()、filter()及 reduce()的使用方法以及 Python 函数式编程的含义。

8.3.1　map()函数

map()函数将函数作用于 iterable 中的每个元素,并返回一个可迭代对象,其中包含应

用函数后的结果,语法格式如下:

```
map(function, iterable…)
```

其中,function 表示函数,也可以是匿名函数;iterable 表示一个或多个序列。map()函数的返回值是迭代器对象,迭代器对象中为 function 处理后的返回值,可以遍历获取,也可以用 list()函数转换为列表。下面通过一个示例演示 map()函数的使用。

在 Chapter08 文件夹中创建一个名为 map.py 的文件,使用 map()函数求列表中每个元素的平方。具体代码如文件 8-10 所示。

文件 8-10　map.py

```
1  list01 = [1,2,3,4,5,6]
2  m1 =map(lambda x:x**2,list01)
3  print(list(m1))
```

在上述代码中,第 2 行代码使用 map()函数对列表 list01 中的每个元素进行处理,并向 map()函数中传入匿名函数 lambda x:x**2 以及 list01,匿名函数求得 list01 中每个元素的平方并返回,map()函数用迭代器存储这些返回值。第 3 行代码将迭代器 m1 转换为列表形式。

文件 map.py 的运行结果如图 8-8 所示。

图 8-8　文件 map.py 的运行结果

由图 8-8 可知,返回的列表中的元素是原先列表中元素的平方。

实际上,map()函数可以接收多个可迭代对象并同时进行处理,当最短的可迭代对象处理完成时,处理终止。需要注意的是,可迭代对象的个数需要与函数的参数个数保持一致。

8.3.2　filter()函数

filter()函数可以对可迭代对象进行过滤操作,将一个函数作用于 iterable 中的每个元素,返回 True 的元素会被保留,而返回 False 的元素会被过滤掉。filter()函数的语法格式如下:

```
filter(function, iterable)
```

其中,function 为函数名,也可以是匿名函数,function 的返回值是布尔值,用于过滤可迭代对象 iterable。filter()函数的返回值是迭代器对象,迭代器对象中为过滤后的元素,可以遍历获取,也可以用 list()函数转换为列表。下面通过一个示例演示 filter()函数的使用。

在 Chapter08 文件夹中创建一个名为 filter.py 的文件,使用 filter()函数对列表进行过滤,得到列表中的元素。具体代码如文件 8-11 所示。

文件 8-11　filter.py

```
1  seq = ['qianfeng', 'codingke.com', '*#$']
2  func = lambda x : x.isalnum()
3  list = list(filter(func, seq))
4  print(list)
```

在上述代码中,第 2 行代码使用匿名函数判断一个字符串是否只包含字母和数字并将结果赋值给 func()函数,在 isalnum()函数中,参数是字母或数字时返回非 0 值,否则返回 0;第 3 行代码使用 filter()函数过滤列表中的元素。

文件 filter.py 的运行结果如图 8-9 所示。

图 8-9　文件 filter.py 的运行结果

由图 8-9 可知,函数 filter()对列表 list 中的每个元素调用变量 func 并返回使得变量 func 的返回值为 True 的元素组成的可迭代对象。函数 filter()的执行过程如图 8-10 所示。

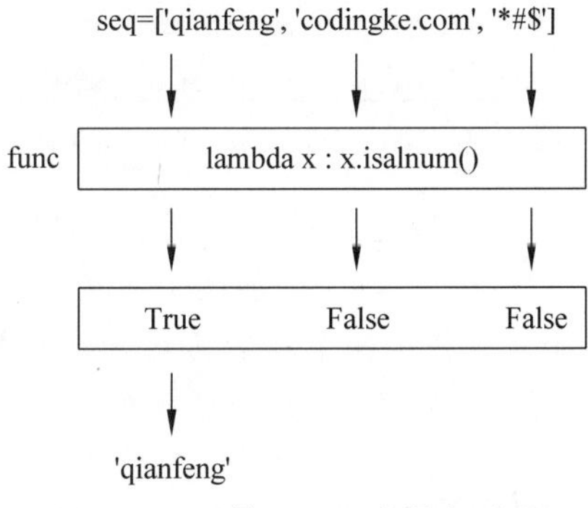

图 8-10　函数 filter()的执行过程

由图 8-10 可知,首先定义一个列表 seq,包含 3 个元素,使用匿名函数判断一个字符串是否只包含字母和数字并将结果返回给变量 func,过滤列表中的字母和数字,根据判断结果输出过滤后列表中的元素。

8.3.3　reduce()函数

reduce()函数是 Python 内置的一个函数,它位于 functools 模块中。reduce()函数对 iterable 中的所有元素依次应用一个函数,得到一个最终结果。reduce()函数的语法结构如下:

```
reduce(function, iterable[, initializer])
```

reduce()函数以累加方式逐个取出 iterable 中的元素作为参数调用 function,从而最终将 iterable 简化为一个值,如果存在 initializer,则在累加调用中,以它作为初始的第一个参数。function 必须是可调用对象,不能为 None。

例如,reduce(function, [1, 2, 3])会返回 function(function(1, 2), 3)。

下面通过一个示例演示 reduce()函数的使用。在 Chapter08 文件夹中创建一个名为 reduce.py 的文件,具体代码如文件 8-12 所示。

文件 8-12　reduce.py

```
1  from functools import reduce
2  def add(x, y):
3      return x + y
4  sum1 =reduce(add, [1,2,3,4,5,6,7,8,9])
5  print(sum1)
```

在上述代码中,第 1 行代码导入 functools 模块的 reduce()函数;第 2、3 行代码自定义函数 add(),求两个数 x 和 y 的和;第 4 行代码使用 reduce()函数对列表中的元素进行求和。

文件 reduce.py 的运行结果如图 8-11 所示。

图 8-11　文件 reduce.py 的运行结果

由图 8-11 可知,使用 reduce()函数计算列表中的元素的和为 45。

reduce()函数在迭代序列的过程中,首先把前两个元素(只能是两个)传给函数,函数加工后,再把得到的结果和第三个元素作为两个参数传给函数参数,函数加工后,得到的结果再和第四个元素作为两个参数传递给函数参数,以此类推。

8.3.4　Python 的函数式编程

函数式编程是一种抽象程度很高的编程范式,其特点是,允许函数把函数本身作为参数传入另一个函数,还允许返回一个函数。

Python 的函数式编程范式主要有以下几个特点:

- 函数在语言中具有与其他实体(如变量、对象等)相同的地位和权利:可以将函数赋值给变量,作为参数传递给其他函数,或作为其他函数的返回值。
- 函数无副作用:函数不修改外部状态,仅依靠输入参数和函数内部的变量进行计算,避免了全局变量或其他状态的改变。
- 高阶函数:可以使用高阶函数,例如 map()、filter()、reduce()等,对迭代对象进行处理和转换。
- 不变性:在函数式编程中,通常使用不可变数据结构,例如元组和 frozenset,以保证数据的不变性。

在函数式编程中，传递行为的方式比传递数据的方式更加重要，因此可以将函数看作对象，通过组合和复合来构建大型程序。这样的编程风格有时可以更加简洁和直观，使得代码易于维护和扩展。下面通过一个示例演示函数式编程的特点。

在 Chapter08 文件夹中创建一个名为 func.py 的文件，具体代码如文件 8-13 所示。

文件 8-13 func.py

```
1  def square(x):
2      return x * x
3  def add(a, b):
4      return a + b
5  lst = [1, 2, 3, 4, 5]
6  squared_list = list(map(square, lst))
7  filtered_list = list(filter(lambda x: x % 2 == 0, lst))
8  sum_of_squares = reduce(add, squared_list)
9  print(squared_list)
10 print(filtered_list)
11 print(sum_of_squares)
```

在上述代码中，第 1、2 行代码为自定义函数 square()求变量 x 的平方；第 3、4 行代码自定义函数 add()，求两个数 a 和 b 的和；第 6 行代码调用函数 map()对列表进行取平方操作；第 7 行代码调用函数 filter()对列表中的偶数进行筛选；第 8 行代码调用函数 reduce()对取平方后的列表进行求和。

文件 func.py 的运行结果如图 8-12 所示。

图 8-12 文件 func.py 的运行结果

由图 8-12 可知，函数可以作为参数传递给其他函数，或者作为其他函数的返回值，还可以将函数赋值给变量；函数式编程可以使用高阶函数如 map()、filter()、reduce()等对迭代对象进行处理和转换；函数不修改外部状态，仅依靠输入参数和函数内部的变量进行计算。

8.4 装饰器

我们可以使用函数装饰器在不改变函数定义的前提下，为函数添加额外的功能。本节将针对 Python 函数装饰器的定义与使用方法进行讲解。

8.4.1 闭包

1. 闭包的概念

在 Python 中,闭包指的是一个函数对象,它与其所在的环境变量(或外部函数)形成了一个闭合的空间,从而保存了那些环境变量的值。将函数作为返回值返回的高阶函数,叫作闭包。通过闭包可以创建一些只有当前函数能访问的变量,将一些私有的数据藏到闭包中。形成闭包的条件如下:

(1) 必须有一个嵌套函数(函数内部的函数)。

(2) 将内部函数作为返回值返回。

(3) 内部函数必须使用到外部函数的变量。

闭包的基本语法格式如下:

```
def 外部函数名(参数):
    外部变量
        def 内部函数名(参数):
            使用外部变量
return 内部函数名
```

闭包是创建函数的方式之一,它是由函数及其约束的变量组成的实体。闭包能够让程序维持函数中的一些状态信息,并且可以被该函数的嵌套函数使用。

闭包通常用作装饰器,如计数器、缓存等。下面通过一个示例演示闭包作为计数器的使用方法。在 Chapter08 文件夹中创建一个名为 counter.py 的文件,具体代码如文件 8-14 所示。

文件 8-14 counter.py

```
def counter():
    count =0
    def inner():
        nonlocal count
        count +=1
        print(count)
    return inner
c =counter()
c()
c()
c()
```

在上述代码中,counter()函数返回了一个内部函数 inner()。每次调用 inner()时,count 变量的值都会递增并且被打印输出,但是 count 是内部函数中的局部变量,它并不会在每次调用结束后被销毁。将函数 counter()赋值给 c(),每次调用 c()时,count 的值都会递增,而之前的值也会被保留下来。

文件 counter.py 的运行结果如图 8-13 所示。

由图 8-13 可知,每次调用 c()时,count 的值都会递增,调用 3 次后,返回的 count 的值分别为 1、2、3。

图 8-13　文件 counter.py 的运行结果

如果不使用闭包实现这个计数器，可能需要使用全局变量或类的静态变量来保存计数器的值。但是，使用闭包可以避免全局变量的污染，也更加简单方便。

2. Python 闭包的__closure__属性

闭包比普通的函数多了一个__closure__属性，该属性记录着自由变量的地址。当闭包被调用时，系统会根据该地址找到对应的自由变量，完成整体的函数调用。

下面通过一个示例演示闭包作为计数器的使用方法。在 Chapter08 文件夹中创建一个名为 closure.py 的文件，具体代码如文件 8-15 所示。

文件 8-15　closure.py

```
def counter():
    count = 0
    def inner():
        nonlocal count
        count += 1
        print(count)
    return inner
c = counter()
print(c.__closure__)
```

在上述代码中，counter()函数返回了一个内部函数 inner()。每次调用 inner()时，它都会递增 count 变量的值并输出，但是，count 是内部函数中的局部变量，它并不会在每次调用结束后被销毁。这样，每次调用 c()时，count 的值都会递增，而之前的值也会被保留下来。

文件 closure.py 的运行结果如图 8-14 所示。

图 8-14　文件 closure.py 的运行结果

由图 8-14 可知，输出的是一个元组，包含一个 cell 对象，cell_contents 属性用于存储 count 的值。

如果闭包中涉及多个自由变量，那么__closure__元组中将会有多个 cell 对象，分别对应不同的自由变量。__closure__可以用于调试和理解闭包的内部机制，但是它通常不需要被

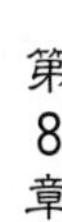

直接访问或修改。

8.4.2 创建装饰器

1. 函数装饰器的含义

函数装饰器本质上是一个函数，它接收一个函数作为参数，并返回一个新的函数。常见的函数装饰器包括计时器、日志定义器等。

Python 中的装饰器是一种用于修改函数或类属性的一种高级技术。装饰器以函数为参数并返回一个新函数或修改原函数，从而增强函数的功能。

装饰器可以用来实现以下功能：

(1) 插入一些额外的代码，比如进行性能测试、日志记录等。

(2) 检查函数参数是否合法。

(3) 计算函数运行时间。

(4) 改变函数参数或返回值的值。

(5) 缓存函数结果，避免重复计算。

2. 增加额外功能

装饰器可以让其他函数在不做修改的前提下增加额外功能。下面通过一个示例演示创建装饰器的方法。

在 Chapter08 文件夹中创建一个名为 funcD.py 的文件，具体代码如文件 8-16 所示。

文件 8-16 funcD.py

```
1  def func02(func):
2      def func01():
3          x =func()
4          return x+1
5      return func01
6  def func():
7      print("func()函数 ")
8      return 1
9  print(func())
10 decorated =func02(func)
11 print(decorated())
```

在上述代码中，第 1～5 行代码形成了一个闭包，外部函数的参数是一个函数名称 func，此闭包的功能是调用 func()函数并将其返回值加 1 再返回；第 6～8 行代码定义了一个函数 func()。

文件 funcD.py 的运行结果如图 8-15 所示。

由图 8-15 可知，调用 func()函数的返回值是 1，调用 decorated()函数的返回值为 2，两者在执行时都调用了 func()函数，但是输出的结果并不相同。这是由于 decorated()函数装饰了 func()函数，增加了它的功能，使它的返回值增加 1。

还可以修改文件 funcD.py 的程序，使其看起来更简洁，将修改后的文件保存为 funcS.py，具体代码如文件 8-17 所示。

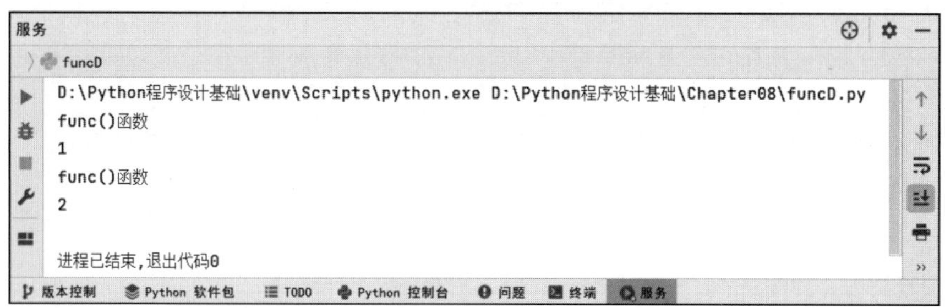

图 8-15 文件 funcD.py 的运行结果

文件 8-17 funcS.py

```
def func02(func):
    def func01():
        return func()+1
    return func01
def func():
    print("func()函数 ")
    return 1
print(func())
func =func02(func)
print(func())
```

与文件 funcD.py 相比,文件 funcS.py 主要的改动是将 decorated 修改为 func,这样每次通过函数名 func 调用函数时,都会执行装饰后的版本。

至此,读者应该可以理解装饰器的定义及用法。装饰器的本质是一个嵌套函数,外部函数的参数是需要被装饰的函数的名称,内部函数用于增加被装饰函数的新功能。

3. @符号的使用

@符号可以将装饰器函数与被装饰的函数联系起来,@符号的使用将直接增加被装饰函数的功能。下面将通过一个示例演示如何通过@符号将装饰器函数与被装饰的函数联系起来。

在 Chapter08 文件夹中创建一个名为@func.py 的文件,具体代码如文件 8-18 所示。

文件 8-18 @func.py

```
1  def f2(func):
2      def f1():
3          return func() +1
4      return f1
5  @f2
6  def func():
7      print('func()函数')
8      return 1
9  print(func())
```

在文件@func.py 中,第 5 行代码通过@符号和装饰器名实现装饰器函数与被装饰的函数的联系;第 9 行代码调用 func()函数时,程序会自动调用装饰器函数的代码。

文件@func.py 的运行结果如图 8-16 所示。

图 8-16　文件@func.py 的运行结果

由图 8-16 可知,使用@f2 将函数 func()与装饰器 f2()联系起来;第 9 行代码调用 func()函数时,返回 1,接着调用装饰器后,返回 2。

8.4.3　用参数装饰函数

1. 装饰带有参数的函数

装饰器除可以装饰无参数的函数外,还可以装饰有参数的函数。下面通过一个示例演示带参数的装饰器的使用方法。

在 Chapter08 文件夹中创建一个名为@funcP.py 的文件,具体代码如文件 8-19 所示。

文件 8-19　@funcP.py

```
1  def f2(func):
2      def f1(a=0, b=0):
3          return func(a, b) +1
4      return f1
5  @f2
6  def func(a=0, b=0):
7      print('func()函数')
8      return a + b
9  print(func(2, 3))
```

在上述代码中,第 5 行代码将 f2()函数声明为装饰器函数,用来修饰 func()函数;第 6 行代码定义了一个带有两个默认参数的 func()函数;第 9 行代码调用 func()装饰器函数。

文件@funcP.py 的运行结果如图 8-17 所示。

图 8-17　文件@funcP.py 的运行结果

由图 8-17 可知,调用带有参数的装饰器函数 func(),返回 5,调用装饰器后,返回 6。

注意:f1()函数中的参数必须包含对应 func()函数的参数。

2. 带参数的装饰器

装饰器本身也是一个函数，即装饰器本身也可以带参数，此时装饰器需要再多一层内嵌函数。下面通过一个示例演示带参数的装饰器。

在 Chapter08 文件夹中创建一个名为 outer.py 的文件，具体代码如文件 8-20 所示。

文件 8-20　outer.py

```
1   def outer(arg):
2       def func02(func):
3           def func01(x):
4               print(arg)
5               print("装饰器发挥作用")
6               return func(x)**2
7           return func01
8       return func02
9   @outer("这是一个带参数的装饰器")
10  def func(x):
11      print("调用 func()函数")
12      return x
13  print(func(2))
```

在上述代码中，outer()是一个装饰器函数，其由 3 层函数嵌套而成，形成闭包。外层函数的返回值都是内层函数名，内层函数能够引用外层函数中的变量。最外层函数用于传递装饰器的参数，可以看到 outer()函数有一个参数 arg。第 9 行代码使用了装饰器，传入了参数“这是一个带参数的装饰器”，outer()的返回值是里面一层的函数名 func02。里面的两层函数与前面定义的装饰器函数相同，不同之处是可以引用最外层传入的参数 arg。

文件 outer.py 的运行结果如图 8-18 所示。

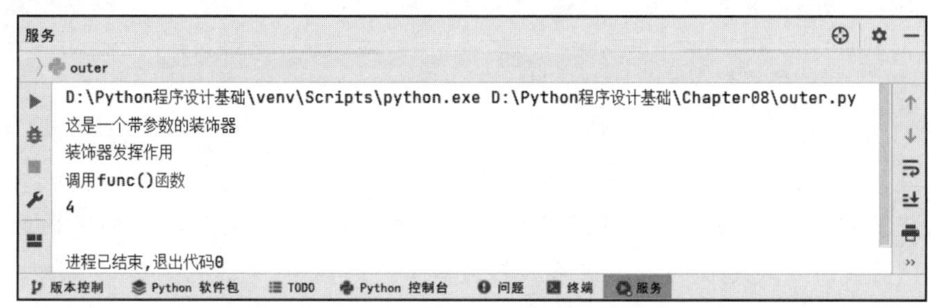

图 8-18　文件 outer.py 的运行结果

由图 8-18 可知，装饰器本身带参数时，需要再多一层内层函数，装饰器才能发挥作用。

文件 outer.py 中的代码可以写成比较易于理解的形式，保存为 outerfunc.py，具体代码如文件 8-21 所示。

文件 8-21　outerfunc.py

```
def outer(arg):
    def func02(func):
        def func01(x):
            print(arg)
```

```
5                print("装饰器发挥作用")
6                return func(x)**2
7            return func01
8        return func02
9    def func(x):
10       print("调用 func()函数")
11       return x
12   func02 =outer("这是一个带参数的装饰器")
13   func =func02(func)
14   print(func(2))
```

在上述代码中,程序相当于不断调用闭包中定义的函数,其中,第 12、13 行代码可以省略 func02 这个中间变量,写成以下形式:

```
func =outer("这是一个带参数的装饰器")(func)
```

文件 outerfunc.py 中的代码将装饰器分解成闭包的嵌套,这种写法更容易理解。

拓展阅读:装饰器工厂

装饰器工厂是一种能够生成装饰器的函数,也是 Python 中经常用到的一种装饰器模式,它可以根据不同的参数返回不同的装饰器。装饰器工厂的形式如下:

```
def decorator_factory(…):
    def decorator(func):
        def wrapper(*args, **kwargs):
            #在被装饰的函数之前执行的代码
            result =func(*args, **kwargs)
            #在被装饰的函数之后执行的代码
            return result
        return wrapper
    return decorator
```

装饰器工厂中有两层函数嵌套,内层函数是一个装饰器,它的参数是要被装饰的函数,使用闭包将装饰器和参数传递给外层函数,外层函数根据不同的参数返回不同的装饰器。装饰器工厂的使用方式是在函数名前添加装饰器工厂的调用,并传入所需的参数。例如:

```
@decorator_factory(…)
def function_name(…):
    ...
```

其中,… 表示装饰器工厂或函数的参数,可根据具体情况进行替换。

8.4.4 偏函数

偏函数是指固定某个函数的部分参数,生成一个新的函数。在 Python 中,可以使用 functools 模块中的 partial()函数来创建偏函数。例如,有一个专门用于生成文章标题的函数 title(),具体代码如下:

```
def title(topic, part):
...    return topic +u':' +part
```

下面通过一个示例演示偏函数的使用方法。在 Chapter08 文件夹中创建一个名为 title.py 的文件，为 Python 基础系列的多篇文章生成标题，具体代码如文件 8-22 所示。

文件 8-22　title.py

```
1  from functools import partial
2  def title(topic, part):
3      return topic +u':' +part
4  pybasic_title =partial(title, u'Python 基础')
5  print(pybasic_title(u'环境配置'))
6  print(pybasic_title(u'函数'))
7  print(pybasic_title(u'函数式编程'))
```

在上述代码中，第 1 行代码导入 functools 模块的 partial()方法；第 2、3 行代码定义用于生成文章标题的函数 title()；第 4 行代码运用函数 partial()设置文章标题；第 5～7 行代码用于打印多篇文章的标题。

文件 title.py 的运行结果如图 8-19 所示。

图 8-19　文件 title.py 的运行结果

由图 8-19 可知，偏函数的使用通过应用 functools.partial 完成，对函数的参数进行固化，将标题“Python 基础”固化。

如果在编码过程中遇到了“多次用相同的参数调用一个函数”的场景，就可以考虑使用偏函数来固化这些相同的参数，进而简化函数的调用。

8.5　实验：学生信息管理系统

【实验目的】

1. 学会创建类，在类中封装一些函数。
2. 学会在类中添加__iter__()方法和__next__()方法。
3. 学会使用 for 语句遍历迭代对象。
4. 学会使用匿名函数作为参数对序列进行操作。
5. 学会使用 sorted()函数与 filter()函数。

【实验要求与内容】

1. 定义学生类,设置属性学生姓名、性别和分数,并重写__str__()方法。

2. 定义学生管理类,设置属性学生列表,用于添加 Student 类的对象,循环遍历获取对象。

3. 创建学生管理类的对象,并向其属性 self.student_list 中添加 Student 类对象,添加完成后,遍历 student_class。

4. 使用 sorted()函数对 student_class 中的 Student 对象按照分数进行排序。

5. 使用 filter()函数筛选出 student_class 中性别为女的 Student 对象。

6. 在 StudentManager 类中创建并遍历生成器。

【实验步骤】

1. 创建学生类

在 Chapter08 文件夹中创建一个名为 studentManager. py 的文件,创建学生类 Student,设置属性学生姓名、性别和分数,并重写__str__()方法,具体代码如文件 8-23 所示。

文件 8-23　studentManager.py

```
class Student:
    def __init__(self,name,sex,score):
        self.name = name
        self.sex = sex
        self.score = score
    def __str__(self):
        return f"学生姓名:{self.name},性别:{self.sex},分数:{self.score}"
```

2. 创建学生管理类

在文件 studentManager.py 中,定义学生管理类 StudentManager,设置属性学生列表,用于添加 Student 类的对象。在 StudentManager 类中加入__iter__()方法和__next__()方法,使此类的对象成为迭代器对象,可以循环遍历获取其中的 Student 对象,具体代码如下:

```
class StudentManager:
    def __init__(self):
        self.number = -1
        self.student_list = []
    def add_student(self,student):
        self.student_list.append(student)
    def __iter__(self):
        return self
    def __next__(self):
        if self.number < len(self.student_list)-1:
            self.number += 1
            return self.student_list[self.number]
```

```
        else:
            raise StopIteration
```

在 StudentManager 类中的 add_student()方法用于添加 Student 类的对象。__next__()方法用于返回列表 self.student_list 中的每一个对象，当实例属性 self.number 小于列表 self.student_list 的长度时，返回列表中的元素，否则抛出异常 StopIteration。

3. 创建并遍历 StudentManager 类的对象 student_class

创建 StudentManager 类的对象 student_class，并向其属性 self.student_list 中添加 Student 类对象，添加完成后，遍历 student_class，具体代码如下：

```
1  student_class =StudentManager()
2  student_class.add_student(Student("小千","男",90))
3  student_class.add_student(Student("小锋","女",89))
4  student_class.add_student(Student("小狮","男",87))
5  student_class.add_student(Student("小明","女",93))
6  print("遍历学生信息如下:")
7  for item in student_class:
8      print(item)
```

在上述代码中，第 7、8 行代码用于遍历 Student_list 对象。

4. Student 对象按照分数排序

使用 sorted()函数对 student_class 中的 Student 对象按照分数进行排序，具体代码如下：

```
1  print("student_class 中的 Student 对象按照分数排序后: ")
2  sort_student =sorted(student_class,key=lambda item:item.score)
3  for item in sort_student:
4      print(item)
```

在上述代码中，第 2 行代码调用 sorted()函数对 Student 对象按照分数进行排序，使用匿名函数 Lambda 表达式作为函数的参数；第 3、4 行代码对排序后的 Student 对象进行遍历。

5. 筛选出 student_class 中性别为女的 Student 对象

调用 filter()函数筛选出 student_class 中性别为女的 Student 对象，具体代码如下：

```
1  print("筛选出 student_class 中性别为女的 Student 对象: ")
2  filter_student =filter(lambda item:item.sex =="女",student_class.student_
   generator())
3  for item in filter_student:
4      print(item)
```

在上述代码中，第 2 行代码使用 filter()函数对 Student 对象进行筛选，使用匿名函数作为函数的参数，并调用生成器函数。

6. 在 StudentManager 类中创建并遍历生成器

将 StudentManager 类中的__iter__()方法和__next__()方法去掉，改为生成器函数的形式，具体代码如下：

```
1  class StudentManager:
2      def __init__(self):
3          self.number =-1
4          self.student_list = []
5      def add_student(self,student):
6          self.student_list.append(student)
7      def student_generator(self):
8          for item in self.student_list:
9              yield item
10 print("遍历生成器的学生信息如下:")
11 for item in student_class.student_generator():
12     print(item)
```

在上述代码中,第 7～9 行代码定义了一个生成器函数,调用此函数后,逐个返回 student_list 中的元素。

【实验结果】

学生管理系统中学生信息的运行结果如图 8-20 所示。

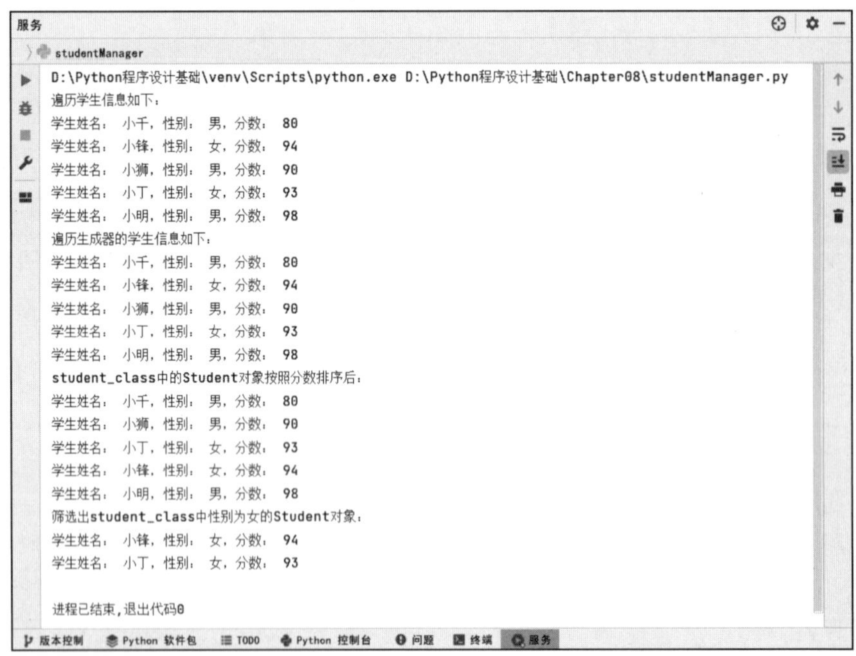

图 8-20　学生管理系统中学生信息的运行结果

由图 8-20 可知,遍历学生信息与遍历生成器的学生信息相同;student_class 中的 Student 对象按照分数排序后,默认分数值从小到大进行排序;筛选出 student_class 中性别为女的 Student 对象有两项。

【实验小结】

Python 提供了内置高阶函数 filter()和 sorted()。filter()函数用于对可迭代对象进行过滤操作，将一个函数作用于 iterable 中的每个元素，返回 True 的元素会被保留，而返回 False 的元素会被过滤掉；而 sorted()函数用于对可迭代对象进行排序。在序列中使用匿名函数作为列表或字典的元素时，使用匿名函数可以帮助读者进行数据筛选。

8.6 人工智能入门：使用函数分析文本情感

在 Python 中，可以通过调用第三方库如 TextBlob 或 NLTK(Natural Language ToolKit)来实现文本情感分析。

8.6.1 导入 NLTK 相关库

NLTK 是一个用于自然语言处理(Natural Language Processing，NLP)和文本挖掘的 Python 库，它包含一系列工具和数据集，可用于分类、标记、分析和解析文本。NLTK 库是开源的，可以免费使用和修改，它还提供了广泛的文档和教程，使人们能够更轻松地学习和使用该库。

NLTK 库的功能包括分词、词性标注、命名实体识别、语法分析、情感分析、机器翻译、语料库管理和处理等。要实现这些功能，可以使用 Python 的第三方库 NLTK，它提供了一些常用的自然语言处理工具和数据集。安装 NLTK 库的语法具体如下：

```
pip install nltk
```

要使用 NLTK 库，首先需要安装和配置相关的库和模块，可以使用 NLTK 库中的 SentimentIntensityAnalyzer 类来实现情感分析，具体代码如下：

```
import nltk
from nltk.sentiment import SentimentIntensityAnalyzer
from nltk.sentiment.vader import SentimentIntensityAnalyzer
```

SentimentIntensityAnalyzer 类可以对文本进行分析，返回一个包含以下 4 个元素的字典。

- neg：表示文本中负面情感的强度，取值范围是 0～1。
- neu：表示文本中中性情感的强度，取值范围是 0～1。
- pos：表示文本中正面情感的强度，取值范围是 0～1。
- compound：表示文本整体情感的复合得分，取值范围是－1～1，－1 为完全负面情感，0 为中性情感，1 为完全正面情感。

注意：第一次使用 NLTK 时，需要先在本地下载相关模块，具体代码如下：

```
nltk.download("vader_lexicon")
```

Vader 是一个经过预先训练的模型，它使用基于规则的价值观来调整社交媒体的情绪，评估一条信息的文本内容，并提供一个综合评估，包括情绪的正负面以及情绪的强烈程度。

8.6.2 定义情感分析的函数

首先定义 3 个字符串，分别对应正面、负面和中性情感，具体代码如下：

```
text1 ="I love this product. It's amazing!"
text2 ="This movie is really terrible, it's a waste of my time."
text3 ="The book is average and not interesting."
```

然后定义一个函数 sentiment_analysis(),它可以接收一个字符串作为输入,并使用自然语言处理技术来分析该字符串的情感,具体代码如下:

```
def sentiment_analysis(text):
    sid =SentimentIntensityAnalyzer()
    scores =sid.polarity_scores(text)
    compound_score =scores['compound']
    print(compound_score)
    if compound_score >0.5:
        return '正面情感'
    elif compound_score <-0.5:
        return '负面情感'
    else:
        return '中性情感'
```

在上述示例代码中,首先定义了函数 sentiment_analysis(),它的参数是一个字符串 text;在函数内部创建了一个 SentimentIntensityAnalyzer 对象,并使用它的 polarity_scores()方法对文本进行情感分析,得到一个包含 4 个元素的字典 scores,该方法返回值为[−1,1]的浮点数,值越趋近于 1,则表示文本情感越积极,值越趋近于−1,则表示文本情感越消极。接着,获取 scores 中的 compound 元素值,并根据其大小来判断文本情感,如果 compound 大于0.5,则判断为正面情感,返回字符串"正面情感";如果 compound 小于−0.5,则判断为负面情感,返回字符串"负面情感";否则,判断为中性情感,返回字符串"中性情感"。

8.6.3 打印情感分数

在 8.6.2 节的代码中,调用 sentiment_analysis()函数进行情感分析并打印结果,具体代码如下:

```
print(sentiment_analysis(text1))
print(sentiment_analysis(text2))
print(sentiment_analysis(text3))
```

示例代码的运行结果如下:

```
0.8516
正面情感
-0.7548
负面情感
-0.3089
中性情感
```

由运行结果可知,3 段文本分别属于正面情感、负面情感和中性情感。

8.7 本章小结

本章主要介绍了 Python 函数的高级特性，包括函数迭代器、生成器、闭包、匿名函数、内置高阶函数和装饰器等，最后介绍了使用函数分析文本情感的方法。本章的知识点较为复杂，读者应着重掌握匿名函数的用法，及其在常用的内置高阶函数 filter()、map()和 sorted()中的应用。同时，读者还需理解闭包，并在实际开发中正确地使用装饰器。

第9章 异　　常

学习目标

- 了解 Python 异常的类型，能够说出常见的异常类型
- 掌握异常捕获的方法，能够灵活使用多种方法捕获异常
- 掌握异常处理的方法，能够应用多种语句处理异常
- 掌握触发异常的机制，能够运用 raise 语句手动触发异常
- 掌握自定义异常类的方法，能够灵活捕捉与抛出自定义异常类

Python 提供了处理异常的机制，可以让读者捕获并处理这些错误，让程序继续沿着一条不会出错的路径执行。本章从捕获与处理异常、触发异常及自定义异常等方面进行讲解。

9.1 异常概述

程序在运行过程中可能会遇到多种错误，例如除数为 0、年龄为负数、数组下标越界等，如果这些错误未被及时发现并加以处理，很可能会导致程序崩溃。本节从异常与异常类两方面进行讲解。

9.1.1 认识异常

异常指的是程序在运行过程中发生的导致程序无法继续执行的事件，通常会触发操作系统的异常处理机制来处理发生的事件。

例如，计算除数为 0 的程序，具体代码如下：

```
a =5/0
```

在 Python 程序中，用 5 除以 0，并赋值给变量 a，因为 0 作为除数是没有意义的，所以运行后会产生错误，除数为 0 时返回的错误信息如图 9-1 所示。

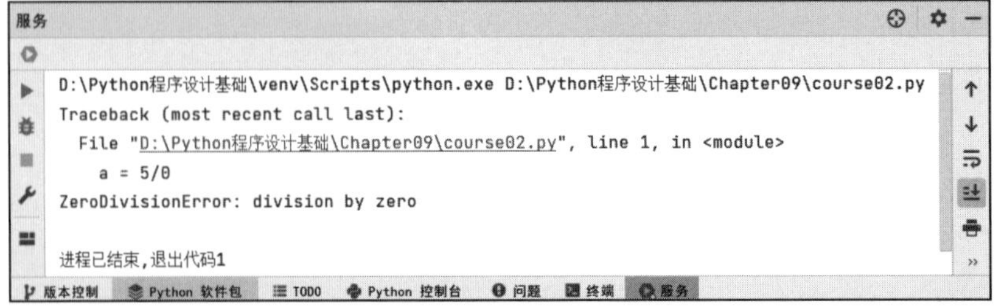

图 9-1　除数为 0 时返回的错误信息

由图 9-1 可知，前两段指明了错误的位置，最后一句表示出错的类型。在 Python 中，把这种运行时产生错误的情况叫作异常。

Python 异常处理是一种有效的机制，可以处理各种错误和异常情况，提高程序的稳定性和可靠性。在实际开发中，合理利用异常处理可以提升程序的健壮性和可维护性。

9.1.2 异常类

Python 提供了一系列的内置异常类，不同类型的异常可以用于捕获和处理不同的错误情况。常见的异常类如表 9-1 所示。

表 9-1 常见的异常类

异常类名称	基　　类	说　　明
BaseException	object	所有异常类的直接或间接基类
Exception	BaseException	所有非退出异常的基类
SystemExit	BaseException	程序请求退出时抛出的异常
KeyboardInterrupt	BaseException	用户中断执行(通常是按 Ctrl+C 键)时抛出
GeneratorExit	BaseException	生成器发生异常，通知退出
ArithmeticError	Exception	所有数值计算错误的基类
FloatingPointError	ArithmeticError	浮点运算错误
OverflowError	ArithmeticError	数值运算超出最大限制
ZeroDivisionError	ArithmeticError	除零导致的异常
AssertionError	Exception	断言语句失败
AttributeError	Exception	对象没有这个属性
EOFError	Exception	读取超过文件结尾
OSError	Exception	I/O 相关错误的基类
ImportError	Exception	导入模块/对象失败
LookupError	Exception	查找错误的基类
IndexError	LookupError	序列中没有此索引
KeyError	LookupError	映射中没有这个键
MemoryError	Exception	内存溢出错误
NameError	Exception	未声明、未初始化对象
UnboundLocalError	NameError	访问未初始化的本地变量
ReferenceError	Exception	弱引用试图访问已经被垃圾回收器清除的对象
RuntimeError	Exception	一般的运行时错误
NotImplementedError	RuntimeError	尚未实现的方法
SyntaxError	Exception	语法错误

续表

异常类名称	基　　类	说　　明
IndentationError	SyntaxError	缩进错误
TabError	IndentationError	Tab 和空格混用
SystemError	Exception	一般的解释器系统错误
TypeError	Exception	对类型无效的操作
ValueError	Exception	传入无效的参数

在表 9-1 中，BaseException 是异常的顶级类，但用户定义的类不能直接继承这个类，而是要继承 Exception 类。Exception 类是与应用相关异常的顶层基类，除系统退出事件类(SystemExit、KeyboardInterrupt 和 GeneratorExit)外，几乎所有用户定义的类都应该继承自这个类，而不是 BaseException 类。

9.2　捕获与处理异常

Python 异常处理机制涉及 as、try、except、else、finally 等关键字。本节将针对捕获与处理异常的方法进行讲解。

9.2.1　try…except 语句

为了防止程序在运行过程中遇到异常而意外终止，可以通过 try…except 语句来实现异常处理。try…except 语句的语法格式如下：

```
try:
    语句块 1
except 异常类型:
    语句块 2
```

当 try 语句块中某条语句出现异常时，程序就不再执行 try 语句块后面的语句，而是直接执行 except 语句块。下面通过一个示例演示通过 try…except 语句实现异常处理。

在创建好的“Python 程序设计基础”项目中创建 Chapter09 文件夹，在 Chapter09 文件夹中创建一个名为 tryExcept.py 的文件，具体代码如文件 9-1 所示。

文件 9-1　tryExcept.py

```
try:
    a =float(input('请输入被除数:'))
    b =float(input('请输入除数:'))
    print(a, '/', b, '运算结果为', a / b)
    print('运算结束')
except ZeroDivisionError:
    print('除数不能为 0')
print('程序结束')
```

在上述代码中，第 6 行代码获取了 ZeroDivisionError 异常，即除数为 0 错误。

文件 tryExcept.py 的运行结果如图 9-2 所示。

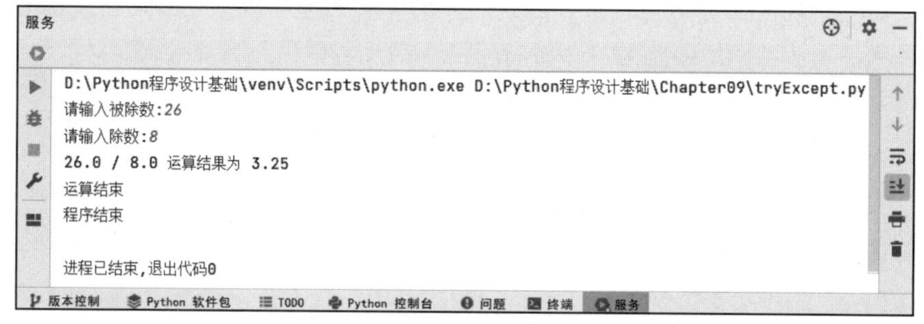

图 9-2　文件 tryExcept.py 的运行结果

由图 9-2 可知，程序运行时，输入的被除数与除数分别为 26 和 8，结果为 3.25。

再次运行文件 tryExcept.py 时，输入的被除数与除数分别为 2 和 0，结果如图 9-3 所示。

图 9-3　再次运行文件 tryExcept.py 的结果

从两次运行结果可以看出，程序没有触发异常与触发异常执行的流程并不一致。程序中一旦发生异常，就不会执行 try 语句块中剩余的语句，而是直接执行 except 语句块。另外，该程序捕获并处理了异常，因此，当输入的除数为 0 时，程序可以正常结束，而不是终止运行。

文件 tryExcept.py 只能捕捉 except 后面的异常类，如果发生其他类型的异常，程序依然会终止。例如，运行文件 tryExcept.py，输入 ab 后按 Enter 键，程序就会出现错误。为了保证程序正常运行，此时就需要捕获并处理多种异常，其语法格式如下：

```
try:
    语句块 1
except 异常类型 1:
    语句块 2
except 异常类型 2:
    语句块 3
...
```

下面通过一个示例演示通过 try…except 语句捕获并处理多种异常。

在 Chapter09 文件夹中创建一个名为 TryExceptD.py 的文件，具体代码如文件 9-2 所示。

文件 9-2　TryExceptD.py

```
1  try:
2      a =float(input('请输入被除数:'))
3      b =float(input('请输入除数:'))
4      print(a, '/', b, '结果为', a / b)
5      print('运算结束')
6  except ZeroDivisionError:
7      print('除数不能为 0')
8  except ValueError:
9      print('传入参数无效')
10 print('程序结束')
```

在上述代码中,第 8 行代码增加了捕获 ValueError 异常的语句,即数值错误异常。文件 TryExceptD.py 的运行结果如图 9-4 所示。

图 9-4　文件 TryExceptD.py 的运行结果

由图 9-4 可知,当输入的被除数为 ab 时,返回“传入参数无效”,因为 ab 不是数字。

在程序中,虽然开发者可以编写处理多种异常的代码,但异常是防不胜防的,很有可能再出现其他异常,此时就需要捕获并处理所有可能发生的异常。在文件 TryExceptD.py 第 10 行前添加如下程序:

```
except:
    print('其他错误')
```

通过 except 语句可以处理除 ZeroDivisionError 异常和 ValueError 异常外的其他所有异常。

9.2.2　使用 as 获取异常信息

为了区分不同的异常,可以使用 as 关键字来获取异常信息,其语法格式如下:

```
try:
    #可能出现异常的语句
except 异常类名 as 异常对象名:
    #处理异常的语句
```

通过异常对象名便可以访问异常信息。下面通过一个示例演示通过 as 关键字获取异常信息的使用方法。

在 Chapter09 文件夹中创建一个名为 error.py 的文件，对文件 TryExceptD.py 的第 6 行代码进行修改，具体代码如文件 9-3 所示。

文件 9-3　error.py

```
1  try:
2      a =float(input('请输入被除数:'))
3      b =float(input('请输入除数:'))
4      print(a, '/', b, '结果为', a / b)
5      print('运算结束')
6  except ZeroDivisionError as e:
7      print('除数不能为 0')
8      print("异常信息: ",e)
9  except ValueError as v:
10     print('传入参数无效')
11     print("参数异常信息: ", v)
12 print('程序结束')
```

在上述代码中，第 6、9 行代码使用 as 关键字获取异常信息，第 8、11 行代码打印获取的异常信息。

文件 error.py 的运行结果如图 9-5 所示。

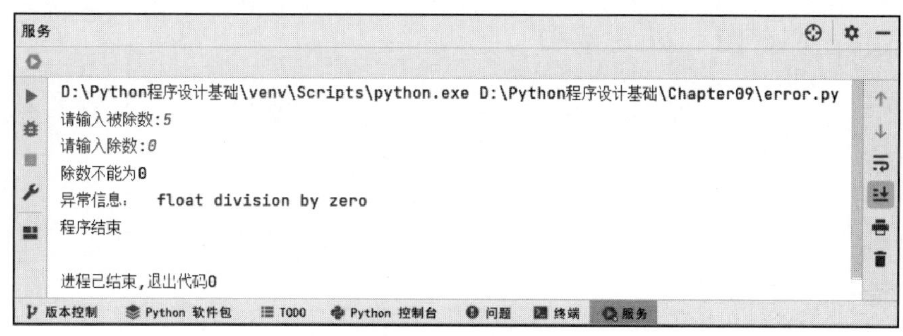

图 9-5　文件 error.py 的运行结果

由图 9-5 可知，输入的被除数和除数分别为 5 和 0，输出的异常信息为 float division by zero。

再次运行文件 error.py 的结果如图 9-6 所示。

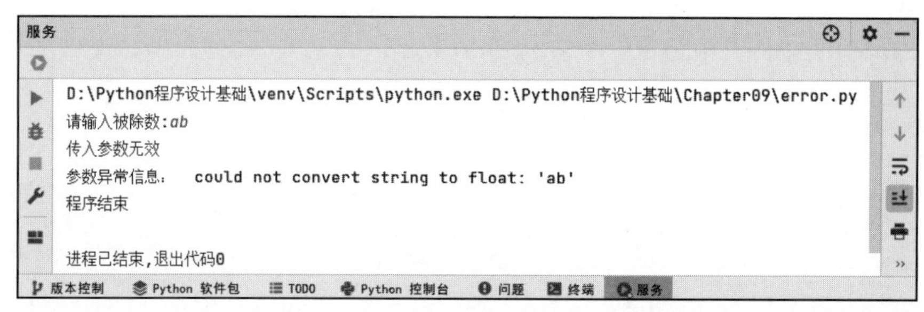

图 9-6　再次运行文件 error.py 的结果

由图 9-6 可知，当输入的被除数为 ab 时，返回“传入参数无效”，输出的参数异常信息为

could not convert string to float：'ab'。

在文件 error.py 中，第 6～11 行代码还可以修改为如下形式：

```
except (ZeroDivisionError, ValueError) as e:
    print("异常信息: ",e)
```

如果程序需要获取所有异常信息，则可以使用如下语法格式：

```
try:
    #可能出现异常的语句
except BaseException as 异常对象名:
    #处理异常的语句
```

所有的异常类都继承自 BaseException 类，因此上述语句可以获取所有异常信息。

在文件 error.py 中，第 6～11 行代码还可以修改为如下形式：

```
except BaseException as e:
    print("异常信息: ",e)
```

上述语句可以获取所有异常，但不建议在程序中直接捕获所有异常，因为它会隐藏所有程序员未想到并且未做好准备处理的错误。

9.2.3 try…except…else 语句

try…except…else 语句还有一个可选的 else 子句，如果使用这个子句，那么必须放在所有的 except 子句之后，else 子句将在 try 子句没有发生任何异常的时候执行，语法格式如下：

```
try:
    #可能出现异常的语句
except BaseException as 异常对象名:
    #处理异常的语句
else:
    #未捕获到异常执行的语句
```

如果 try 语句内出现了异常，则执行 except 语句块，否则执行 else 语句块。下面通过一个示例演示如何使用 try…except…else 语句实现异常处理。

在 Chapter09 文件夹中创建一个名为 TryElse.py 的文件，具体代码如文件 9-4 所示。

文件 9-4 TryElse.py

```
try:
    a =float(input('请输入被除数:'))
    b =float(input('请输入除数:'))
    result =a / b
    print('运算结束')
except BaseException as e:
    print(type(e), e)
else:
```

```
9      print(a, '/', b, '运算结果为', result)
10 print('程序结束')
```

在上述代码中，第 6 行代码使用 BaseException 类和 as 语句获取所有异常信息，第 9 行代码使用 else 语句执行未捕获到异常时的操作。

当除数为 0 时，文件 TryElse.py 的运行结果如图 9-7 所示。

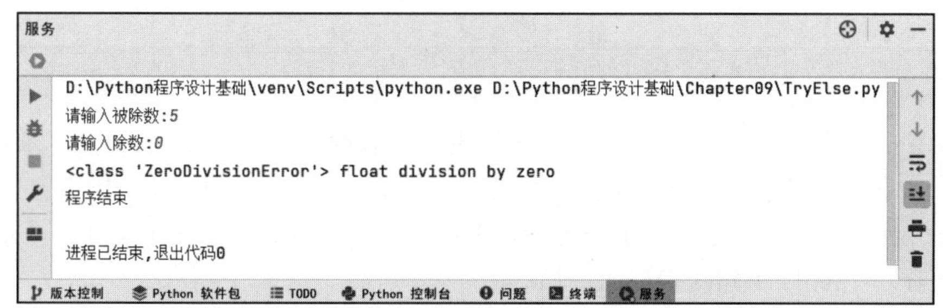

图 9-7　当除数为 0 时文件 TryElse.py 的运行结果

由图 9-7 可知，当输入的除数为 0 时，捕获 ZeroDivisionError 异常，程序只执行了 try 和 except 语句，不执行 else 语句。

当被除数或除数为 ab 时，文件 TryElse.py 的运行结果如图 9-8 所示。

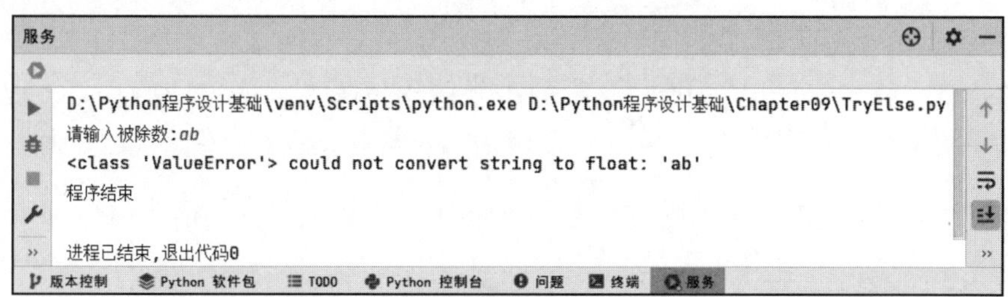

图 9-8　当被除数或除数为 ab 时文件 TryElse.py 的运行结果

由图 9-8 可知，当输入的被除数为 ab 时，捕获 ValueError 异常，程序也执行了 try 和 except 语句，不执行 else 语句。

当被除数与除数分别为 5 和 2 时，文件 TryElse.py 的运行结果如图 9-9 所示。

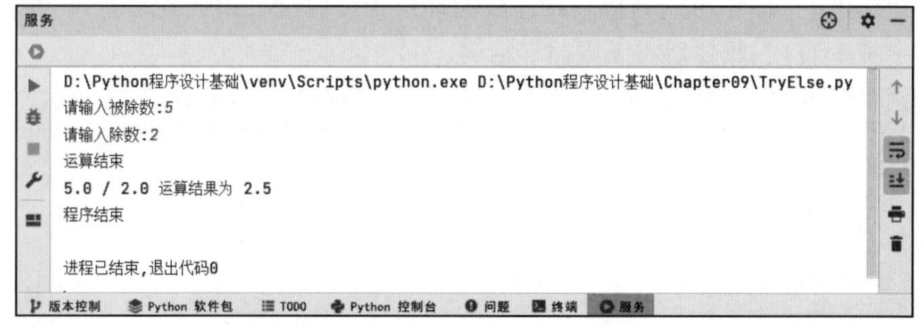

图 9-9　当被除数与除数分别为 5 和 2 时文件 TryElse.py 的运行结果

由图 9-9 可知，当输入的被除数与除数分别为 5 和 2 时，程序正常运行，先执行 try 下的语句块，再执行 else 下的语句块。

9.2.4 try…finally 语句

Python 异常处理机制还提供了一个 finally 语句，用来为 try 块中的程序进行扫尾清理、资源回收工作。try…finally 语句的语法格式如下：

```
try:
    #可能出现异常的语句
finally:
    #无论是否发生异常都会执行的语句
```

try…finally 语句无论是否发生异常都将执行最后的代码，finally 语句只要求和 try 搭配使用，else 语句块将在 try 块成功执行且没有引发异常时执行，包括 try 块中有 return 语句的情况。如果在 try 块中引发了异常，则 else 语句块不会执行。下面通过一个示例演示如何通过 try…finally 语句实现资源的回收。

在 Chapter09 文件夹中创建一个名为 tryFinally.py 的文件，具体代码如文件 9-5 所示。

文件 9-5 tryFinally.py

```
1  try:
2      f =open('test.txt', 'a+')
3      i =1
4      while True:
5          str =input('请输入第%d 行字符串(按 Q 结束):' %i)
6          if str.upper() =='Q':
7              break
8          f.write(str +'\n')
9          i +=1
10 except KeyboardInterrupt:
11     print('程序中断!(Ctrl+F2)')
12 finally:
13     f.close()
14     print('文件关闭')
15 print('程序结束')
```

在上述代码中，第 4～9 行代码使用无限循环结构接收键盘输入的字符串，在接收到键盘输入的字符串 Q 时，程序跳出无限循环结构。

接收到字符串 Q 程序结束时，文件 tryFinally.py 的运行结果如图 9-10 所示。

图 9-10 接收到字符串 Q 程序结束时文件 tryFinally.py 的运行结果

由图 9-10 可知，当提示输入第 3 行字符串时，如果在键盘上输入 Q，程序将跳出无限循环结构，继续执行 finally 语句。

程序中断时，文件 tryFinally.py 的运行结果如图 9-11 所示。

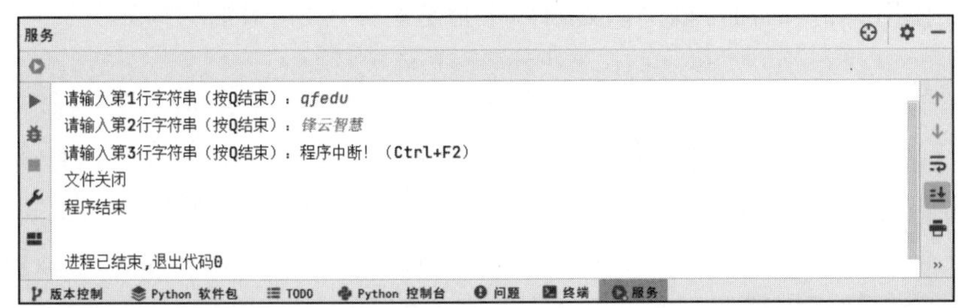

图 9-11　程序中断时文件 tryFinally.py 的运行结果

由图 9-11 可知，当提示输入第 3 行字符串时，在键盘上按 Ctrl＋F2 键，此时将引发 KeyboardInterrupt 异常，程序立即执行 except 语句，之后再执行 finally 语句。

with…as 语句可以代替 try…finally 语句处理异常，其语法格式如下：

```
with 表达式 [as 变量名]:
    with 语句块
```

with…as 语句用于定义一个有终止或清理行为的上下文，例如释放线程资源、文件或数据库连接等。在这些情况下使用 with 语句将使代码更加简洁。

我们已经学习了 try…except 语句、try…except…else 语句和 try…finally 语句，在实际开发中，经常需要将这 3 种语句结合起来使用，具体代码如下：

```
try:
    #可能出现异常的语句
except 异常类名 as 异常对象名:
    #处理特定异常的语句
except:
    #处理多个异常的语句
else:
    #未捕获到异常执行的语句
finally:
    #无论是否发生异常都会执行的语句
```

程序先执行 try 语句块，若 try 语句块中的某一语句执行时发生异常，则程序跳转到 except 语句块，从上到下判断抛出的异常是否与 except 后面的异常类型相匹配，并执行第一个匹配该异常的 except 语句块。若没有找到匹配的异常类型，则执行不带任何匹配类型的 except 语句块；若没有发生任何异常，则程序在执行完 try 语句块后直接进入 else 语句块。最后，无论程序是否发生异常，都会执行 finally 语句块。

9.3 触发异常

触发异常有两种情况：一种是程序在运行过程中因为错误自动触发异常；另一种是显式地使用 raise 或 assert 语句手动触发异常。Python 捕获与处理这两种异常的方式是相同的。本节主要介绍手动触发异常。

9.3.1 raise 语句

Python 使用 raise 语句可以手动抛出一个指定的异常，其语法结构如下：

```
raise [Exception[, args [, traceback]]]
```

其中，用[]括起来的为可选参数，其作用是指定抛出的异常名称，以及异常信息的相关描述。Exception 是异常的类型；args 是异常参数的值，该参数是可选的，如果未提供 args，则默认为 None；traceback 参数也是可选的，如果存在，则用于异常的追溯对象。raise 语句有 3 种用法，下面将进行详细讲解。

1. 通过类名触发异常

raise 语句可以通过指定异常的类名来触发异常。这种方法只需指明异常的类名，便可创建异常类的实例对象并触发异常。其语法格式如下：

```
raise 异常类名
```

例如，手动触发语法错误异常，可以使用以下代码：

```
raise SyntaxError
```

手动触发语法错误异常的运行结果如图 9-12 所示。

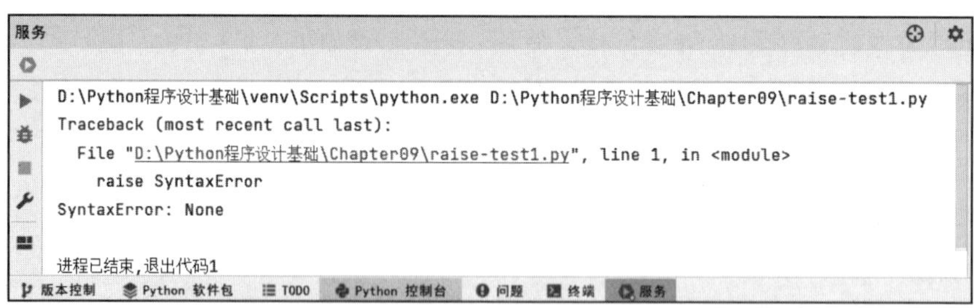

图 9-12　手动触发语法错误异常的运行结果

由图 9-12 可知，抛出了 SyntaxError 异常，并且定位了出现异常的位置，即第 1 行代码。

2. 通过异常类的实例对象触发异常

raise 语句还可以通过异常类的实例对象来触发异常。这种方法只需指明异常类的实例对象便可触发异常。其语法格式如下：

```
raise 异常类的实例对象
```

例如，手动触发除零导致的异常，可以使用以下语句：

```
raise ZeroDivisionError()
```

手动触发除零导致的异常的运行结果如图 9-13 所示。

由图 9-13 可知，抛出了 ZeroDivisionError 异常，并且定位了出现异常的位置，即第 2 行代码。

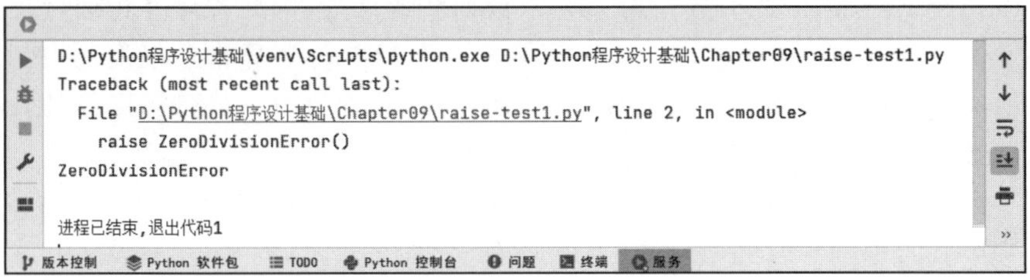

```
D:\Python程序设计基础\venv\Scripts\python.exe D:\Python程序设计基础\Chapter09\raise-test1.py
Traceback (most recent call last):
  File "D:\Python程序设计基础\Chapter09\raise-test1.py", line 2, in <module>
    raise ZeroDivisionError()
ZeroDivisionError

进程已结束,退出代码1
```

图 9-13 手动触发除零导致的异常的运行结果

此外,该方法还可以指定异常信息,示例代码如下:

```
raise ZeroDivisionError('除数为零!')
```

手动触发指定异常信息的运行结果如图 9-14 所示。

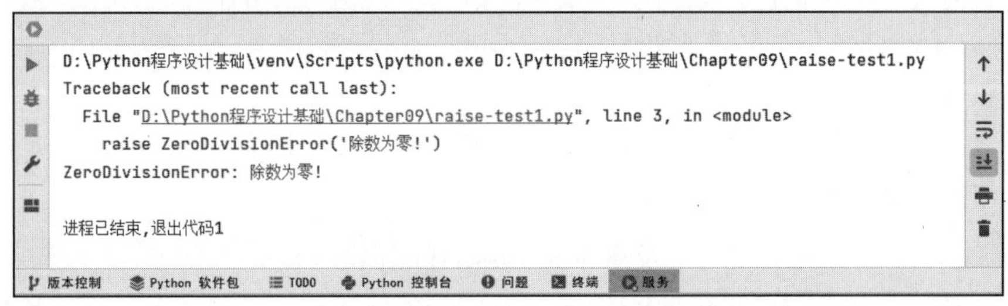

图 9-14 手动触发指定异常信息的运行结果

由图 9-14 可知,抛出了 ZeroDivisionError 异常,触发了指定的异常信息,返回的异常信息为"ZeroDivisionError: 除数为零!"。

3. 重新触发异常

raise 语句还可以重新触发异常,示例代码如下:

```
try:
    raise ZeroDivisionError
except:
    print('捕捉到异常!')
    raise                              #重新触发刚才发生的异常
```

raise 语句重新触发异常的运行结果如图 9-15 所示。

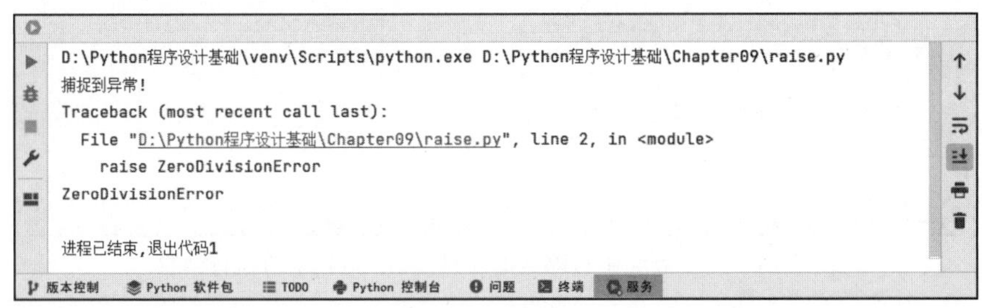

图 9-15 raise 语句重新触发异常的运行结果

由图 9-15 可知,程序执行了 except 语句块中的代码,其中的 raise 语句会重新触发

ZeroDivisionError 异常，但此时异常对象并未被捕获或处理，因此程序终止运行。

raise 语句用于中断程序的正常流程，并触发一个异常。当异常被触发时，Python 解释器将在调用堆栈中查找最近的异常处理程序，如果找到，则执行该处理程序；否则，程序将终止并打印异常的相关信息。

9.3.2 assert 语句

assert 语句又称断言，用于有条件地触发异常。assert 语句的主要功能是帮助程序员调试程序，以保证程序运行的正确性，因此它一般在开发调试阶段使用。其语法格式如下：

```
assert 表达式 [, 参数]
```

在该语法格式中，当表达式为真时，不触发异常；当表达式为假时，触发 AssertionError 异常。下面通过一个示例演示如何使用 assert 语句实现对程序的测试。例如，在执行除法运算时，可以手动设置一个条件来触发 AssertionError 异常，并在 AssertionError 后将参数部分作为异常信息的一部分输出。

在 Chapter09 文件夹中创建一个名为 assertion.py 的文件，使用 try…except 语句捕获并处理异常，具体代码如文件 9-6 所示。

文件 9-6　assertion.py

```
1  try:
2      a =float(input('请输入被除数:'))
3      b =float(input('请输入除数:'))
4      assert a >=b, '除数大于被除数'
5      result =a / b
6  except BaseException as e:
7      print(e.__class__.__name__, ':', e)
8  print('程序结束')
```

在上述代码中，第 4 行代码使用 assert 语句对程序进行测试，给定了参数部分为字符串“除数大于被除数”。

当除数大于被除数时，文件 assertion.py 的运行结果如图 9-16 所示。

图 9-16　当除数大于被除数时文件 assertion.py 的运行结果

由图 9-16 可知，当输入的被除数为 5、除数为 8 时，返回 AssertionError 异常。给定了 assert 语句的参数，在 AssertionError 后将参数部分作为异常信息的一部分输出。

当除数小于被除数时，文件 assertion.py 的运行结果如图 9-17 所示。

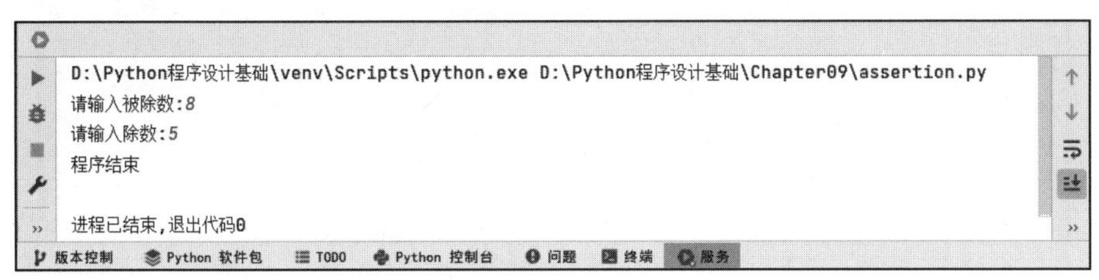

图 9-17　当除数小于被除数时文件 assertion.py 的运行结果

由图 9-17 可知，当输入的被除数为 8、除数为 5 时，不执行 except 语句。

9.4　自定义异常

Python 内置的异常类毕竟有限，用户有时还需要根据需求设置其他异常，例如学生成绩不能为负数、限定密码长度等。本节将针对 Python 自定义异常类的使用方法进行讲解。

在 Python 中，可以通过继承 Exception 类来创建自定义异常类。自定义异常类可以用于在特定情况下抛出和捕获异常。定义一个异常类的代码如下：

```
class MyCustomException(Exception):
    pass
```

上述代码定义了一个名为 MyCustomException 的自定义异常类，读者可以在需要的地方抛出这个异常，并且可以使用 try…except 语句来捕获它。异常类继承自 Exception 类，可以直接继承或间接继承。下面通过一个示例演示如何使用自定义异常类实现抛出与捕获异常。

在 Chapter09 文件夹中创建一个名为 exception.py 的文件，具体代码如文件 9-7 所示。

文件 9-7　exception.py

```
class MyCustomException(Exception):
    pass
def divide_numbers(a, b):
    if b ==0:
        raise MyCustomException("Division by zero is not allowed")
    return a / b
try:
    result =divide_numbers(10, 0)
    print(result)
except MyCustomException as e:
    print("An error occurred:", str(e))
```

在上述代码中，divide_numbers()函数用于计算两个数的商。如果除数 b 为 0，则会抛出 MyCustomException 异常，并显示错误消息。在 try…except 语句中，读者捕获这个异常并打印错误消息。

文件 exception.py 的运行结果如图 9-18 所示。

由图 9-18 可知，当除数为 10、被除数为 0 时，抛出 MyCustomException 异常并显示错

图 9-18　文件 exception.py 的运行结果

误消息，即通过自定义异常类实现了对异常的抛出和捕获。

自定义异常类可以包含自定义的属性和方法，以提供更多的信息和行为。例如，读者可以给 MyCustomException 类添加一个记录错误发生时间的属性，具体代码如文件 9-8 所示。

文件 9-8　dateError.py

```
import datetime
class MyCustomException(Exception):
    def __init__(self, message):
        self.message =message
        self.timestamp =datetime.datetime.now()
try:
    raise MyCustomException("An error occurred")
except MyCustomException as e:
    print("Error message:", e.message)
    print("Timestamp:", e.timestamp)
```

在上述代码中，MyCustomException()类的构造函数添加了一个 timestamp 属性，用于记录错误发生的时间。在捕获异常时，读者可以访问这个属性来获取更多的信息。

文件 dateError.py 的运行结果如图 9-19 所示。

图 9-19　文件 dateError.py 的运行结果

自定义异常类命名一般以 Error 或 Exception 为后缀。通过自定义异常类，读者可以更好地组织和处理程序中的异常，以便更好地理解和调试代码。

拓展阅读：回溯最后的异常

回溯是一个报告，其中包含在代码中某个特定点上执行的函数调用。回溯也被称作堆栈跟踪、堆栈回溯、向后追溯等。当触发异常时，Python 可以回溯异常并提示许多信息，这可能会给程序员定位异常位置带来不便。因此，在 Python 中，可以使用 sys 模块中的 exc_info() 函数来回溯最后一次异常信息，该函数返回一个元组(type，value/message，traceback)，每个元素的含义如下。

- type：异常的类型。
- value/message：异常的信息或参数。
- traceback：包含调用栈信息的对象。

使用 sys.exc_info()函数虽然可以获取最后触发异常的信息，但是难以直接确定触发异常的代码位置。

9.5 实验：正确设置密码

【实验目的】

1. 学会自定义异常类，在类中封装函数。
2. 学会在函数中使用无限循环结构并设置跳出循环的结构。
3. 学会使用 try…except…else 结构来捕获校验密码时可能出现的异常。
4. 学会使用 raise 语句触发异常。

【实验要求与内容】

1. 用户自定义异常类，创建异常类型 PasswordError()。
2. 定义 set_password()函数，使用无限循环结构，定义 input()函数，提示用户输入密码。
3. 使用 try…except…else 结构捕获异常，如果用户输入的密码长度小于 6 位，或者密码包含空格，则抛出异常。
4. 输入用户信息，调用 set_password()函数来设置密码。

【实验步骤】

1. 定义 PasswordError 异常类型

在 Chapter09 文件夹中创建一个名为 password.py 的文件，创建异常类型 PasswordError()，设置参数为 Exception，具体代码如文件 9-9 所示。

文件 9-9　password.py

```
class PasswordError(Exception):
    pass
```

在上述代码中，定义了一个 PasswordError()异常类型，用来表示密码设置失败时的错误情况，它继承自 Exception 类。

2. 定义密码函数

在文件 password.py 中，定义 set_password()函数，用于设置密码，具体代码如下：

```
def set_password(username):
    while True:
        password =input("请设置密码:")
```

```
        try:
            if len(password) <6:
                raise PasswordError("密码长度不能小于 6 位")
            if ' ' in password:
                raise PasswordError("密码不能包含空格")
        except PasswordError as e:
            print("密码设置失败:", e)
        else:
            print("密码设置成功!")
            break
    return password
```

在 set_password()函数中,通过 try…except…else 结构来捕获校验密码时可能出现的异常。如果有异常,就会提示密码设置失败,并让用户重新输入密码;如果没有异常,就会打印"密码设置成功!",并跳出循环。

3. 输入用户信息

在主程序中,定义全局变量,并调用 set_password()函数,具体代码如下:

```
username =input("请输入用户名:")
password =set_password(username)
print(f"欢迎 {username} 加入我们,您的密码是 {password}。")
```

在上述代码中,首先提示用户输入用户名,然后调用 set_password()函数来设置密码,并将得到的密码赋值给变量 password。最后,通过 print()函数来输出欢迎语和密码信息。

【实验结果】

文件 password.py 的运行结果如图 9-20 所示。

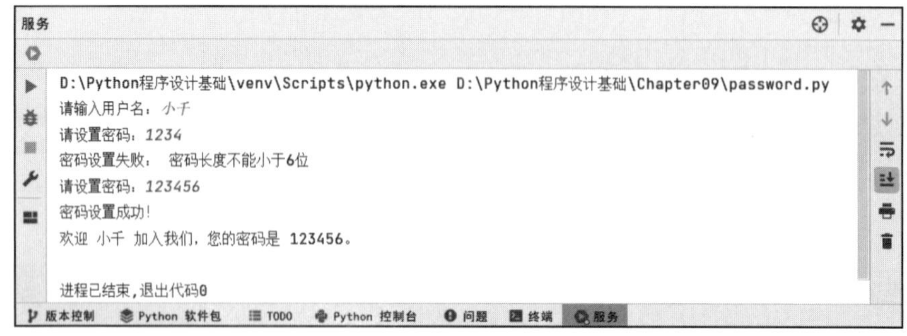

图 9-20　文件 password.py 的运行结果

由图 9-20 可知,用户输入的用户名为"小千",输入的密码为 1234 时,提示"密码设置失败:密码长度不能小于 6 位";输入的密码为 123456 时,提示"密码设置成功!"。最后一行输出欢迎信息"欢迎 小千 加入我们,您的密码是 123456。"。

【实验小结】

通过这个案例代码,我们了解到异常处理机制可以提高程序代码的健壮性,让程序更加稳定和可靠。读者还可以根据具体的业务需求来为不同的异常类型定制相应的处理逻辑,以提升程序的用户友好性。

9.6 数据科学入门：解决八皇后问题

八皇后问题是由国际象棋棋手于1848年提出的问题，是回溯算法的典型案例。本节主要讲解使用回溯法和递归法解决八皇后问题的方法。

9.6.1 问题描述

在8×8格的国际象棋棋盘上摆放8个皇后，使其不能互相攻击，即任意两个皇后都不能处于同一行、同一列或同一斜线上，问有多少种摆法。1854年，在柏林的象棋杂志上，不同的作者发表了40种不同的解法，后来有人用图论的方法找到了92种解法。如果将经过±90°、±180°旋转以及对角线对称变换的摆法看成一类，则共有42种不同的解决方案。计算机发明后，多种计算机语言被用来编程解决此问题。递归法和回溯法的思想如图9-21所示。

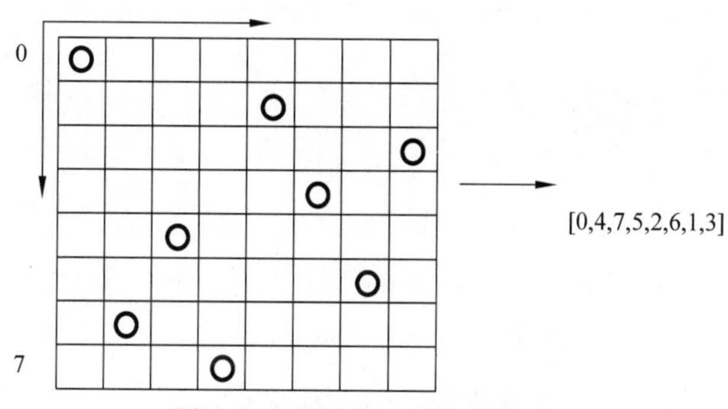

图9-21 递归法和回溯法的思想

如图9-21所示，圆圈代表皇后所放的位置。这里如果将棋盘转换为二维矩阵进行遍历，可能会比较麻烦。考虑到棋盘的每一行不能同时存在一个以上的皇后，所以将棋盘转换为一个具有8个元素的列表，而皇后的位置(i,j)对应列表中的(元素的索引值，元素的值)，放置皇后的操作变成了在列表中的每个位置的填值操作，一个很明显的条件是列表中不能有相同的值。图中的[0，4，7，5，2，6，1，3]表示皇后的位置。

9.6.2 回溯法

回溯法也称为探索与回溯法或试探法，是一种选优搜索法，按选优条件向前搜索，以达到目标状态。如果在探索到某一步时，发现原先的选择并不优或达不到目标，就退回一步重新选择。这种在遇到当前路径不可行时回退并尝试其他路径的技术称为回溯法，而满足回溯条件的某个状态点称为"回溯点"。利用回溯法解决的问题通常可以抽象为树形结构，如图9-22所示。

回溯法通常用于在集合中递归查找子集，集合的元素数量定义了树的宽度，而递归的深度则定义了树的深度。回溯法模板框架如下：

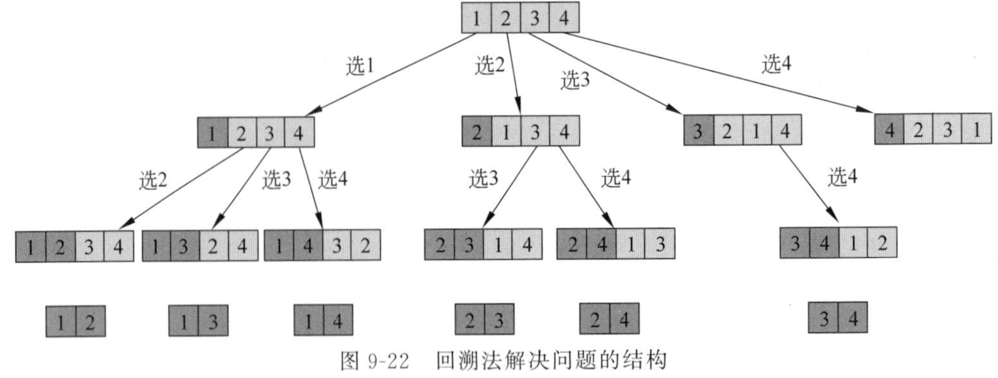

图 9-22　回溯法解决问题的结构

```
void backtracking(参数) {
    if (终止条件) {
        存放结果;
        return;
    }
    for (选择:本层集合中元素(树中节点孩子的数量就是集合的大小)) {
        处理节点;
        backtracking(路径,选择列表);   // 递归
        回溯,撤销处理结果
    }
}
```

回溯法中的函数返回值一般为 none。在 Chapter09 文件夹中创建一个名为 backtracking.py 的文件,具体代码如文件 9-10 所示。

文件 9-10　backtracking.py

```
import itertools
import numpy as np
N =8
cnt_comb =0
cnt_ans =0
for seq in itertools.permutations([i for i in range(N)]):
    cnt_comb +=1
    mat =np.zeros((N,N),dtype=int)                  #生成 N * N 的零矩阵
    for i in range(N):                               #生成摆法:一行一行地放皇后
        mat[i][seq[i]] =1
    for i in range(N):                               #根据斜线之和筛选摆法
        if sum([mat[i+j][j] for j in range(N-i)]) >1:       #左下斜线之和
            break
        if sum([mat[j][i+j] for j in range(N-i)]) >1:       #右上斜线之和
            break
        if sum([mat[j][N-1-i-j] for j in range(N-i)]) >1:   #左上斜线之和
            break
        if sum([mat[N-1-j][i+j] for j in range(N-i)]) >1:   #右下斜线之和
            break
    else:
```

```
21          cnt_ans +=1
22          print('第{}个解,此序列为:{},对应的棋盘如下所示:'.format(cnt_ans,[i+1 for i in seq]))
23          print(mat)
24  print('{}皇后问题共有{}!即{}种组合,其中有{}个解。'.format(N,N,cnt_comb,cnt_ans))
```

在上述代码中,第 6～23 行代码实现了对 N 皇后问题所有可能放置方式的遍历。

文件 backtracking.py 部分运行结果如图 9-23 所示。

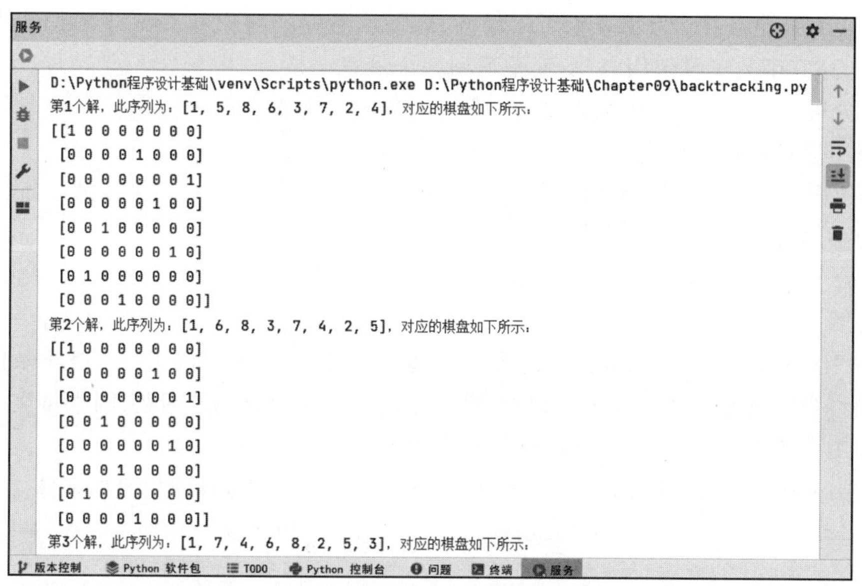

图 9-23　文件 backtracking.py 部分运行结果

拖动图 9-23 右侧的滑动条至页面底部,如图 9-24 所示。

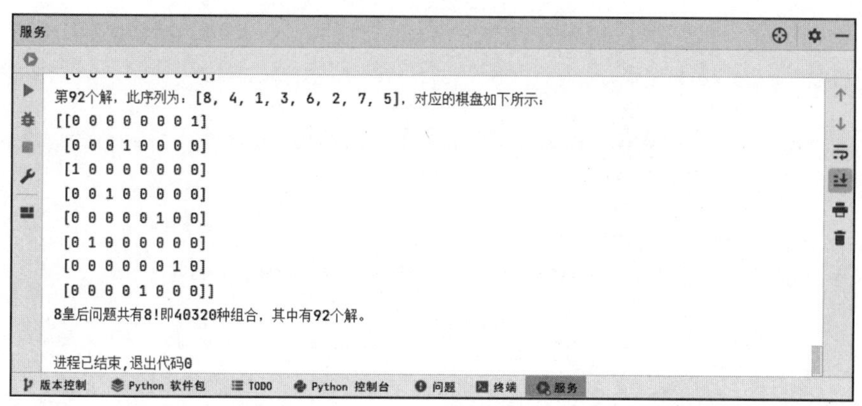

图 9-24　拖动图 9-23 右侧的滑动条至页面底部

由图 9-24 可知,通过回溯法解决八皇后问题共有 8!(即 40320)种组合,其中有 92 个解。

9.6.3 递归法

Python 递归是一种在函数内部调用自身的算法设计方法。通过递归可以将一个大问题拆解为更小的子问题,并重复解决子问题,最终得到原始问题的解决方案。以下是Python 中使用递归的一般步骤。

(1) 定义递归函数:首先需要定义一个递归函数,该函数在内部调用自身来解决更小的子问题,并返回解决方案。

(2) 定义终止条件:为了避免无限循环,递归函数必须定义一个终止条件。当达到终止条件时,递归函数不再调用自身,而是返回一个最终结果。

(3) 分解问题:在递归函数内部,将原始问题分解为更小的子问题。每个子问题都可以通过调用递归函数来解决。

(4) 递归调用:在递归函数内部,通过调用自身来解决子问题。这样可以将大问题逐步分解为小问题,直到达到终止条件。

(5) 合并结果:递归函数在返回结果时,需要将所有子问题的结果进行合并,以得到原始问题的解决方案。

需要注意的是,递归算法要避免出现无限递归的情况,即递归调用没有终止条件或终止条件设置不当导致递归无法停止。此外,递归方法可能会导致性能问题,因为每次递归调用都会增加函数调用的开销,并消耗额外的栈空间。

在 Chapter09 文件夹中创建一个名为 recursion.py 的文件,具体代码如文件 9-11 所示。

文件 9-11 recursion.py

```
import numpy as np
def check(mat,row,column):
    #检查这一列的每个点
    for k in range(N):
        if mat[k][column] ==1:
            return False
    #检查形似“\”的斜线的每个点
    for i,j in zip(range(row-1,-1,-1),range(column-1,-1,-1)):
        if mat[i][j] ==1:
            return False
    #检查形似“/”的斜线的每个点
    for i,j in zip(range(row-1,-1,-1),range(column+1,N)):
        if mat[i][j] ==1:
            return False
    return True
def findQueen(mat,row):
    if row >N-1:
        global cnt
        cnt +=1
        print('第{}个解,对应的棋盘如下所示:'.format(cnt))
        print(mat)
        return
    #一行一行地放皇后
```

```
    for column in range(N):
        if check(mat,row,column):
            mat[row][column] =1
            findQueen(mat,row+1)
            mat[row][column] =0
N =8
cnt =0
mat =np.zeros((N,N),dtype=int)
findQueen(mat,0)
print('{}皇后问题共有{}个解。'.format(N,cnt))
```

在上述代码中，定义了递归函数 check()，并在 findQueen()函数中进行了行和列的棋盘设置。

文件 recursion.py 的部分运行结果如图 9-25 所示。

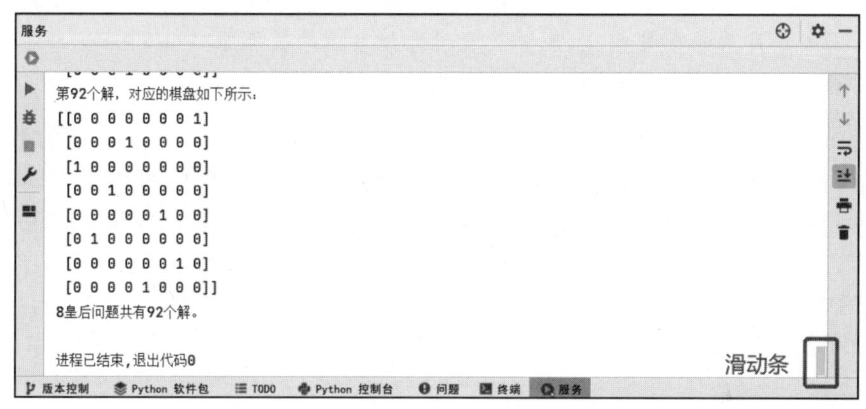

图 9-25 文件 recursion.py 的部分运行结果

拖动运行结果窗口右侧的滑动条至页面底部，可以看到使用递归法解决八皇后问题共有 92 个解。

总之，无论是使用回溯法还是递归法，八皇后问题共有 92 个解。递归法在许多算法和问题中都有应用，如数学中的斐波那契数列、图像处理中的像素填充以及数据结构中树的遍历等。编写递归函数时，需要仔细设计递归的逻辑和终止条件，确保算法的正确性和效率。

9.7 本章小结

本章主要介绍了程序中的异常处理机制，包括异常类的使用、捕获与处理异常、触发异常以及如何自定义异常。此外，本章还探讨了使用回溯法和递归法解决八皇后问题。通过本章的学习，希望读者能够理解异常处理的重要性并学会捕获与处理异常，学会利用异常类来增强程序的健壮性，使程序能够正常执行。

第 10 章　文　件

观看视频

在线答题

学习目标

- 了解 Python 文件的获取方法，能够说出文件的来源类型及特点
- 掌握文件的常见操作，能够灵活使用文件并编辑文件内容
- 掌握 CSV 文件的读写方法，能够在 CSV 文件与 JSON 文件之间相互切换
- 掌握文件目录的常见操作，能够实现对文件目录的灵活操作
- 了解 pickle 库对于数据安全的应用，能够说出 pickle 库的应用场景

在 Python 程序中，如果想要长期保存文本、图像、音频、视频等各种类型的数据信息，可以通过文件来实现。文件是 Python 程序中存储数据的一种形式，可以用于读取和写入数据，同时也可以进行各种数据的处理和分析。为了能够持久保存 Python 程序中的不同数据，读者需要掌握 Python 程序中不同文件的概述与操作。本章将围绕认识文件、文件常见操作、CSV 文件操作、文件目录操作、统计图书信息的案例以及数据学科入门：关注数据安全 pickle 模块进行讲解。

10.1　文件概述

在编程中，文件通常被用来存储和读取程序的输入和输出数据，而获取文件的方法取决于文件的来源和使用场景。本节将针对文件的概念、类型以及获取文件的方法进行讲解。

10.1.1　认识文件

在 Python 程序中，文件通常被认为是一系列数据的集合，用于存储不同类型的数据，包括文本、图像、音频、视频等各种数据信息。每个文件都有一个名称、后缀名和存储路径。名称是一个文件的名字，后缀名是计算机系统标志文件类型的一种机制，存储路径则是文件在计算机中位置的描述。例如，存储商品销售信息的 Excel 电子表格文件 sale_data.xls，如图 10-1 所示。

图 10-1　Excel 电子表格文件 sale_data.xls

由图 10-1 可知，文件的扩展名是.xls，这是一个 Excel 文档。

根据文件中数据的组织形式，可以将文件分为文本文件和二进制文件。其中，文本文件存储的是普通“字符”的文本，Python 程序中的文本文件默认是 Unicode 字符集，可以用记事本打开进行编辑和阅读。二进制文件是把数据以字节的形式进行存储,该文件必须使用专门的软件解码查看,无法使用记事本查看,即便使用记事本打开,文件中的内容也是乱码的,常见的二进制文件包括图像文件、视频文件、音频文件等。

10.1.2 获取文件的方式

一般情况下,获取文件的方式有多种,这些获取方式主要取决于文件的来源和类型。常见的获取文件的方式包括下载文件、读取本地文件、获取 API 数据、解压缩文件和使用爬虫等。下面对这些常见的获取文件的方式进行介绍。

1. 下载文件

通过网络获取文件是一种常见方式。例如,在 Python 程序的开发工具 PyCharm 中下载 requests 和 urllib 库文件,也可以通过指定地址下载这些文件到计算机中。

2. 读取本地文件

如果要获取本地计算机上的文件,可以在 Python 中使用内置的 open()函数打开文件,并通过指定文件的路径和名称访问该文件,可以使用 read()函数读取指定文件的内容。

3. 获取 API 数据

有些文件会以 API 的形式提供,可以使用 Python 的 requests 库来获取这些 API 数据。API 通常提供了一组 API 端点(URL),用户可以通过发送 HTTP 请求来获取数据。

4. 解压缩文件

对于压缩文件,如 ZIP 文件,可以使用 Python 的 zipfile 库来解压缩,这个库提供了解压缩和创建压缩文件的功能。

5. 使用爬虫

如果要从网页中获取文件,可以使用 Python 的库,如 BeautifulSoup 或 Scrapy 来解析 HTML 内容并提取文件的 URL。然后,可以使用 requests 库来下载这些文件。

这些方法只是获取文件的几种途径,具体选择哪种方法取决于读者的需求和使用场景。需要提醒的是,获取文件时要遵守法律规定和相关许可证的要求,确保有权获取和使用文件。

10.2 文件的常见操作

和其他编程语言一样,Python 也具有操作文件的能力,例如打开和关闭文件、读取和写入文件,以及在文件中追加、插入及删除数据等。本节将从文件的打开、关闭、读取、写入与定位文件位置等方面进行讲解。

10.2.1 打开和关闭文件

打开和关闭文件是文件的基本操作之一。在 Python 中,可以使用 open()函数来打开文件,并使用文件对象的 close()方法来关闭文件。此外,Python 提供了一种更加便捷和安全的方式来处理文件的打开和关闭,即使用 with 语句。接下来将对文件的打开和关闭进行详细介绍。

1. 打开文件

在 Python 程序中，可以调用 open()函数打开一个文件，open()函数的语法格式如下：

```
open(file[,mode ="r"[,… ]])
```

上述语法格式中，open()函数有两个参数，第 1 个参数 file 表示要被打开的文件名称，第 2 个参数 mode = "r"[,…]表示文件的打开模式，默认 mode 的值为 r，即只读模式。

下面以打开不同文件夹中的文件为例，演示如何在程序中使用 open()函数，示例代码如下：

```
f1 =open('test.txt')                    #打开当前目录下的 test.txt 文件
f2 =open('../test.txt')                 #打开上一级目录下的 test.txt 文件
f3 =open('D:/1000phone/test.txt')   #打开 D:/1000phone 目录下的 test.txt 文件
```

上述示例中，open()函数中只传递了 1 个参数，指定了要被打开的文件的存储路径和文件名称，文件的打开模式没有设置，程序默认会使用只读模式打开文件，此时必须保证文件是存在的，否则会报文件不存在的错误。使用 open()函数打开文件的模式如表 10-1 所示。

表 10-1　使用 open()函数打开文件的模式

文件打开模式	说　明
r	只读模式。若文件不存在，则返回 FileNotFoundError 异常
w	覆盖写模式。若文件不存在，则创建新文件；若文件存在，则完全覆盖原有内容
x	创建写模式。若文件不存在，则创建新文件；若文件存在，则返回 FileExistsError 异常
a	追加写模式。若文件不存在，则创建新文件；若文件存在，则在文件最后追加内容
rt、wt、xt、at	文本模式。默认值
rb、wb、xb、ab	二进制文件的读写模式
+，如 r+、rb+等	与 r/w/x/a/rb/wb/xb/ab 一起使用，在原功能基础上增加读写功能

2. with 关键字

还可以使用 with 关键字打开文件，具体代码如下：

```
with open('test.txt', 'r+') as f:
    #通过文件对象 f 进行读写操作
```

open()函数以只读形式打开文件 test.txt，并将其赋值给文件对象 f，然后可以对文件对象 f 进行操作。使用 with 关键字打开文件后，不需要在访问文件后再将其关闭，Python 会在合适时自动将文件关闭。

with 关键字还可以打开多个文件，具体代码如下：

```
with open("test01.txt","r") as f1,open("test02.txt","a") as f2:
    #通过文件对象 f1、f2 分别操作 test01.txt 和 test02.txt 文件
```

从以上示例可以看出，使用 with 关键字可以简化文件的打开和关闭过程，同时使得文件的操作过程更为安全可靠。

3. 关闭文件

当对文件中的内容操作完成之后，需要使用文件对象的 close()方法来关闭文件，这样可以及时释放 Python 程序中不使用的资源。关闭文件的语法格式如下：

```
文件对象名 .close()
```

假设在 Python 程序中首先调用 open()函数以只读的形式打开 test.txt 文件，然后调用 close()函数关闭文件，具体代码如下：

```
f =open("test.txt","r")                #以只读形式打开 test.txt
f.close()                              #关闭文件
```

上述代码中，通过 open()函数以只读模式打开文件 test.txt，返回一个文件对象并赋值给变量 f，通过文件对象调用 close()方法关闭文件。

需要注意的是，单独调用 close()方法不一定能保证文件正常关闭，如果程序出现异常，导致 close()方法没有执行，文件将不会关闭。如果过早地调用 close()方法，可能会导致使用文件时遇到文件已经关闭的错误，从而引发更多异常。with 关键字可以有效地避免这个问题，在操作文件时推荐使用这种方式。

10.2.2 读取文件

要从文件中获取数据，可以使用 Python 中的文件读取操作。下面介绍一些常见的文件获取方法。

1. 读取整个文件

可以使用文件对象的 read()方法来读取整个文件的内容，并将其存储为一个字符串。下面通过一个示例演示读取整个文件的操作方法。

在创建好的“Python 程序设计基础”项目中创建 Chapter10 文件夹，并在 Chapter10 文件夹中创建一个 test.txt 文件，如图 10-2 所示。

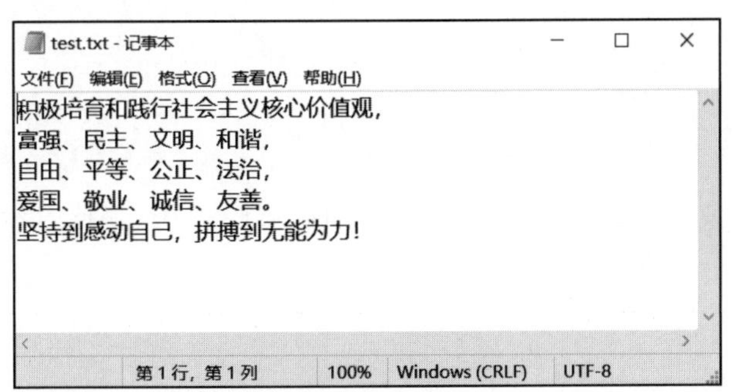

图 10-2 文件 test.txt

接下来，在 Chapter10 文件夹中创建一个名为 readall.py 的文件，具体代码如文件 10-1 所示。

文件 10-1　readall.py

```
1 with open("test.txt","r",encoding="utf-8-sig") as f:
2     text =f.read()
3     print(text)
```

在上述代码中，第 1 行代码调用 open()函数打开 test.txt 文件，在 open()函数中增加了参数 encoding="utf-8-sig"。这是由于 test.txt 文件中存储的内容是中文的，编码是 UTF-8，而 Windows 操作系统的默认编码是 GBK，故需要在 open()函数中指定字符编码 utf-8-sig，否则程序会出现 UnicodeEncodeError 异常。

文件 readall.py 的运行结果如图 10-3 所示。

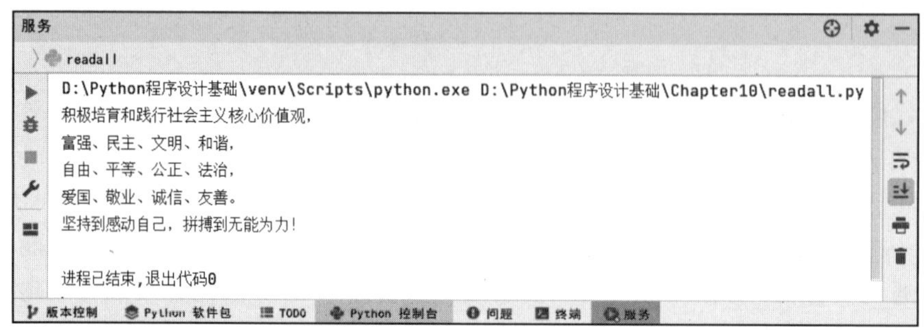

图 10-3　文件 readall.py 的运行结果

由图 10-3 可知，读取了整个 test.txt 文件的内容。在 read()函数中添加数字 N，表示读取文件的前 N 个字符，例如 f.read(23)表示读取文件的前 23 个字符。

2. 读取所有行

使用文件对象的 readlines()方法可以一次性读取整个文件的所有行，并将它们存储为一个列表。下面通过一个示例演示读取文件所有行的 readlines()方法。

在 Chapter10 文件夹中创建一个名为 ReadLines.py 的文件，具体代码如文件 10-2 所示。

文件 10-2　ReadLines.py

```
with open("test.txt","r",encoding="utf-8-sig") as f:
    text =f.readlines()
    print(text)
```

在上述代码中，使用 readlines()方法读取文件 test.txt 中，每行内容并存入列表中。

文件 ReadLines.py 的运行结果如图 10-4 所示。

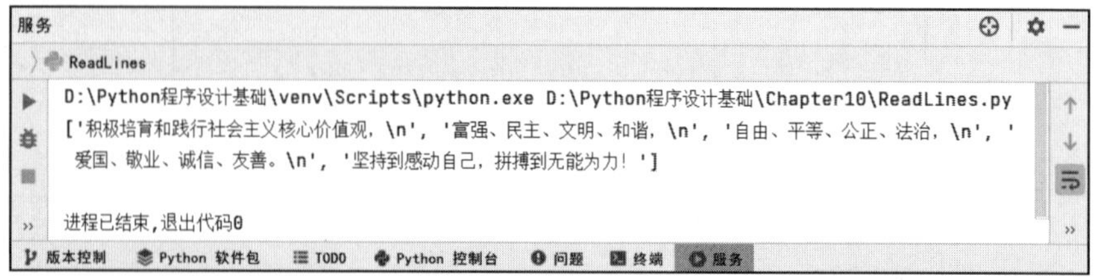

图 10-4　文件 ReadLines.py 的运行结果

由图 10-4 可知，读取的文件内容为 1 行。

readlines()方法会一次性读取文件中的所有行，如果文件非常大，此方法就会占用大量的内存空间，读取的时间也比较长。因此，对大文件操作时不建议使用此方法。

3. 逐行读取文件

使用文件对象的 readline()方法可以每次读取文件的一行内容，并以字符串形式返回。我们可以使用循环结构来逐行读取整个文件。下面通过一个示例演示逐行读取文件的方法。

在 Chapter10 文件夹中创建一个名为 ReadLine.py 的文件，具体代码如文件 10-3 所示。

文件 10-3　ReadLine.py

```
1  with open("test.txt","r",encoding="utf-8-sig") as f:
2      while True:
3          text =f.readline()          #读取一行内容
4          if not text:                #若没读取到内容,则退出循环
5              break
6          print(text)                 #若读取到内容,则打印内容
```

在上述代码中，通过 while 循环，可以每次从文件中读取一行内容，当读取不到内容时，退出循环。

文件 ReadLine.py 的运行结果如图 10-5 所示。

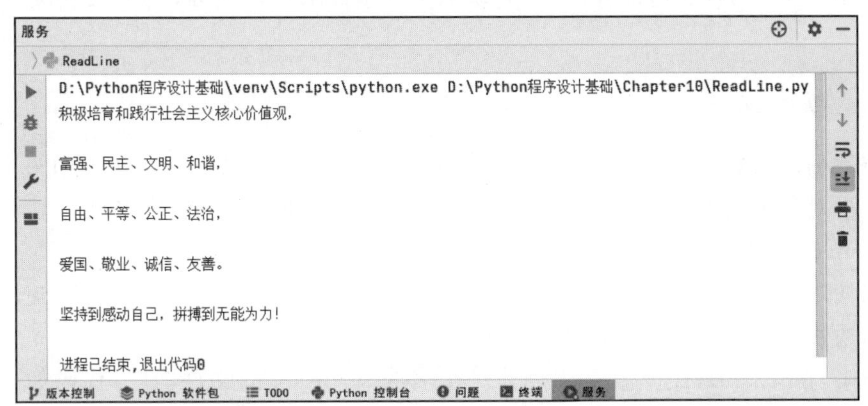

图 10-5　文件 ReadLine.py 的运行结果

由图 10-5 可知，出现了很多空白行，这是由于在 test.txt 文件中，每行的末尾都有个隐藏的换行符，print()函数默认自动换行，这样每行末尾就会有两个换行符。可以修改第 6 行的 print()函数，使用 rstrip()函数移除字符串末尾的空白字符，具体代码如下：

```
print(text.rstrip())
```

还可以在 print()函数中添加参数"end = ''"，文本间的换行符用空格间隔，具体代码如下：

```
print(text, end ='')
```

4. 迭代文件对象

文件对象也可以像列表一样进行迭代，它会依次返回文件的每一行内容。下面通过一

个示例演示读取整个文件的操作方法。

在 Chapter10 文件夹中创建一个名为 iteration.py 的文件，具体代码如文件 10-4 所示。

文件 10-4　iteration.py

```
with open("test.txt","r",encoding="utf-8-sig") as f:
    for line in f:
        print(line.rstrip())
```

文件 iteration.py 的运行结果如图 10-6 所示。

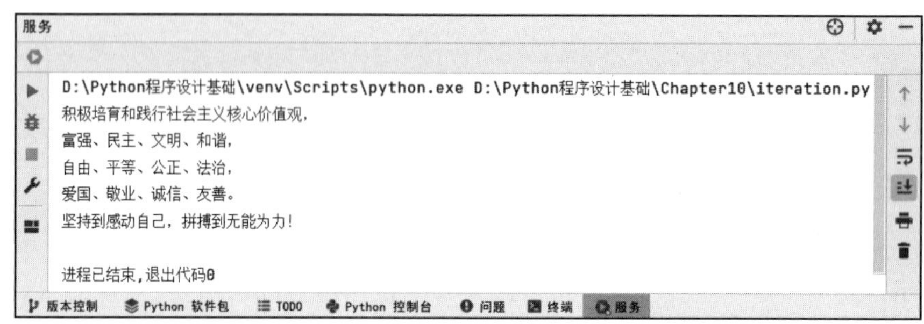

图 10-6　文件 iteration.py 的运行结果

由图 10-6 可知，程序通过 for 循环每次从文件中读取一行内容，当读取不到内容时，循环结束。

10.2.3　写入文件

要将数据存储到文件中，可以使用 Python 中的文件写入操作。在文件中写入内容也是通过文件对象来完成的，可以使用 write()方法或 writelines()方法来实现。

1. write()方法

可以使用文件对象的 write()方法将数据写入文件，可以写入整个文件或追加写入文件。下面通过一个示例演示逐行写入文件的方法。

接下来，在 Chapter10 文件夹中创建一个名为 write.py 的文件，具体代码如文件 10-5 所示。

文件 10-5　write.py

```
with open("test01.txt","w") as f:
    f.write("1.我以我心爱祖国,我以我行报祖国。\n")
    f.write("2.这么近,那么美,周末到河北!\n")
```

程序通过 write()方法向 test01.txt 文件中写入内容，可以写入多行内容，其中“\n”用于换行。程序运行结束后，在程序文件所在的目录下生成了 test01.txt 文件，如图 10-7 所示。

由图 10-7 可知，在 test01.txt 文件中写入了两行内容。

需要注意的是，若 test01.txt 文件在打开之前已经存在，执行本例中以写模式打开的 open()函数时，会先清空文件内容，再写入 write()方法中的内容。

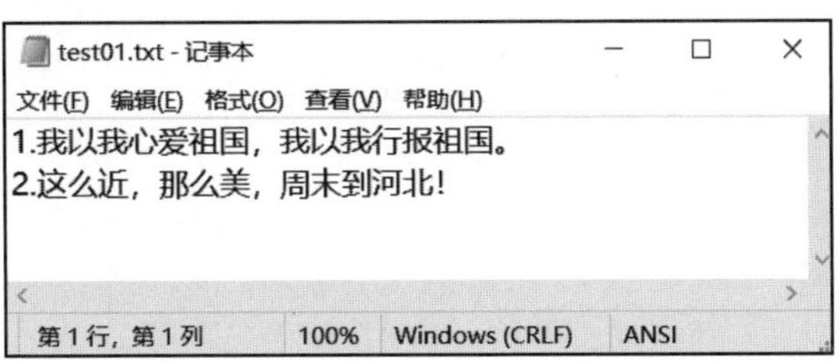

图 10-7　文件 test01.txt 的内容

还可以使用文件对象的 write()方法，并将打开文件的模式设置为追加模式 a，每次写入的数据都会添加到文件的末尾。下面通过一个示例演示追加模式写入文件的方法。

在 Chapter10 文件夹中创建一个名为 writeAdd.py 的文件，具体代码如文件 10-6 所示。

文件 10-6　writeAdd.py

```
with open("test01.txt","a") as f:
    f.write("Nothing in the world can take the place of persistence!(坚持是这世上独一无二的品格!)")
```

程序运行结束后，在程序文件所在的目录可以看到生成的 test01.txt 文件，如图 10-8 所示。

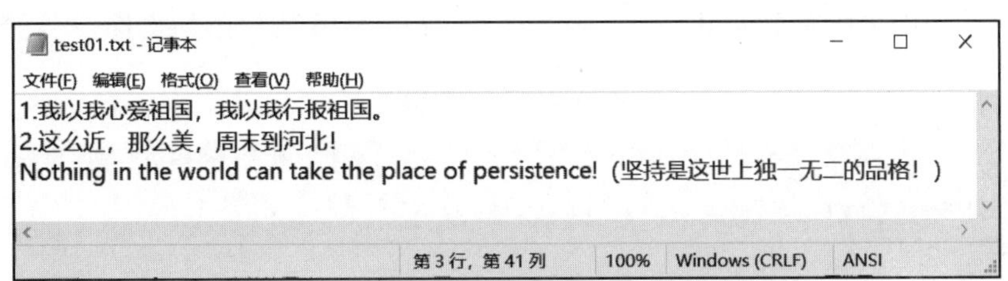

图 10-8　追加写入文件后 test01.txt 的内容

由图 10-8 可知，与源文件相比，生成的 test01.tx 文件在文件末尾添加了一行字符串内容。

2. writelines()方法

writelines()方法可以向文件中写入以字符串为元素的列表。下面通过一个示例演示逐行写入文件的方法。

在 Chapter10 文件夹中创建一个名为 writelines.py 的文件，具体代码如文件 10-7 所示。

文件 10-7　writelines.py

```
list01 = ["爱国","敬业","诚信","友善"]
with open("test02.txt","w",encoding="utf-8-sig") as f:
    f.writelines(list01)
```

程序运行结束后，在程序文件所在的目录下可以看到生成了 test02.txt 文件，如图 10-9 所示。

由图 10-9 可知，列表中的各个字符串元素都写入 test02.txt 文件了，元素之间没有间隔。

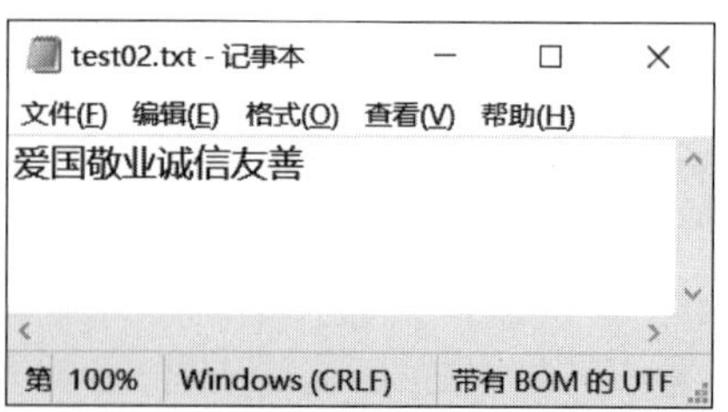

图 10-9　文件 test02.txt 的内容

10.2.4　定位文件位置

1. tell()方法

文件指针是一个用于标识文件中当前读写位置的变量，通过文件指针就可以对它所指的文件进行各种操作。

tell()方法可以获取文件指针的位置，其语法格式如下：

```
文件对象.tell()
```

tell()方法返回一个整数，表示文件指针的位置。下面通过一个示例演示 tell()方法获取文件指针位置的方法。

在 Chapter10 文件夹中创建一个名为 tell.py 的文件，具体代码如文件 10-8 所示。

文件 10-8　tell.py

```
1  with open("test03.txt","w") as f:
2      print("文件指针初始位置: ",f.tell())
3      f.write("Nothing-in-the-world-can-take-the-place-of-persistence!")
4      print("写入内容后文件指针位置: ",f.tell())
```

在上述代码中，第 2 行代码获取的是文件指针的初始位置，表示处于文件头部；第 3 行代码表示向文件中写入内容；第 4 行代码再次获取文件指针的位置，表示写入内容后文件指针的位置。

文件 tell.py 的运行结果如图 10-10 所示。

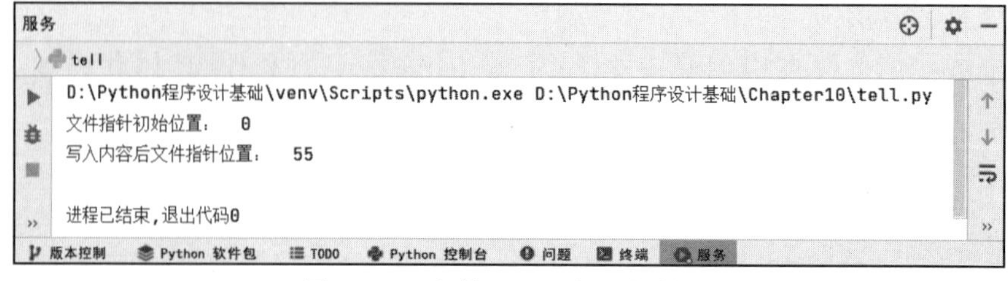

图 10-10　文件 tell.py 的运行结果

由图 10-10 可知，tell()方法返回的是整数，文件指针的初始位置为 0；写入内容后，文件指针的位置为 55。

程序运行结束后，在程序文件所在的目录下可以看到生成了新的 test03.txt 文件，如

图 10-11 所示。

图 10-11　文件 test03.txt 的运行结果

2. seek()方法

seek()方法可以移动文件指针的位置，其语法格式如下：

```
文件对象 .seek((offset[, whence =0]))
```

其中，参数 offset 表示移动的偏移量，单位是字节，其值为正数时，文件指针向文件末尾方向移动，其值为负数时，文件指针向文件头部方向移动；参数 whence 用于指定当前文件指针的位置，0 表示文件头部，1 表示当前位置，2 表示文件末尾，其默认值为 0。

下面通过一个示例演示 seek()方法获取文件指针位置的方法。

在 Chapter10 文件夹中创建一个名为 seek.py 的文件，具体代码如文件 10-9 所示。

文件 10-9　seek.py

```
1  with open("test04.txt","w+") as f:
2      print(f.tell())                 #文件指针处于文件头
3      f.write('qfedu/com')
4      print(f.tell())                 #文件指针处于文件尾
5      f.seek(5, 0)                    #文件指针处于位置 5
6      print(f.tell())
7      f.write('.')
8      print(f.tell())
```

在上述代码中，第 2 行代码文件指针处于文件初始位置；第 3 行代码用于向文件中写入内容；第 4 行代码文件指针处于文件末尾位置。程序运行结束后，在程序文件所在的目录下可以看到生成了新的 test04.txt 文件。

文件 seek.py 的运行结果如图 10-12 所示。

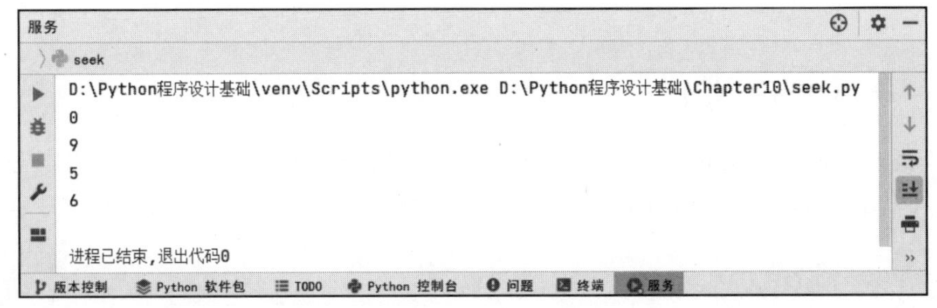

图 10-12　文件 seek.py 的运行结果

打开 test04.txt 文件，内容如图 10-13 所示。

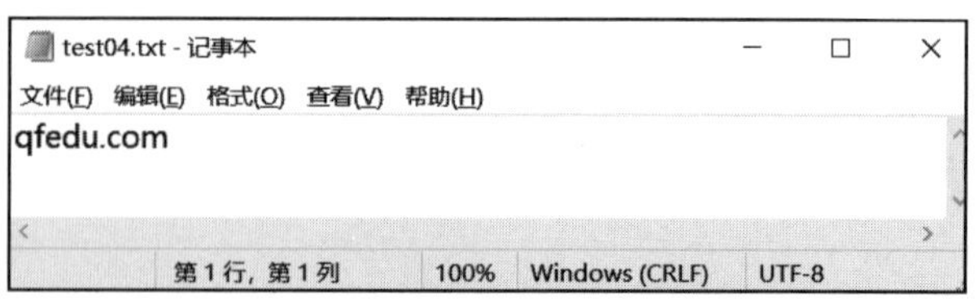

图 10-13　文件 test04.txt 的内容

由文件 test04.txt 可知，程序通过移动文件指针将“/”替换为“.”。

10.3　CSV 文件操作

CSV(Comma-Separated Values，逗号分隔值)是一种通用的、相对简单的文件格式，在用户数据交换、商业数据处理和科学研究等多个领域得到应用。本节将从文件的打开、关闭、读取、写入与编辑等方面进行讲解。

10.3.1　CSV 文件概述

CSV 格式的文件以纯文本形式存储表格数据，包括数字和文本，常用于转移表格数据。例如，将学生的基本信息使用 CSV 文件进行存储，文件名为 student.csv，代码如下：

```
姓名,学号,年龄,年级
小千,202301,19,大二
小锋,202302,20,大三
小狮,202303,19,大二
```

CSV 格式有以下规则：

(1) 纯文本格式，字符需要采用单一编码。

(2) 开头不留空白行，以行为单位，一条数据不跨行，行之间没有空白行。

(3) 包含或不包含列名均可，包含列名时，列名需要放在文件第一行。

(4) 每行表示一个一维数据，多行表示二维数据。

(5) 每列数据之间以英文半角逗号分隔，列数据为空时也要保留逗号。

CSV 格式的文件扩展名一般是.csv，可以通过 Windows 操作系统中的记事本或微软的 Excel 打开，也可以通过其他文本编辑工具打开。使用 Excel 打开 student.csv，如图 10-14 所示。

10.3.2　读写 CSV 文件

CSV 格式文件的读写可以采用 10.2 节介绍的通用文件操作方式，也可以通过 Python 提供的 csv 模块实现 CSV 文件的读写。导入 csv 模块的语法格式如下：

```
import csv
```

1. 写入 CSV 文件

可以通过 csv 模块的 writer 对象向 CSV 文件中写入序列，也可以通过 csv 模块中的

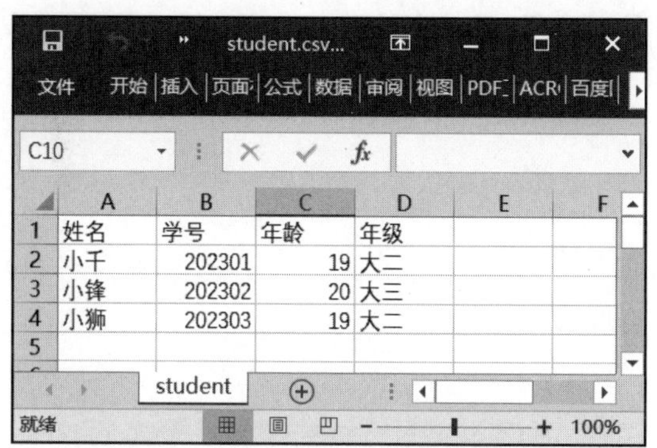

	A	B	C	D
1	姓名	学号	年龄	年级
2	小千	202301	19	大二
3	小锋	202302	20	大三
4	小狮	202303	19	大二

图 10-14　使用 Excel 打开 student.csv

DictWriter 类以字典的形式写入数据。

1）以序列形式写入 CSV 文件

以序列形式写入 CSV 文件，需要先用 csv 模块中的 writer()方法将文件对象转换为 writer 对象。writer()方法的语法格式如下：

```
csv.writer(csvfile)
```

其中，csvfile 是打开的 CSV 文件。writerow()方法和 writerows()方法可以将序列内容写入 CSV 文件。csvwriter.writerow(row)是单行写入，将序列的所有元素写入 CSV 文件的一行；csvwriter.writerows(rows)是多行写入，将序列中的每个元素逐行写到 CSV 文件中。下面通过一个示例演示使用 writerow()方法与 writerows()方法将列表写入 CSV 文件。

在 Chapter10 文件夹中创建一个名为 writerow.py 的文件，将列表写入 CSV 文件，具体代码如文件 10-10 所示。

文件 10-10　writerow.py

```
import csv
list01 = [["名称","数量"],["苹果","18"],["西瓜","10"]]
with open("fruit.csv","w",encoding="utf-8-sig") as f:
    writer = csv.writer(f)
    writer.writerow(list01)
    writer.writerows(list01)
```

在上述代码中，使用 writer()方法将文件对象转换为 writer 对象，使用 writer 对象的 writerow()方法将列表写入 fruit.csv 文件，列表中的所有元素被写入一行，元素之间以逗号分隔；使用 writerows()方法将列表中的元素逐行写入 fruit.csv 文件，每个元素都占用了一行。

程序运行结束后，同级目录下将出现 fruit.csv 文件。使用记事本打开 fruit.csv 文件，内容如图 10-15 所示。

由图 10-15 可知，使用 writerows()方法将字符串逐行写入 fruit.csv 文件时，每一行数据下都有一个空白行，Windows 操作系统会将\n 转换为系统默认的换行符\r\n。为了解决这个问题，可以在 open()函数中将参数 newlines 设置为空格或\n。

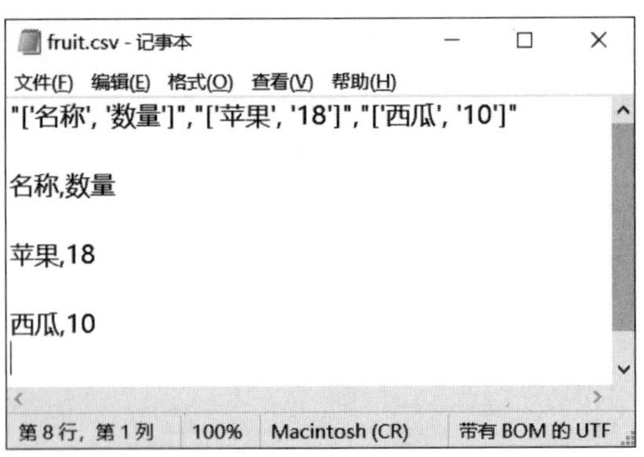

图 10-15 fruit.csv 文件的内容

2）以字典形式写入 CSV 文件

以字典形式写入 CSV 文件需要用到 csv 模块中的 DictWriter 类，创建 DictWriter 类对象的语法格式如下：

```
csv.DictWriter(f,fieldnames)
```

其中，f 指的是文件对象，fieldnames 指的是要写入的字典的键。创建 DictWriter 类的对象后，需要调用 writeheader()方法写入表头，并结合 writerow()方法或 writerows()方法写入表的内容。下面通过一个示例演示以字典形式写入 CSV 文件的方法。

在 Chapter10 文件夹中创建一个名为 DictWrite.py 的文件，以字典形式将列表写入 CSV 文件，具体代码如文件 10-11 所示。

文件 10-11 DictWrite.py

```
1   import csv
2   student_dict = [
3       {"name":"小千","age":"19"},
4       {"name":"小锋","age":"20"},
5   ]
6   fileheader = ["name","age"]
7   with open("student01.csv","w",encoding="utf-8-sig",newline="") as f:
8       writer =csv.DictWriter(f,fileheader)
9       writer.writeheader()
10      writer.writerows(student_dict)
```

在上述代码中，由第 6 行代码可知，要写入字典的键为 name 和 age。

程序运行结束后，同级目录下将出现 student01.csv 文件。使用记事本打开 student01.csv 文件，内容如图 10-16 所示。

2. 读取 CSV 文件

可以通过 csv 模块的 reader 对象读取 CSV 文件，也可以通过 csv 模块中的 DictReader 类读取 CSV 文件。

1）reader 对象读取 CSV 文件

创建 reader 对象需要用到 reader()方法，reader()方法的语法格式如下：

图 10-16　student01.csv 文件的内容

```
csv.reader(csvfile)
```

其中，csvfile 是打开的 CSV 文件；reader 对象是可迭代对象，可以通过 for 循环遍历。例如，创建一个 person.csv 文件，文件内容如下：

```
name,age,id,profession
小千,19,001,学生
小锋,20,002,学生
```

下面通过一个示例演示以 reader 对象读取 CSV 文件。在 Chapter10 文件夹中创建一个名为 Reader.py 的文件，具体代码如文件 10-12 所示。

文件 10-12　Reader.py

```
1  import csv
2  with open("person.csv","r",encoding="utf-8-sig") as f:
3      reader =csv.reader(f)
4      for item in reader:
5          print(item)
```

在上述代码中，第 3 行代码使用 reader()方法创建了一个 reader 对象用于读取 CSV 文件 person.csv，第 4、5 行代码遍历 reader 对象并打印。

文件 Reader.py 的运行结果如图 10-17 所示。

图 10-17　文件 Reader.py 的运行结果

由图 10-17 可知，reader 对象读取 CSV 文件的每一行都作为字符串列表返回。

2）DictReader 类读取 CSV 文件

创建 DictReader 类的对象的语法格式如下：

```
csv.DictReader(f,fieldnames)
```

其中,f 指的是文件对象,fieldnames 是一个序列。如果省略 fieldnames,那么文件 f 中第 1 行的值将用作 fieldnames。

DictReader 类的对象也是可迭代对象,可以用 for 循环遍历。下面通过一个示例演示使用 DictReader 类读取 CSV 文件。

在 Chapter10 文件夹中创建一个名为 DictReader.py 的文件,具体代码如文件 10-13 所示。

文件 10-13　DictReader.py

```
1  import csv
2  with open("person.csv","r",encoding="utf-8-sig") as f:
3      reader =csv.DictReader(f)
4      for item in reader:
5          print(item)
```

在上述代码中,第 3 行代码使用 DictReader()类创建了一个 reader 对象用于读取 CSV 文件 person.csv;第 4、5 行代码遍历 reader 对象并打印。

文件 DictReader.py 的运行结果如图 10-18 所示。

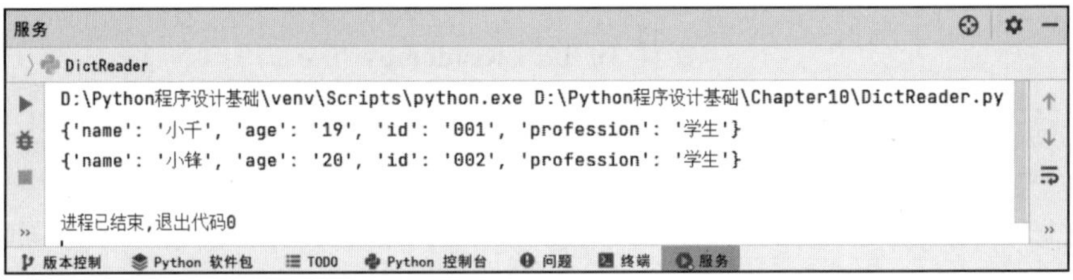
服务
DictReader
D:\Python程序设计基础\venv\Scripts\python.exe D:\Python程序设计基础\Chapter10\DictReader.py
{'name': '小千', 'age': '19', 'id': '001', 'profession': '学生'}
{'name': '小锋', 'age': '20', 'id': '002', 'profession': '学生'}
进程已结束,退出代码0
版本控制
Python 软件包
TODO
Python 控制台
问题
终端
服务

图 10-18　文件 DictReader.py 的运行结果

由图 10-18 可知,DictReader 对象读取 CSV 文件的每一行内容都作为字典的元素返回,字典的键和值均为字符串。

10.3.3　使用 JSON 库

JSON(JavaScript Object Notation,JavaScript 对象表示法)是一种轻量级的数据交换格式,用于对高维数据进行表达和存储,其可以看作一系列键-值对的集合,键-值对均需要保存在双引号中。例如,使用 JSON 格式存放岗位信息,具体代码如下:

```
{
    "岗位信息": [
        {"岗位名称":"程序员","薪资":"15k"},
        {"岗位名称":"产品经理","薪资":"12k"},
        {"岗位名称":"软件测试","薪资":"10k"}
    ]
}
```

在以上示例中,JSON 对象“岗位信息”是包含 3 个对象的数组,每个对象包含一个工作岗位的名称和薪资。

JSON 格式存在以下语法规则：

(1) 数据保存在键-值对中。

(2) 数据之间以英文半角逗号分隔。

(3) 花括号{}用于保存键-值对数据组成的对象。

(4) 方括号[]用于保存数组，数组可以包括多个键-值对数据组成的对象。

Python 用 json 库处理 JSON 格式，导入 json 库的语法格式如下：

```
import json
```

json 库主要用于实现 Python 的数据类型与 JSON 格式之间的转换，以及键-值对的解析。JSON 格式的对象一般被 json 库解析为字典，数组一般被解析为列表。

json 库包括解码(Decoding)和编码(Encoding)两个过程。编码是将 Python 数据类型转换为 JSON 格式的过程，解码是将 JSON 格式解析为对应的 Python 数据类型的过程。json 库中常用的函数如表 10-2 所示。

表 10-2　json 库中常用的函数

函　　数	作　　用
json.dumps(obj)	反序列化 JSON 格式字符串 s 为 Python 的数据类型，即解码过程
json.dump(obj,fp)	与 dumps()功能一致，将 obj 序列化为 JSON 格式输出到文件 fp 中
json.loads(s)	将 obj 序列化为 JSON 格式，即编码过程
json.load(fp)	将 JSON 文件 fp 中的内容反序列化为 Python 的数据类型

下面通过一个示例演示 JSON 库常用函数的使用。在 Chapter10 文件夹中创建一个名为 DumpsLoads.py 的文件，具体代码如文件 10-14 所示。

文件 10-14　DumpsLoads.py

```
import json
dict01 ={
    "username":"小千",
    "password":"xiaoqian123",
    "age":19
}
json_type =json.dumps(dict01,ensure_ascii=False,indent=2)
print("JSON 格式: \n",json_type)
json_dict =json.loads(json_type)
print("字典格式: \n",json_dict)
with open("user.json","w+",encoding="utf-8-sig") as f:
    json.dump(dict01,f,ensure_ascii=False)
    f.seek(0)
    json_dict =json.load(f)
print(json_dict)
```

在上述代码中，第 7 行代码将字典 dict01 通过 dumps()函数转换为 JSON 格式，当 ensure_ascii＝False 时，可以保留非 ASCII 字符的原始形式，当 indent＝2 时，JSON 字符串会被格式化为适合阅读的缩进格式；第 9 行代码将 JSON 格式的对象 json_type 通过 loads()函数转换为字典格式 json_dict；第 11～14 行代码打开 user.json 文件，通过 dump()函数将 dict01 以 JSON 格式写入此文件，然后通过 seek()函数将文件指针调整到文件开头，最后通过 load()函数将 JSON 格式的文件反序列化到 json_dict 中，转换为字典格式。

文件 DumpsLoads.py 的运行结果如图 10-19 所示。

图 10-19　文件 DumpsLoads.py 的运行结果

程序运行结束后，生成了 user.json 文件，即图 10-19 最后一行的内容，文件内容如下：

```
{'username': '小千', 'password': 'xiaoqian123', 'age': 19}
```

user.json 文件是一个字典格式的文件。

拓展阅读：上下文管理器

上下文管理器(Context Manager)是 Python 中用于处理资源分配和释放的一种机制。它确保在代码块执行期间使用的资源，在不再需要时能够被正确地释放。此外，上下文管理器还能妥善处理代码块执行过程中可能发生的异常。上下文管理器可以使用 with 语句进行管理，通过定义特殊的方法__enter__()和__exit__()来实现。

上下文管理器的实际应用非常广泛，特别是在需要处理文件、数据库连接、网络连接等需要手动关闭的资源时。通过使用上下文管理器，可以有效避免因忘记关闭资源而导致的问题，提高代码的可读性和可维护性。

10.4　文件目录操作

在开发中，随着文件数量的增多，需要创建目录来管理文件。本节讲解 Python 文件目录的相关操作。

os 模块属于内置模块，不需要安装，直接导入即可使用。操作 Python 文件的目录需要首先导入 os 模块，其语法结构如下：

```
import os   #导入 os 模块
```

os 模块是 Python 内置的与操作系统中的文件系统相关的模块，该模块依赖于操作系统。

os 模块操作目录常见的方法如表 10-3 所示。

表 10-3　os 模块操作目录常见的方法

方　法　名	作　　用
os.listdir(path)	返回 path 路径下的所有文件和目录名称
os.mkdir(path)	根据 path 路径创建目录
os.rmdir(path)	根据 path 路径删除目录
os.remove(path)	根据 path 路径删除文件
os.rename(old_name,new_name)	给文件重命名
os.path.isfile()	判断是否为文件
os.path.isdir()	判断是否为目录
os.getcwd()	返回当前目录
os.walk(树状结构文件夹名称)	遍历目录树，返回一个由 3 个元组类型的元素组成的列表

在表 10-3 中，os 模块的 mkdir()函数可以创建目录；getcwd()函数可以获取当前目录；listdir()函数可以获取指定目录中包含的文件名与目录名；删除目录可以通过两个函数实现，os.rmdir(path)函数只能删除空目录，shutil.rmtree(path)函数可以删除空目录和有内容的目录；os 模块的 walk()函数可以遍历目录树，返回一个由 3 个元组类型的元素组成的列表，格式为“[(当前目录列表),(子目录列表),(文件列表)]”。下面通过一个示例演示 os 模块操作文件目录的方法。

在 Chapter10 文件夹中创建一个名为 contents.py 的文件，具体代码如文件 10-15 所示。

文件 10-15　contents.py

```
import os
import shutil
os.mkdir('D:/1000phone')
os.mkdir('D:/1000phone/test')
os.makedirs('D:/1000phone/goodprogrammer/test')
res =os.getcwd()
print(res)
def traversals(path):
    if not os.path.isdir(path):
        print('错误:',path,'不是目录或不存在')
        return
    list_dirs =os.walk(path)                    #os.walk 返回一个元组,包括 3 个元素
```

```
13      for root, dirs, files in list_dirs:              #遍历该元组的目录和文件信息
14          for d in dirs:
15              print(os.path.join(root, d))             #获取完整路径
16          for f in files:
17              print(os.path.join(root, f))             #获取文件绝对路径
18  traversals('D:\\1000phone')
19  os.rmdir('D:/1000phone/test')                        #删除空目录
20  shutil.rmtree('D:/1000phone/goodprogrammer/test')#删除所有目录
```

在上述代码中，第 1、2 行代码导入 os 模块和 shutil 模块；第 3～5 行代码创建空目录；第 6、7 行代码获取当前工作目录；第 8～17 行代码定义了 traversals()函数，分别使用 isdir(path)函数判断目录是否存在，使用 os.walk()函数遍历目录，使用 os.path.join()函数获取文件路径；第 18 行代码调用了 traversals()函数；第 19、20 行代码删除了创建的目录。

文件 contents.py 的运行结果如图 10-20 所示。

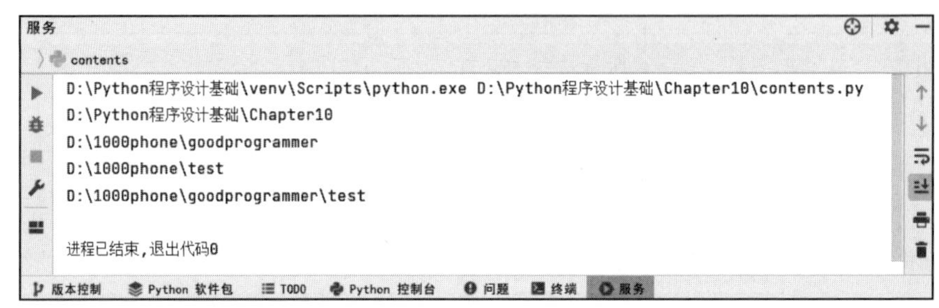

图 10-20　文件 contents.py 的运行结果

拓展阅读：常见的文件操作

复制文件：文件经常需要从一个路径复制到另一个路径。在 Python 中，shutil 模块的 copy()函数可以实现复制文件，其语法结构为 shutil.copy(src, dst)，表示将文件 src 复制为 dst。

移动文件：在 Python 中，shutil 模块的 move()函数可以实现移动文件，其语法格式为 shutil.move(src, dst)，表示将文件 src 移动到 dst。

10.5　实验：统计图书信息

CSV 格式可以与 JSON 格式相互转换。以某图书馆的图书书单为例，部分图书信息保存在名为 book.csv 的文件中，它包含每本书的标题和作者，每行一个书目，文件的具体内容如图 10-21 所示。

【实验目的】

1. 读取 Python 的 CSV 文件。
2. 对书籍目录进行统计，找出最常见的作者。
3. 将 CSV 格式转换为 JSON 格式。

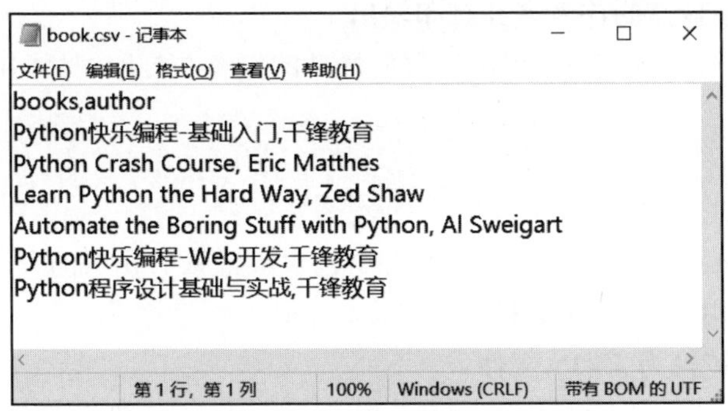

图 10-21 文件 book.scv

4. 将 JSON 格式转换为 CSV 格式。

【实验要求与内容】

1. 使用 open()函数打开 CSV 文件。
2. 使用 readlines()方法逐行读取 CSV 文件。
3. 使用序列与字典形式写入 CSV 文件。
4. 使用列表推导式提取图书信息。
5. 使用 dump()函数将 JSON 数据写入文件。
6. 使用 writerows()写入 CSV 文件。

【实验步骤】

1. 打开 Python 的 CSV 文件

首先在 Chapter10 文件夹下创建一个 book.py 文件，导入 collections 库的 Counter()方法，使用 open()函数打开文件，使用 readlines()方法读取每一行的书目，并将其存储在 book_list 列表中，具体代码如文件 10-16 所示。

文件 10-16 book.py

```
1  from collections import Counter
2  file_path = 'book.csv'  #定义文件路径
3  with open(file_path,encoding="utf-8-sig") as file:
4      book_list = file.readlines()
```

在 book.py 文件中，第 3 行代码表示打开 CSV 文件，并设置参数，使 encoding="utf-8-sig"，方便读取文件中的中文字符；第 4 行代码表示逐行读取书目。

2. 提取书目的作者

使用列表推导式将每个书目的作者提取出来，去除多余的空格，并使用 Counter()来统计作者出现的次数。它会返回一个字典，将作者映射到出现的次数，具体代码如下：

```
1  authors = [book.split(',')[1].strip() for book in book_list]
2  author_counts = Counter(authors)
```

在上述代码中，第 2 行代码表示处理书目，统计作者出现的次数。

3. 找到出现频率最高的作者名并打印输出

使用 most_common()方法找到出现频率最高的作者并打印，具体代码如下：

```
most_common_author =author_counts.most_common(1)[0][0]
print(f"The most common author is: {most_common_author}")
```

在上述代码中，most_common(1)返回一个包含最常见的元素的列表，使用索引[0][0]提取出作者名，并使用 print()函数打印结果。

4. 将 CSV 文件转换为 JSON 文件

使用 DictReader()方法读取 CSV 文件，并使用 dump()函数将 JSON 数据写入文件，具体代码如下：

```
1  import csv
2  import json
3  csv_list =[]
4  with open("book.csv","r",encoding="utf-8-sig") as csvfile:
5      reader =csv.DictReader(csvfile)
6      for item in reader:
7          csv_list.append(item)
8  with open("book.json","w",encoding="utf-8-sig") as jsonfile:
9      json.dump(csv_list,jsonfile,ensure_ascii=False,indent=2)
```

在上述代码中，第 4～7 行代码将 CSV 文件的内容以字典的形式进行读取，并逐条添加到 csv_list 列表中。第 8、9 行代码将 csv_list 中的内容以 JSON 格式写入 JSON 文件。当 ensure_ascii＝False 时，可以保留非 ASCII 字符的原始形式，当 indent＝2 时，JSON 字符串会被格式化为适合阅读的缩进格式。

程序运行结束后，在当前目录文件夹下生成了名为 book.json 的文件。

5. 将 JSON 文件再次转换为 CSV 文件

接下来，以字典形式将 JSON 文件的内容再次写入 CSV 文件，具体代码如下：

```
1  json_list =[]
2  with open("book.json","r",encoding="utf-8-sig") as jsonfile:
3      json_list =json.load(jsonfile)
4  with open("rewrite.csv","w",encoding="utf-8-sig",newline="") as csvfile:
5      writer =csv.DictWriter(csvfile,fieldnames=json_list[0].keys())
6      writer.writeheader()
7      writer.writerows(json_list)
```

第 2、3 行将 JSON 文件中的内容反序列化为列表形式 json_list，json_list 列表与 csv_list 列表的内容一致，列表的每个元素均为字典格式。第 4～7 行将 json_list 写入 CSV 文件，文件的表头是 json_list 元素中的键，其中 keys()获得了字典元素中的键组成的列表。

程序运行结束后，生成了 rewrite.csv 文件，内容与名为 book.csv 的文件一致。

【实验结果】

（1）找到出现频率最高的作者名并打印输出的结果如下：

```
The most common author is:千锋教育
```

(2) 将 CSV 文件转换为 JSON 文件，文件 book.json 的内容如图 10-22 所示。

book.json - 记事本

文件(F) 编辑(E) 格式(O) 查看(V) 帮助(H)

```
[
 {
  "books": "Python快乐编程-基础入门",
  "author": "千锋教育"
 },
 {
  "books": "Python Crash Course",
  "author": " Eric Matthes"
 },
 {
  "books": "Learn Python the Hard Way",
  "author": " Zed Shaw"
 },
 {
  "books": "Automate the Boring Stuff with Python",
  "author": " Al Sweigart"
 },
 {
  "books": "Python快乐编程-Web开发",
  "author": "千锋教育"
 },
 {
  "books": "Python程序设计基础与实战",
  "author": "千锋教育"
 }
]
```

第 1 行，第 1 列 100% Unix (LF) 带有 BOM 的 UTF

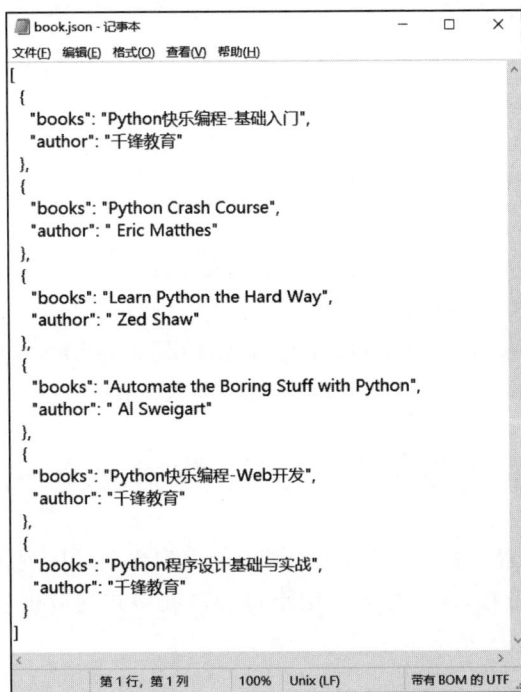

图 10-22 文件 book.json 的内容

(3) 将 JSON 文件再次转换为 CSV 文件，文件 rewrite.csv 的内容如图 10-23 所示。

rewrite.csv - 记事本

文件(F) 编辑(E) 格式(O) 查看(V) 帮助(H)

```
books,author
Python快乐编程-基础入门,千锋教育
Python Crash Course, Eric Matthes
Learn Python the Hard Way, Zed Shaw
Automate the Boring Stuff with Python, Al Sweigart
Python快乐编程-Web开发,千锋教育
Python程序设计基础与实战,千锋教育
```

第 1 行，第 1 列 100% Windows (CRLF) 带有 BOM 的 UTF

图 10-23 文件 rewrite.csv 的内容

由图 10-23 可知，将 JSON 文件重新转换为 CSV 文件后，与转换前的 CSV 文件内容完全相同。

【实验小结】

1. 将 JSON 字符串解析为 Python 对象

json.loads(json_str)：将 JSON 字符串解析为 Python 对象，它返回一个与 JSON 字符串对应的 Python 数据类型，例如字典、列表、字符串等。

2. 将 Python 对象转换为 JSON 字符串

json.dumps(python_obj)：将 Python 对象转换为 JSON 字符串，它返回一个表示 Python 对象的 JSON 字符串。

3. 从文件读取 JSON 数据

json.load(file)：从文件中读取 JSON 数据，并将其解析为 Python 对象。file 可以是一个已经打开的文件对象。

json.loads(file.read())：可以先使用 file.read()读取文件内容，再使用 json.loads()将 JSON 字符串解析为 Python 对象。

4. 将 JSON 数据写入文件

json.dump(python_obj, file)：将 Python 对象转换为 JSON 格式，并将其写入文件中。file 可以是一个已经打开的文件对象。

file.write(json.dumps(python_obj))：可以先使用 json.dumps()将 Python 对象转换为 JSON 字符串，再使用 file.write()将 JSON 字符串写入文件。

10.6 数据科学入门：关注数据安全 pickle 模块

pickle 是 Python 内置的模块，用于实现对象的序列化和反序列化。序列化指的是将对象转换为二进制格式的过程，而反序列化则是将二进制格式的数据转换回对象。本节围绕 pickle 序列化和反序列化的基本用法进行讲解。

10.6.1 pickle 与数据安全

Python 标准库的 pickle 模块可以将对象序列化为指定的 Python 数据格式。但需要注意，Python 文档提供了关于 pickle 的下列警告信息：pickle 文件可能会被黑客攻击。如果读者通过网络接收到了一个原始的 pickle 文件，一定不要信任这个文件。这个 pickle 文件中可能包含恶意代码，当读者尝试反序列化这个文件时，有可能会执行任意(包括可能具有破坏性的)Python 代码。如果读者读/写的是自己的 pickle 文件，那么这个操作是安全的(当然，前提是没有其他人可以访问这个 pickle 文件)。

pickle 是一种允许任意复杂的 Python 对象序列化的协议。因此，pickle 的使用范围限定在 Python 程序中，其不能用于与其他语言编写的应用程序进行通信。默认情况下，pickle 也是不安全的：如果数据是由技术熟练的攻击者创建的，那么对来自不受信任源的 pickle 数据进行反序列化，可能会执行任意(包括可能具有破坏性的)代码。

因此，通常不推荐使用 pickle，但由于 pickle 已经被使用了很多年，因此可能会在一些遗留代码(即通常不再被维护的旧代码)中遇到它。

为了确保数据的安全性，建议遵循以下几个原则。

(1) 不要从不受信任的来源反序列化数据：尽量避免从不受信任的来源加载 pickle 数据。如果需要从不受信任的数据源加载数据，可以考虑使用其他格式(如 JSON)进行数据传输或使用其他安全的反序列化库。

(2) 限制 pickle 的加载范围：可以设置 pickle 的特定加载器 Pickle.load()的 fix_imports 参数为 True，这样可以限制反序列化时可以导入的模块。此外，还可以使用 Pickle.

Unpickler 的子类定制反序列化过程，只允许特定类型的对象进行反序列化。

(3) 使用签名或校验码：在反序列化前可以对 pickle 数据进行校验，确保数据的完整性和未被篡改。例如，可以在序列化时计算数据的哈希值，然后在反序列化时再次计算哈希值进行比较。

总体而言，pickle 是一种方便的序列化工具，但在处理不受信任的数据时需谨慎。当处理不受信任的数据时，应使用其他更安全的序列化和反序列化方法，或者使用 pickle 时采取适当的安全措施以确保数据的安全性。

10.6.2 pickle 的应用

以下是一些 pickle 的数据安全应用案例。

1. 本地缓存

pickle 可以用于本地缓存数据，以提高应用程序的性能。将数据对象序列化为字节流后，可以将其保存到本地文件中。这种方法可以保护数据的安全性，因为只有应用程序本身能够加载和访问这些数据。

2. 数据传输加密

pickle 可以与加密算法结合使用，以在数据传输过程中保护数据的安全性。首先，使用加密算法加密数据对象，然后使用 pickle 将其序列化为字节流。在接收端，可以先对数据进行解密，再使用 pickle 进行反序列化。

3. 数据存储加密

在将数据存储到数据库或其他持久化存储中时，可以使用 pickle 和加密算法来实现数据的加密。将数据对象序列化为字节流后，再进行加密处理；然后将加密的数据存储到数据库中。在需要使用数据时，先对数据进行解密，再使用 pickle 进行反序列化。

4. 身份验证和会话管理

pickle 可以用于在 Web 应用程序中进行身份验证和会话管理。用户的身份验证信息和会话数据可以以对象的形式保存，并使用 pickle 进行序列化和反序列化。通过合理的安全措施，如加密和受信任的来源，可以确保用户数据的安全性。

值得注意的是，尽管 pickle 在这些场景中可以提供数据保护，但仍然需要小心处理，以避免安全漏洞。确保只接收来自受信任来源的 pickle 数据，并使用合适的安全措施来保护数据的机密性和完整性。

下面将展示如何定义一个对象，然后对其进行序列化和反序列化处理，并打印输出处理后的数据，具体代码如下：

```
import pickle
class Person:  #定义一个对象
    def __init__(self, name, age):
        self.name =name
        self.age =age
person =Person("Alice", 25)
serialized_data =pickle.dumps(person)                  #序列化对象
deserialized_person =pickle.loads(serialized_data)     #反序列化对象
print(deserialized_person.name)                        #输出 "Alice"
print(deserialized_person.age)                         #输出 25
```

首先定义了一个 Person 类，包含 name 和 age 两个属性，然后实例化了一个 Person 对象，并使用 pickle.dumps()方法将其序列化为字节流 serialized_data；然后使用 pickle.loads()方法将字节流 serialized_data 反序列化为一个新的对象 deserialized_person；最后通过访问 deserialized_person 的属性，可以验证对象成功反序列化。

在实际应用中，需要注意安全问题并谨慎使用 pickle，最好只使用 pickle 来序列化和反序列化来自可信任来源的数据。

10.7 本章小结

本章首先介绍了文件的概念及基本操作，包括文件的打开、关闭、读取、写入以及定位文件位置；然后讲解了 CSV 格式文件的读取和写入，使用 JSON 库将 CSV 与 JSON 格式相互转换的方法；接着介绍了文件目录的常见操作，并实现了目录中文件信息的统计；最后介绍了 pickle 库与数据安全的关系以及 pickle 模块的应用。

第 11 章 综合项目：数字化学生信息管理系统

观看视频

学习目标

- 熟悉项目的设计流程，能够描述项目的设计步骤
- 掌握面向对象程序设计方法，能够设计系统的各部分功能
- 掌握类与函数的封装，能够灵活使用类和函数实现管理学生信息的功能
- 熟悉 Thinker 模块中组件的使用方法，能够灵活设计并实现学生信息管理系统中的所有界面

为了学习巩固前 10 章的知识点，本章设计了一个综合项目——数字化学生信息管理系统，用于记录学员信息、课程信息、成绩信息等，并进行有关学员管理的操作。本章将使用 Python 中的 Tkinter 模块实现数字化学生信息管理系统。

请扫描下方二维码阅读项目的具体内容，包括需求分析、项目简介、窗口设计、知识储备、项目实现、项目小结等。

阅读项目

第 12 章 综合项目：弹幕情感分析与可视化

观看视频

学习目标

- 掌握网络爬虫的基本工作流程
- 理解情感分析的概念和重要性
- 理解自然语言处理(SnowNLP)库
- 运用 PyEcharts 生成云词图和分析饼图

随着社交媒体的普及和互联网信息的爆炸性增长，生产活动中对情感分析的需求越来越高。自然语言处理被誉为“人工智能皇冠上的明珠”，深度学习等技术的引入为自然语言处理技术带来了一场革命，尤其是近年来出现的基于预训练模型的方法，已成为研究自然语言处理的新范式。Python 语言拥有庞大易用的自然语言处理和数据可视化库，本章将运用 Python 相关知识对某影评网站的影评信息进行爬取，并进行简单的数据分析以及数据的可视化实现。

请扫描下方二维码阅读项目的具体内容，包括需求分析、项目简介、项目设计、知识储备、项目实现、项目小结等。

阅读项目